21 世纪高等教育工程管理系列教材

建设工程监理

主　编　栗继祖　薛晓芳
参　编　高宇波　王俊安
主　审　徐勇戈

机　械　工　业　出　版　社

本书以《建设工程监理规范》（GB/T 50319—2013）为基础，以工程建设监理相关法律法规、标准规范、合同文件为体系，以工程监理实践为导向，系统介绍了建设工程监理的基本理论、原理和方法以及工程建设监理实施程序，全面讲述了建设工程监理的主要工作内容“三控两管一协调”和安全生产管理。本书共分8章，主要内容包括：绪论，监理工程师和工程监理企业，建设工程监理的工作内容，建设工程质量控制，建设工程进度控制，建设工程投资控制，建设工程监理组织，建设工程监理规划和监理实施细则。

本书注重理论的系统性与内容的时效性，强调课程内容与职业标准的衔接以及现行法律法规与标准规范的法理解释。书中不仅涵盖了全国注册监理工程师资格考试的历年考点，而且配套有课后思考题。为提升教学效果，本书编者还编写了多套模拟训练题（配有答案）作为本书的配套教学资源，选用本书的教师可以通过机械工业出版社教育服务网（www.cmpedu.com）下载。

本书主要作为高等学校土木工程、工程管理专业及土建类其他相关专业的本科教材，也可作为建设工程监理执业资格考试的应试辅导书。

图书在版编目（CIP）数据

建设工程监理/栗继祖，薛晓芳主编．—北京：机械工业出版社，2017.12（2025.2重印）

21世纪高等教育工程管理系列教材

ISBN 978-7-111-58385-1

Ⅰ.①建…　Ⅱ.①栗…②薛…　Ⅲ.①建筑工程-监理工作-高等职业教育-教材　Ⅳ.①TU712.2

中国版本图书馆CIP数据核字（2017）第265117号

机械工业出版社（北京市百万庄大街22号　邮政编码100037）

策划编辑：冷　彬　责任编辑：冷　彬

责任校对：刘　岚　封面设计：张　静

责任印制：李　昂

北京中科印刷有限公司印刷

2025年2月第1版第7次印刷

184mm×260mm·14印张·335千字

标准书号：ISBN 978-7-111-58385-1

定价：35.00元

电话服务　　网络服务

客服电话：010-88361066　机　工　官　网：www.cmpbook.com

010-88379833　机　工　官　博：weibo.com/cmp1952

010-68326294　金　书　网：www.golden-book.com

封底无防伪标均为盗版　机工教育服务网：www.cmpedu.com

序

随着21世纪我国建设进程的加快，特别是经济的全球化大发展和我国加入WTO（世界贸易组织）以来，国家工程建设领域对从事项目决策和全过程管理的复合型高级管理人才的需求逐渐扩大，而这种扩大又主要体现在对应用型人才的需求上，这使得高校工程管理专业人才的教育培养面临新的挑战与机遇。

工程管理专业是教育部将原本科专业目录中的建筑管理工程、国际工程管理、投资与工程造价管理、房地产经营管理（部分）等专业进行整合后，设置的一个具有较强综合性和较大专业覆盖面的新专业。应该说，该专业的建设与发展还需要不断的改革与完善。

为了能更有利于推动工程管理专业教育的发展及专业人才的培养，机械工业出版社组织编写了一套该专业的系列教材。鉴于该学科的综合性、交叉性，以及近年来工程管理理论与实践知识的快速发展，本套教材本着“概念准确、基础扎实、突出应用、淡化过程”的编写原则，力求做到既能够符合现阶段该专业教学大纲、专业方向设置及课程结构体系改革的基本要求，又可满足目前我国工程管理专业培养应用型人才目标的需要。

本套教材是在总结以往教学经验的基础上编写的，主要注重突出以下几个特点：

(1) 专业的融合性　工程管理专业是个多学科的复合型专业，根据国家提出的“宽口径、厚基础”的高等教育办学思想，本套教材按照该专业指导委员会制定的四个平台课程的结构体系方案，即土木工程技术平台课程及管理学、经济学和法律专业平台课程来规划配套。编写时注意不同的平台课程之间的交叉、融合，不仅有利于形成全面完整的教学体系，同时可以满足不同类型、不同专业背景的院校开办工程管理专业的教学需要。

(2) 知识的系统性和完整性　因为工程管理专业人才是在国内外工程建设、房地产、投资与金融等领域从事相关管理工作，同时可能是在政府、教学和科研单位从事教学、科研和管理工作的复合型高级工程管理人才，所以本套教材所包含的知识点较全面地覆盖了不同行业工作实践中需要掌握的各方面知识，同时在组织和设计上也考虑了与相邻学科有关课程的关联与衔接。

(3) 内容的实用性　教材编写遵循教学规律，避免大量理论问题的分析和讨论，提高可操作性和工程实践性，特别是紧密结合了工程建设领域实行的工程项目管理注册制的内容，与执业人员注册资格培训的要求相吻合，并通过具体的案例分析和独立的案例练习，使学生能够在建筑施工管理、工程项目评价、项目招标投标、工程监理、工程建设法规等专业领域获得系统深入的专业知识和基本训练。

(4) 教材的创新性与时效性　本套教材及时地反映工程管理理论与实践知识的更新，将本学科最新的技术、标准和规范纳入教学内容，同时在法规、相关政策等方面与最新的国家

法律法规保持一致。

我们相信，本套系列教材的出版将对工程管理专业教育的发展及高素质的复合型工程管理人才的培养起到积极的作用，同时也为高等院校专业教育资源和机械工业出版社专业的教材出版平台的深入结合，实现相互促进、共同发展的良性循环而奠定基础。

前　言

本书的编写受到山西省教育科学规划课题《高校毕业生就业质量评价体系及实现高质量》就业路径研究（ZL—14004）的资助。

本书以《建设工程监理规范》（GB/T 50319—2013）为基础，以工程建设监理相关法律法规、标准规范、合同文件为体系，以工程监理实践为导向，系统介绍了建设工程监理的基本理论、原理和方法以及工程建设监理实施程序，全面讲述了工程监理的主要工作内容“三控两管一协调”和安全生产管理。本书主要内容既含有建设工程监理制度的产生、现状和发展等工程实践知识以及建设工程监理的基本概念、理论和方法等工程理论知识，又含有建设工程监理相关法律法规、标准规范等法律体系的法理解释以及工程建设监理实施程序的应用等内容。

本书是编者以多年从事教学所积累的讲义为基础编写而成。在内容编排上，注重理论的系统性与法律法规的时效性，强调专业课程内容与职业标准相衔接以及现行法律法规与标准规范的法理解释；在能力训练上，本书涵盖了全国注册监理工程师资格考试的历年考点，在各章用特殊格式（加标下画线和仿宋加粗字体等）标示出教学内容的重点，而且配套有课后思考题。为提升教学效果，本书编者还编写了多套模拟训练题，并配有答案。

本书由太原理工大学管理学院栗继祖和薛晓芳主编。具体的编写分工为：第1、3章由栗继祖编写，第2、5、6、8章由薛晓芳编写，第4章由高宇波（太原理工大学建筑与土木工程学院）编写，第7章由薛晓芳和王俊安（天津商业大学）共同编写。

我们希望本书能让更多的工程监理的学习者和实践者理解工程监理的概念、制度与具体操作，并且对工程建设监理能为建筑类企业带来的好处有更深入的了解。我们更希望有机会与各界人士共同探讨如何更有效地运用工程监理制度、程序和方法提升企业的竞争力，共同促进建筑类企业的发展，为我国经济的发展尽绵薄之力。

此书的顺利完成，有赖于许多实践和关注工程建设监理发展的同仁和机构的支持与协助。我们首先要感谢哈尔滨工业大学的杨晓林教授在书稿大纲确定过程中给予我们的建议；其次我们还要感谢西安建筑科技大学的徐勇戈教授担任本书的主审，他给我们提出了很多中肯的意见，提升了本书的编写水平。我们也向对本书出版提供了帮助的相关人士表示衷心的谢意，没有他们的鼎力支持，此书不可能顺利完成。

编　者

目　录

第1章 绪论

[学习目标]

掌握建设工程监理的概念、性质、范围以及特点，建设工程监理法律法规，国际工程实施组织模式。

熟悉建设工程监理的任务、作用，建设工程监理规范，国际工程咨询的概念与作用，咨询工程师、工程咨询公司的相关内容。

了解工程建设程序与建设工程监理相关制度，国际工程咨询业概况。

1.1 建设工程监理概述

1.1.1 建设工程监理的概念

根据《建设工程监理规范》（GB/T 50319—2013），建设工程监理是指工程监理单位受建设单位委托，根据法律法规、工程建设标准、勘察设计文件及合同，在施工阶段对建设工程质量、进度、造价进行控制，对合同、信息进行管理，对工程建设相关方的关系进行协调，并履行建设工程安全生产管理法定职责的服务活动。建设工程监理的概念包括以下几个方面的含义。

1. 建设工程监理的行为主体是工程监理单位

《建筑法》明确规定，**建设工程监理的行为主体是工程监理单位。建设工程监理不同于政府主管部门的监督管理。建设工程监理是工程监理单位代表建设单位对施工承包单位进行的监督管理**。行政监督的行为主体是政府主管部门，具有明显的强制性。同样，建设单位的自行管理、**工程总承包单位或施工总承包单位对分包单位的监督管理都不是工程监理**。

2. 监理单位实施监理的前提条件是接受建设单位的委托和授权

《建筑法》明确规定，建设工程监理的实施需要建设单位的委托和授权。工程监理单位只有与建设单位订立书面的建设工程监理合同，明确监理工作的范围、内容、服务期限和酬金，以及双方的义务、违约责任后，才能在规定范围内实施监理。**工程监理单位在委托监理的工程中拥有一定的管理权限，是建设单位授权的结果。**

3. 建设工程监理有明确的实施依据

（1）法律法规　包括《建筑法》《合同法》《招标投标法》《建筑工程质量管理条例》

《建筑工程安全生产管理条例》等法律法规；《工程监理企业资质管理规定》《注册监理工程师管理规定》、《建设工程监理范围和规模标准规定》等部门规章。

（2）工程建设标准　包括有关工程技术标准、规范、规程以及《建设工程监理规范》《建设工程监理与相关服务收费标准》等。

（3）工程项目建设文件　包括国家批准的工程建设项目可行性研究报告、建设项目选址意见书、建设用地规划许可证、建设工程规划许可证、勘察设计文件、施工许可证等。

（4）工程合同　包括建设工程监理合同以及与所监理工程相关的勘察合同、设计合同、施工合同、材料设备采购合同等。

4. 建设工程监理的实施范围主要是施工阶段

目前，建设工程监理的实施范围主要定位在工程施工阶段（图 1-1）。工程勘察、设计、保修等阶段提供的服务均为相关服务。工程监理单位可以扩展自身的业务范围，为建设单位提供包括工程项目策划、项目决策的咨询服务在内的实施全过程的项目管理服务。

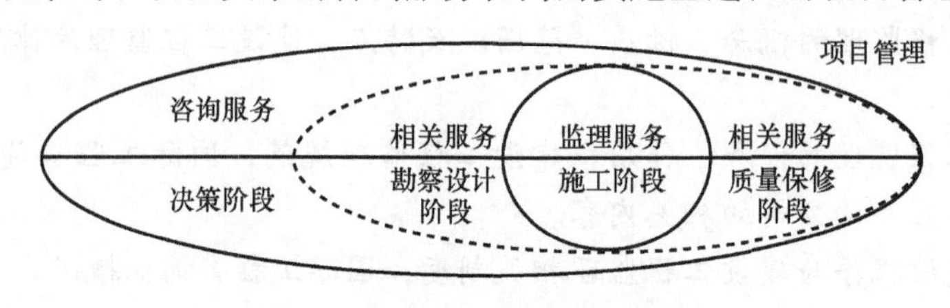

图 1-1　建设工程监理实施范围

5. 建设工程监理的基本职责是“三控两管一协调”和安全生产管理

工程监理单位的基本职责是在建设单位委托授权范围内，对工程建设相关方的关系进行协调，通过合同和信息管理，对建设工程质量、投资、进度三大目标进行控制，即“三控两管一协调”。此外，还需要履行建设工程安全生产管理的法定职责。

1.1.2　建设工程监理的性质

1. 服务性

服务性是建设工程监理的根本属性。建设工程监理是为建设单位提供的一种高智能的专业化服务。它利用的是监理人员所拥有的知识、技能、经验和所获得的信息来进行监理服务。服务性主要体现在它的业务性质方面，建设工程监理主要是运用规划、控制、协调的手段，控制建设工程项目的质量、投资和进度，协助建设单位在计划目标内完成工程建设任务。

2. 科学性

科学性是由建设工程监理的基本任务决定的。建筑产品的规划、设计、建造和运营都包含丰富的科学原理和方法，这就要求从事建设监理活动应当遵循科学的准则。科学性主要体现在监理单位和监理人员的素质方面。具体而言：

1）工程监理单位应由组织管理能力强和工程建设经验丰富的人员担任领导。

2）工程监理单位应有足够数量的有丰富管理经验和较强应变能力的注册监理工程师组成骨干队伍。

3）工程监理单位应有健全的管理制度、科学的管理方法和手段。

4）工程监理单位应积累足够的技术、经济资料和数据。

5）工程监理人员应有科学的工作态度和严谨的工作作风，能够创造性地开展工作。

3. 独立性

独立性是工程监理单位公平地实施监理的基本前提，也是监理工程师的职业惯例。国际咨询工程师联合会（FIDIC）明确规定，监理企业是一个独立的专业公司，是受业主委托而履行服务的一方；监理工程师（咨询工程师）应作为一名独立的专业人员进行工作。我国《建设工程监理规范》（GB/T 50319—2013）明确要求，工程监理单位应公平、独立、诚信、科学地开展工程监理与相关服务活动。《建筑法》规定，**工程监理单位与被监理工程的承包单位以及建筑材料、建筑构配件和设备供应单位不得有隶属关系或者其他利害关系。**

根据独立性的要求，工程监理单位应严格按照法律法规、工程建设标准、勘察设计文件、建设工程监理合同及有关建设工程合同等实施监理。在开展监理工作过程中，必须建立项目监理机构，按照自己的工作计划和程序，根据自己的判断，采用科学的方法和手段，独立地开展工作。

4. 公平性

FIDIC（《土木工程施工合同条件》）（1957年）规定，当采取可能影响业主或承包商权利和义务的行动时，咨询工程师应在合同条款范围内，并兼顾所有条件的情况下，做到公正行事。然而，在FIDIC（《土木工程施工合同条件》）（1999年）中，咨询工程师的公正性要求不复存在，而只要求“公平”。咨询工程师不充当调解人或仲裁人的角色，只是接受业主报酬负责进行施工合同管理的受托人。

与FIDIC（《土木工程施工合同条件》）中的咨询工程师类似，我国工程监理单位受建设单位委托实施建设工程监理，也无法成为公正的第三方，但需要公平地对待建设单位和施工单位。特别是，当建设单位与施工单位发生利益冲突或者矛盾时，工程监理单位应以事实为依据，以法律法规和有关合同为准绳，**在维护建设单位合法权益的同时，不能损害施工单位的合法权益。**

1.1.3 建设工程监理的范围

根据《建设工程监理范围和规模标准规定》，必须实行监理的建设工程项目的具体范围和规模标准如下。

1. 国家重点建设工程

国家重点建设工程是指根据《国家重点建设项目管理办法》所确定的对国民经济和社会发展有重大影响的骨干项目。

2. 大中型公用事业工程

大中型公用事业工程是指项目总投资在3000万元以上的下列工程项目：

1）供水、供电、供气、供热等市政工程项目。

2）科技、教育、文化等项目。

3）体育、旅游、商业等项目。

4）卫生、社会福利等项目。

5）其他公用事业项目。

3. 成片开发建设的住宅小区工程

成片开发建设的住宅小区工程是指建筑面积在5万m^2以上的住宅小区工程。

4. 利用外国政府或者国际组织贷款、援助资金的工程

1）使用世界银行、亚洲开发银行等国际组织贷款资金的项目。

2）使用外国政府及其机构贷款资金的项目。

3）使用国际组织或者国外政府援助资金的项目。

5. 国家规定必须实行监理的其他工程

1）项目总投资在3000万元以上关系社会公共利益、公众安全的基础设施项目。

2）学校、影剧院、体育场馆项目。

1.1.4 建设工程监理的任务与作用

1. 建设工程监理的任务

建设工程监理的中心任务就是在特定的建设环境下，有效地控制建设项目的三大目标，即工程项目的质量、投资和进度目标。这三大目标是相互关联、相互制约的目标系统。在处理三大控制目标的矛盾时，应注意以下几点：

1）必须坚持“质量第一”的观点。

2）应注意坚持合理的、必要的质量，而不是苛求质量。

3）在掌握质量标准时，应注意具体情况具体分析。

2. 建设工程监理的作用

（1）有利于提高建设项目投资决策的科学化水平　建设单位可以委托工程监理单位在项目决策阶段进行项目管理。工程监理单位一方面可协助建设单位选择适当的工程咨询单位管理评估工作；另一方面，也可直接从事工程咨询工作，为建设单位提供投资决策建议。这将有利于提高决策的科学化水平。

（2）有利于规范建设项目参与各方的建设行为　在建设工程实施中，工程监理单位通过专业化的监督管理服务可规范承建单位和建设单位的行为。工程监理单位采用事前、事中和事后控制相结合的方式，有效地规范各承建单位的建设行为，最大限度地避免不当建设行为的发生，是该约束机制的根本目的。此外，工程监理单位也可以向建设单位提出适当的建议，从而避免发生不当的建设行为，对规范建设单位的建设行为也可起到一定的约束作用。

（3）有利于促进承建单位保证建设工程的质量和使用安全　建筑产品具有价值大、使用周期长的特点，且关系到人民的生命财产安全和健康的生活环境。工程监理单位以产品需求者的身份参与管理，提供专业化、社会化和科学化的项目管理，确保工程质量和使用安全。

（4）有利于实现建设工程投资效益最大化　建设工程投资效益最大化有以下三种表现：

1）在满足建设工程预定功能和质量标准的前提下，建设投资额最少。

2）在满足建设工程预定功能和质量标准的前提下，全寿命费用最少。

3）建设工程本身的投资效益与环境、社会效益的综合效益最大化。

工程监理单位一般能协助建设单位实现第一种表现，也能在一定程度上实现第二种和第三种表现。

1.1.5 建设工程监理的特点

我国的建设工程监理经过长足的发展，已经取得了有目共睹的成绩，并已为社会各界所认同和接受。但与发达国家的工程咨询服务相比还有明显的差异。现阶段，我国建设工程监理的主要特点包括以下几个方面。

1. 建设工程监理属于国家强制推行的制度

为了适应我国社会主义市场经济发展的需要，建设工程监理是作为对长期计划经济条件下所形成的建设工程管理体制改革的一项新制度提出来的，**是依靠国家行政和法律手段在全国范围强制推行的**。为此，不仅在各级政府部门中设立了主管建设工程监理有关工作的专门机构，而且制定了有关的法律、行政法规、部门规章、标准规范。此外，还明确提出国家推行建设工程监理制度，并规定了必须实行建设工程监理的范围。

2. 建设工程监理的服务对象具有单一性

发达国家工程咨询公司的服务对象广泛，既包括建设单位，也包括承建单位和贷款方。而按照我国建设工程监理制度的有关规定，**工程监理单位的服务对象一般是建设单位**，并不包括施工单位，也很少服务于金融机构和其他类型的组织。

3. 建设工程监理具有监督功能

我国的工程监理单位与建设单位的关系是委托与被委托关系，与承建单位虽无直接的合同关系，但经建设单位授权，有权对其不当建设行为进行监督，或预先防范，或指令及时改正。不仅如此，在我国的建设工程监理中还强调对承建单位施工过程和施工工序的监督、检查和验收。在实践中还进一步提出了旁站监理、见证取样等规定，对监理工程师在质量控制方面的工作应达到的深度和细度提出了更高的要求，**这对保证工程质量起了很好的作用**。

4. 市场准入的双重控制

在建设项目管理方面，一些发达国家只对从业人员的执业资格提出要求。**我国建设工程监理的市场准入制度采取了企业资质和人员资格的双重控制方案**。规定了不同资质等级的工程监理单位应有取得监理工程师资格证书并经注册的人员数量要求；专业监理工程师以上的监理人员要取得监理工程师资格证书并经注册方可执业。这种市场准入的双重控制对于保证我国建设工程监理队伍的基本素质，规范我国建设工程监理市场起到了积极的作用。

1.2 工程建设程序与建设工程监理相关制度

1.2.1 工程建设程序

工程建设程序是指建设工程从策划、决策、设计、施工，到竣工验收、投入生产或交付使用的整个建设过程中，各项工作必须遵循的先后顺序。工程建设程序是建设工程决策和实施过程客观规律的反映，是建设工程科学决策和顺利实施的重要保证。

1. 决策阶段的工作内容

建设工程决策阶段的工作内容主要包括项目建议书和可行性研究报告的编报和审批。

(1) 编报项目建议书　项目建议书是拟建项目单位向政府投资主管部门提出的要求建设某一工程项目的建议文件，是对工程项目建设的轮廓设想。项目建议书的主要作用是推荐一个拟建项目，论述其建设的必要性、建设条件的可行性和获利的可能性，供政府投资主管部门选择并确定是否进行下一步工作。

项目建议书的内容一般应包括以下几个方面：

1）项目提出的必要性和依据。

2）产品方案、拟建规模和建设地点的初步设想。

3）资源情况、建设条件、协作关系和设备技术引进国别、厂商的初步分析。

4）投资估算、资金筹措及还贷方案设想。

5）项目进度安排。

6）经济效益和社会效益的初步估计。

7）环境影响的初步评价。

对于政府投资工程，项目建议书按要求编制完成后，应根据建设规模和限额划分报送有关部门审批。项目建议书经批准后，可进行可行性研究工作，但并不表明项目非上不可，批准的项目建议书不是工程项目的最终决策。

（2）编报可行性研究报告　可行性研究是指在工程项目决策之前，通过调查、研究、分析建设工程在技术、经济等方面的条件和情况，对可能的多种方案进行比较论证，同时对工程项目建成后的综合效益进行预测和评价的一种投资决策分析活动。可行性研究的主要作用是为建设项目投资决策提供依据。同时也为建设项目设计、银行贷款、申请开工建设、建设项目实施、项目评估、科学试验、设备制造等提供依据。

可行性研究应完成以下工作内容：

1）进行市场研究，以解决工程项目建设的必要性问题。

2）进行工艺技术方案研究，以解决工程项目建设的技术可行性问题。

3）进行财务和经济分析，以解决工程项目建设的经济合理性问题。

可行性研究工作完成后，需要编写出反映其全部工作成果的可行性研究报告。凡经可行性研究未通过的项目，不得进行下一步工作。

（3）投资项目决策管理制度　根据《国务院关于投资体制改革的决定》，政府投资工程实行审批制；非政府投资工程实行核准制或等级备案制。

1）政府投资工程。对于采用直接投资和资本金注入方式的政府投资工程，政府需要从投资决策的角度审批项目建议书和可行性研究报告，除特殊情况外，不再审批开工报告，同时还要严格审批其初步设计和概算；对于企业使用政府补助、转贷和贴息投资建设的项目，政府只审批资金申请报告。

政府投资工程一般都要经过符合资质要求的咨询中介机构的评估论证，特别重大的工程还应实行专家评议制度。国家将逐步实行政府投资工程公示制度，以广泛听取各方面的意见和建议。

2）非政府投资工程。对于企业不使用政府投资建设的项目，一律不再实行审批制，区别不同情况实行核准制和备案制。对于《政府核准的投资项目目录》中的项目，实行核准制。企业投资建设时，仅需向政府提交项目申请报告，不再经过批准项目建议书、可行性研究报告和开工报告的程序。政府对企业提交的项目申请报告，主要从维护经济安全、合理开发利用资源、保护生态环境、优化重大布局、保障公共利益、防止出现垄断等方面进行核准。对于《政府核准的投资项目目录》以外的企业投资项目，实行备案制。除国家另有规定外，由企业按照属地原则向地方政府投资主管部门备案。

2. 实施阶段的工作内容

建设工程实施阶段的工作内容主要包括勘察设计、建设准备、施工安装及竣工验收。对

于生产性工程项目，在施工安装后期，还需要进行生产准备工作。

(1) 工程勘察 工程勘察通过对地形、地质及水文等要素的测绘、勘探、测试及综合评定，提供工程建设所需的基础资料。工程勘察需要对工程建设场地进行详细论证，保证建设工程合理进行，促使建设工程取得最佳的经济、社会和环境效益。

(2) 工程设计 工程设计工作一般划分为两个阶段，即初步设计和施工图设计。重大工程和技术复杂工程，可根据需要增加技术设计阶段。

1) 初步设计。初步设计是根据可行性研究报告的要求进行具体实施方案设计，目的是阐明在指定的地点、时间和投资控制数额内，拟建项目在技术上的可行性和经济上的合理性，并通过对建设工程所做出的基本技术经济规定，编制工程总概算。

2) 技术设计。技术设计应根据初步设计和更详细的调查研究资料编制，以进一步解决初步设计中的重大技术问题。

3) 施工图设计。在初步设计或技术设计基础上进行施工图设计，使设计达到施工安装的要求，并编制施工图预算。

建设单位应将施工图送施工图审查机构审查。施工图审查机构按照有关法律、法规，对施工图涉及公共利益、公众安全和工程建设强制性标准的内容进行审查。

(3) 建设准备 工程项目在开工建设之前要切实做好各项准备工作，其主要内容包括：征地、拆迁和场地平整；完成施工用水、电、通信、道路等接通工作；组织招标选择工程监理单位、施工单位及设备、材料供应商；准备必要的施工图；办理工程质量监督和施工许可手续。

1) 工程质量监督手续的办理。建设单位在领取施工许可证或者开工报告前，应当到规定的工程质量监督机构办理工程质量监督注册手续。办理质量监督注册手续时需提供下列资料：施工图设计文件审查报告和批准书，中标通知书和施工、监理合同，建设单位、施工单位和监理单位工程项目的负责人和机构组成，施工组织设计和监理规划（监理实施细则），其他需要的文件资料。

2) 施工许可证的办理。从事各类房屋建筑及其附属设施的建造、装修装饰和与其配套的线路、管道、设备的安装，以及城镇市政基础设施工程的施工，建设单位在开工前应当向工程所在地县级以上人民政府建设主管部门申请领取施工许可证。必须申请领取施工许可证的建筑工程未取得施工许可证的，一律不得开工。

(4) 施工安装 建设工程具备开工条件并取得施工许可证后才能开始土建工程施工和机电设备安装。

建设工程新开工时间是指工程设计文件中规定的任何一项永久性工程第一次正式破土开槽的开始日期。不需要开槽的工程，以正式开始打桩的日期作为开工日期。铁路、公路、水库等需进行大量土石方工程的，以开始进行土石方工程施工的日期作为正式开工日期。工程地质勘察，平整场地，旧建筑物拆除，临时建筑，施工用临时道路和水、电等工程开始施工的日期不能算作正式开工日期。分期建设的工程分别按各期工程开工的日期计算。

施工安装活动应按照工程设计要求、施工合同及施工组织设计，在保证工程质量、工期、成本及安全、环保等目标的前提下进行。

(5) 生产准备 对于生产性工程项目而言，生产准备是工程建设阶段转入生产经营阶段的重要衔接阶段。建设单位应适时组成专门机构做好生产准备工作，确保工程项目建成后

能及时投产。生产准备的主要工作内容包括：组建生产管理机构，制定管理有关制度和规定；招聘和培训生产人员，组织生产人员参加设备的安装、调试和工程验收工作；落实原材料、协作产品、燃料、水、电、气等的来源和其他需协作配合的条件，并组织工装、器具、备品、备件等的制造或订货等。

(6) 竣工验收　建设工程按设计文件的规定内容和标准全部完成，并按规定将施工现场清理完毕后，达到竣工验收条件时，建设单位即可组织工程竣工验收。工程勘察、设计、施工、监理等单位应参加工程竣工验收。工程竣工验收要审查工程建设的各个环节，审阅工程档案、实地查验建筑安装工程实体，对工程设计、施工和设备质量等进行全面评价。不合格的工程不予验收。对遗留问题要提出具体解决意见，限期落实完成。

工程竣工验收是投资成果转入生产或使用的标志，也是全面考核工程建设成果、检验设计和施工质量的关键步骤。工程竣工验收合格后，建设工程方可投入使用。

建设工程自竣工验收合格之日起即进入工程质量保修期。建设工程自办理竣工验收手续后，发现存在工程质量缺陷的，应及时修复，费用由责任方承担。

1.2.2 建设工程监理相关制度

按照有关规定，我国工程建设实行项目法人责任制、工程监理制、工程招标投标制和合同管理制，这些制度相互关联、相互支持，共同构成了我国工程建设管理的基本制度。

1. 项目法人责任制

1996年发布的《关于实行建设项目法人责任制的暂行规定》要求，国有单位经营性基本建设大中型项目在建设阶段必须组建项目法人，由项目法人对项目的策划、资金筹措、建设实施、生产经营、债务偿还和资产的保值增值，实行全过程负责。**项目法人责任制的核心内容是明确由项目法人承担投资风险，**项目法人要对工程项目的建设及建成后的生产经营实行一条龙管理和全面负责。

(1) 项目法人的设立　新上项目在项目建议书被批准后，应由项目的投资方派代表组成项目法人筹备组，具体负责项目法人的筹建工作。项目可行性研究报告被批准后，正式成立项目法人。按有关规定确保资本金按时到位，并及时办理公司设立登记。项目公司可以是有限责任公司，也可以是股份有限公司。

(2) 项目法人的职权

1) **项目董事会的职权。负责筹措建设资金；**审核、上报项目初步设计和概算文件；审核、上报年度投资计划并落实年度资金；**提出项目开工报告；**研究解决建设过程中出现的重大问题；**负责提出项目竣工验收申请报告；审定偿还债务计划和征税经营方针，并按时偿还债务；**聘任或解聘项目总经理，并根据总经理的提名，聘任或解聘其他高级管理人员。

2) **项目总经理的职权。组织编制项目初步设计文件，**对项目工艺流程、设备选型、建设标准、总图布置提出意见，提交董事会审查；组织工程设计、施工监理、施工队伍和设备材料采购的招标工作，编制和确定招标方案、标底和评标标准，评选和确定投标、中标单位；编制并组织实施项目年度投资计划、用款计划、建设进度计划；**编制项目财务预算、决算；**编制并组织实施归还贷款和其他债务计划；组织工程建设实施，负责控制工程投资、工期和质量；在项目建设过程中，在批准的概算范围内对单项工程的设计进行局部调整（凡引起生产性质、能力、产品品种和标准变化的设计调整以及概算调整，需经董事会决定并报

原审批单位批准)；根据董事会授权处理项目实施中的重大紧急事件，并及时向董事会报告；负责生产准备工作和培训有关人员；负责组织项目试生产和单项工程预验收；拟订生产经营计划、企业内部机构设置、劳动定员定额方案及工资福利方案；组织项目后评价，提出项目后评价报告；按时向有关部门报送项目建设、生产信息和统计资料；提请董事会聘任或解聘项目高级管理人员。

2. 工程监理制

工程监理制度的主要内容是控制建设工程的质量、投资和进度，进行工程建设合同管理和信息管理，协调有关单位的工作关系。

(1) 我国建设工程监理制度的产生　我国建设工程监理制度的产生可分为三个阶段。

第一阶段：从新中国成立到20世纪80年代，我国建设工程项目投资基本上是由国家统一安排计划和财政拨款。这一时期，建设工程管理的主要形式有如下两种方式：

1) 一般建设工程，由建设单位自己组成筹建机构，自行管理。

2) 重大建设工程，从工程相关单位抽调人员组成工程指挥部，由其进行管理。

第二阶段：20世纪80年代以后，我国实行改革开放政策，国务院在基本建设和建筑业领域采取了一系列重大改革措施，如投资主体多元化、投资有偿使用（拨改贷)、项目法人责任制、工程招标投标制和承包合同制等。20世纪80年代中后期，建设项目的投资主体更加多元化。国际金融机构向我国贷款的建设项目要求实行建设工程监理制度。1982年世行贷款项目“鲁布革水电站引水工程”按照国际惯例实行了监理工程师代表业主对项目实施监督管理。

第三阶段：建设部于1988年发布了“关于开展建设监理工作的通知”，明确提出要建立建设工程监理制度。建设工程监理制度于1988年开始试点，5年后逐步推行。1992年国家物价局、建设部联合发布了《工程建设监理费有关规定》《监理工程师资格考试和注册试行办法》《工程建设监理单位资质管理试行办法》等系列文件，为稳步推进建设监理制度奠定了基础。1995年建设部、国家计委联合颁布《工程建设监理规定》。1997年建设部和人事部举行第一次全国监理工程师执业资格考试。1997年《建筑法》以法律制度的形式规定，国家推行建设工程监理制度，从而使建设工程监理在全国范围内进入全面推行阶段。

(2) 我国建设工程监理制度的发展现状　《建设工程监理合同示范文本（征求意见稿)》的发布（现行为2012年版)，《建设工程监理规范》（GB 50319—2000）的出台(2013年修订)，使建设工程监理工作有法可依，标志着有中国特色的建设工程监理制度进入了法制化、规范化、国际化的高速轨道。

自建设工程监理制度实施以来，有关法律、行政法规、部门规章等逐步明确了强制实施监理的工程范围；建设单位委托工程监理单位的职责；工程监理单位的职责；工程监理人员的职责，逐步确立了建设工程监理的法律地位。

3. 工程招标投标制

2000年实施的《招标投标法》规定，在中华人民共和国境内进行下列工程建设项目，包括项目的勘察、设计、施工、监理以及与工程建设有关的重要设备、材料等的采购，必须进行招标：大型基础设施、公用事业等关系社会公共利益、公众安全的项目；全部或者部分使用国有资金投资或者国家融资的项目；使用国际组织或者外国政府贷款、援助资金的项目。

《工程建设项目招标范围和规模标准规定》明确了工程招标范围和规模标准：

1）关系社会公共利益、公众安全的基础设施项目的范围包括：煤炭、石油、天然气、电力、新能源等能源项目；铁路、公路、管道、水运、航空以及其他交通运输业等交通运输项目；邮政、电信枢纽、通信、信息网络等邮电通信项目；防洪、灌溉、排涝、引（供）水、滩涂治理、水土保持、水利枢纽等水利项目；道路、桥梁、地铁和轻轨交通、污水排放及处理、垃圾处理、地下管道、公共停车场等城市设施项目；生态环境保护项目；其他基础设施项目。

2）关系社会公共利益、公众安全的公用事业项目的范围包括：供水、供电、供气、供热等市政工程项目；科技、教育、文化等项目；体育、旅游等项目；卫生、社会福利等项目；商品住宅，包括经济适用住房；其他公用事业项目。

3）使用国有资金投资项目的范围包括：使用各级财政预算资金的项目；使用纳入财政管理的各种政府性专项建设基金的项目；使用国有企业事业单位自有资金，并且国有资产投资者实际拥有控制权的项目。

4）国家融资的项目范围包括：使用国家发行债券所筹资金的项目；使用国家对外借款或者担保所筹资金的项目；使用国家政策性贷款的项目；国家授权投资主体融资的项目；国家特许的融资项目。

5）使用国际组织或者外国政府贷款、援助资金项目的范围包括：使用世界银行、亚洲开发银行等国际组织贷款资金的项目；使用外国政府及其机构贷款资金的项目；使用国际组织或者外国政府援助资金的项目。

6）上述五类项目的勘察、设计、施工、监理以及与工程建设有关的重要设备、材料等的采购，达到下列标准之一的，必须进行招标：施工单项合同估算价在200万元人民币以上的；重要设备、材料等货物的采购，单项合同估算价在100万元人民币以上的；勘察、设计、监理等服务的采购，单项合同估算价在50万元人民币以上的；单项合同估算价低于前三项规定的标准，但项目总投资额在3000万元人民币以上的。

依法必须进行招标的项目，全部使用国有资金投资或者国有资金投资占控股或主导地位的，应当公开招标。

依法必须进行招标的项目，招标人应当自确定中标人之日起15日内，向有关行政监督部门提交招标投标情况的书面报告。

4. 合同管理制

1999年实施的《合同法》明确了合同订立、效力、履行、变更与转让、终止、违约责任等有关内容，以及包括建设工程合同、委托合同在内的15类合同，这为实行合同管理制提供了重要法律依据。

为了使勘察、设计、施工、监理、材料设备供应单位依法履行各自的责任和义务，在工程建设中必须实行合同管理制。在工程项目合同体系中，建设单位和施工单位是两个最主要的节点。

（1）建设单位的主要合同关系　为实现工程项目总目标，建设单位可通过签订合同将工程项目有关活动委托给相应的专业承包单位或专业服务机构，相应的合同有：工程承包（总承包、施工承包）合同、工程勘察合同、工程设计合同、材料设备采购合同、工程咨询（可行性研究、技术咨询、造价咨询）合同、工程监理合同、工程项目管理服务合同、工程保险合同和贷款合同等。

（2）施工单位的主要合同关系　施工单位作为工程承包合同的履行者，也可通过签订合同将工程承包合同中所确定的工程设计、施工、材料设备采购等部分任务委托给其他相关单位来完成，相应的合同有：工程分包合同、材料设备采购合同、运输合同、加工合同、租赁合同、劳务分包合同和保险合同等。

1.3　建设工程监理相关法律法规和规范

1.3.1　建设工程监理相关法律和行政法规

目前，我国建设工程法律法规体系已经基本形成。建设工程法律法规体系是指根据《中华人民共和国立法法》的规定，制定和公布实行的有关建设工程的各项法律、行政法规、地方性法规、自治条例、单行条例、部门规章和地方政府规章的总称。与工程监理有关的建设工程法律法规体系见表1-1。

表1-1　与工程监理有关的建设工程法律法规体系

定　义		与工程建设监理有关的法律、法规和部门规章
工程建设法律	是指由全国人民代表大会及其常务委员会通过，由国家主席签署主席令予以公布的规范工程建设活动的文件	《建筑法》《合同法》《招标投标法》《安全生产法》 城市建设：《土地管理法》《城市规划法》《城市房地产管理法》《环境保护法》《环境影响评价法》
工程建设行政法规	是指根据宪法和法律由国务院制定的规范工程建设活动的各项法规，由总理签署国务院令予以公布	工程建设：《建设工程质量管理条例》《建设工程安全生产管理条例》《建设工程勘察设计管理条例》 城市建设：《土地管理法实施条例》《建设项目环境保护管理条例》
工程建设部门规章	是根据法律和国务院的行政法规、决定或命令，由住建部按照国务院规定的职权范围，独立或同国务院有关部门联合制定的规范工程建设活动的各项规章，属于住建部制定的由部长签署住建部令予以公布	工程监理：《工程监理企业资质管理规定》《监理工程师资格考试和注册试行办法》《建设工程监理范围和规模标准规定》 招标投标管理：《建筑工程设计招标投标管理办法》《房屋建筑和市政基础设施工程施工招标投标管理办法》《评标委员会和评标方法暂行规定》 工程建设：《建筑工程施工发包与承包计价管理办法》《建筑工程施工许可管理办法》《实施工程建设强制性标准监督规定》《房屋建筑工程质量保修办法》《房屋建筑工程和市政基础设施工程竣工验收备案管理暂行办法》《建筑工程施工现场管理规定》《建筑安全生产监督管理规定》《工程建设重大事故报告和调查程序规定》 城市建设：《城市建设档案管理规定》

1.《建筑法》对工程监理的有关规定

《建筑法》是我国建设工程监理活动的基本法律，它主要从从业资格、工程监理制度、工程监理单位和监理工程师的职责及其法律责任等对工程监理做了有关规定。

（1）从业资格

1）工程监理单位的资质要求。《建筑法》规定，从事建筑活动的工程监理单位应当具备下列条件：有符合国家规定的注册资本；有与其从事的建筑活动相适应的具有法定执业资格的专业技术人员；有从事相关建筑活动所应有的技术装备；法律、行政法规规定的其他条件。

《建筑法》规定，从事建筑活动的工程监理单位，按照其拥有的注册资本、专业技术人员、技术装备和已完成的建筑工程业绩等资质条件，划分为不同的资质等级，经资质审查合格，取得相应等级的资质证书后，方可在其资质等级许可的范围内从事建筑活动。

2）监理工程师的资质要求。《建筑法》规定，从事建筑活动的专业技术人员，应当依法取得相应的执业资格证书，并在执业资格证书许可的范围内从事建筑活动。

（2）工程监理制度

《建筑法》规定，国家推行建筑工程监理制度；实行监理的建筑工程，由建设单位委托具有相应资质条件的工程监理单位监理，建设单位与其委托的工程监理单位应当订立书面委托监理合同。《建筑法》规定，**实施建筑工程监理前，建设单位应当将委托的工程监理单位、监理的内容及监理权限，书面通知被监理的建筑施工企业。**

《建筑法》规定，建筑工程监理应当依照法律、行政法规及有关的技术标准、设计文件和建筑工程承包合同，对承包单位在施工质量、建设工期和建设资金使用等方面，代表建设单位实施监督。

（3）工程监理单位和监理工程师的职责

1）工程监理单位的职责。《建筑法》规定，工程监理单位应当在其资质等级许可的监理范围内，承担工程监理业务。工程监理单位应当根据建设单位的委托，客观、公正地执行监理任务。工程监理单位与被监理工程的承包单位以及建筑材料、建筑构配件和设备供应单位不得有隶属关系或者其他利害关系。工程监理单位不得转让工程监理业务。

2）监理工程师的职责。《建筑法》规定，**工程监理人员认为工程施工不符合工程设计要求、施工技术标准和合同约定的，有权要求建筑施工企业改正。**工程监理人员发现工程设计不符合建筑工程质量标准或者合同约定的质量要求的，应当报告建设单位要求设计单位改正。

（4）工程监理单位的法律责任

《建筑法》规定，工程监理单位不按照委托监理合同的约定履行监理义务，对应当监督检查的项目不检查或者不按照规定检查，给建设单位造成损失的，应当承担相应的赔偿责任。工程监理单位与承包单位串通，为承包单位谋取非法利益，给建设单位造成损失的，应当与承包单位承担连带赔偿责任。

《建筑法》规定，工程监理单位与建设单位或者建筑施工企业串通，弄虚作假、降低工程质量的，责令改正，处以罚款，降低等级或者吊销资质证书；有违法所得的，予以没收；造成损失的，承担连带赔偿责任；构成犯罪的，依法追究刑事责任。工程监理单位转让监理业务的，责令改正，没收违法所得，可以责令停业整顿，降低资质等级；情节严重的，吊销资质证书。

2.《建设工程质量管理条例》对工程监理的有关规定

《建设工程质量管理条例》主要从工程监理单位的质量责任和义务，以及工程监理单位和监理工程师的职责和法律责任等方面对工程监理做了有关规定。

（1）工程监理单位的质量责任和义务

1）建设工程监理业务承揽。《建设工程质量管理条例》规定，**工程监理单位应当依法取得相应等级的资质证书，并在其资质等级许可的范围内承担工程监理业务。**禁止工程监理单位超越本单位资质等级许可的范围或者以其他工程监理单位的名义承担工程监理业务。禁止工程监理单位允许其他单位或者个人以本单位的名义承担工程监理业务。工程监理单位不得转让工程监理业务。

《建设工程质量管理条例》规定，工程监理单位与被监理工程的施工承包单位以及建筑材料、建筑构配件和设备供应单位有隶属关系或者其他利害关系的，不得承担该项建设工程的监理业务。

2）建设工程监理实施。《建设工程质量管理条例》规定，工程监理单位应当依照法律、法规以及有关技术标准、设计文件和建设工程承包合同，代表建设单位对施工质量实施监理，并对施工质量承担监理责任。

（2）工程监理单位和监理工程师的职责

1）工程监理单位的职责。《建设工程质量管理条例》规定，工程监理单位应当选派具备相应资格的总监理工程师和监理工程师进驻施工现场。未经监理工程师签字，建筑材料、建筑构配件和设备不得在工程上使用或者安装，施工单位不得进行下一道工序的施工。未经总监理工程师签字，建设单位不拨付工程款，不进行竣工验收。

2）监理工程师的职责。《建设工程质量管理条例》规定，监理工程师应当按照工程监理规范的要求，采取旁站、巡视和平行检验等形式，对建设工程实施监理。

（3）工程监理单位和监理工程师的法律责任

1）工程监理单位的法律责任。《建设工程质量管理条例》规定，工程监理单位超越本单位资质等级承揽工程的，责令停止违法行为，处合同约定的监理酬金1倍以上2倍以下的罚款；可以责令停业整顿，降低资质等级；情节严重的，吊销资质证书；有违法所得的，予以没收。

《建设工程质量管理条例》规定，工程监理单位允许其他单位或者个人以本单位的名义承揽工程的，责令改正，没收违法所得，处合同约定的监理酬金1倍以上2倍以下的罚款；可以责令停业整顿，降低资质等级；情节严重的，吊销资质证书。

《建设工程质量管理条例》规定，工程监理单位转让工程监理业务的，责令改正，没收违法所得，处合同约定的监理酬金25%以上50%以下的罚款；可以责令停业整顿，降低资质等级；情节严重的，吊销资质证书。

《建设工程质量管理条例》规定，工程监理单位与建设单位或者施工单位串通，弄虚作假、降低工程质量的；将不合格的建设工程、建筑材料、建筑构配件和设备按照合格签字的，责令改正，处50万元以上100万元以下的罚款；降低资质等级或者吊销资质证书；有违法所得的，予以没收；造成损失的，承担连带赔偿责任。

《建设工程质量管理条例》规定，工程监理单位与被监理工程的施工承包单位以及建筑材料、建筑构配件和设备供应单位有隶属关系或者其他利害关系承担该项建设工程的监理业务的，责令改正，处5万元以上10万元以下的罚款；降低资质等级或者吊销资质证书；有违法所得的，予以没收。

2）监理工程师的法律责任。《建设工程质量管理条例》规定，监理工程师因过错造成质量事故的，责令停止执业1年；造成重大质量事故的，吊销执业资格证书，5年内不予注册；情节特别恶劣的，终身不予注册。

《建设工程质量管理条例》规定，工程监理单位违反国家规定，降低工程质量标准，造成重大安全事故，构成犯罪的，对直接责任人员依法追究刑事责任。

3.《建设工程安全生产管理条例》对工程监理的有关规定

《建设工程安全生产管理条例》主要从工程监理单位的安全责任、职责以及工程监理单位和监理工程师的法律责任等方面对工程监理做了有关规定。

(1) 工程监理单位的安全责任

《建设工程安全生产管理条例》规定，工程监理单位必须遵守安全生产法律、法规的规定，保证建设工程安全生产，依法承担建设工程安全生产责任。

《建设工程安全生产管理条例》规定，**工程监理单位和监理工程师应当按照法律、法规和工程建设强制性标准实施监理，并对建设工程安全生产承担监理责任。**

(2) 工程监理单位的职责

《建设工程安全生产管理条例》规定，**工程监理单位应当审查施工组织设计中的安全技术措施或者专项施工方案是否符合工程建设强制性标准。工程监理单位在实施监理过程中，发现存在安全事故隐患的，应当要求施工单位整改；情况严重的，应当要求施工单位暂时停止施工，并及时报告建设单位。**施工单位拒不整改或者不停止施工的，工程监理单位应当及时向有关主管部门报告。

(3) 工程监理单位和监理工程师的法律责任

1) 工程监理单位的法律责任。《建设工程安全生产管理条例》规定，工程监理单位有下列行为之一的，责令限期改正；逾期未改正的，责令停业整顿，并处10万元以上30万元以下的罚款；情节严重的，降低资质等级，直至吊销资质证书；造成重大安全事故，构成犯罪的，对直接责任人员，依照刑法有关规定追究刑事责任；造成损失的，依法承担赔偿责任；未对施工组织设计中的安全技术措施或者专项施工方案进行审查的；发现安全事故隐患未及时要求施工单位整改或者暂时停止施工的；施工单位拒不整改或者不停止施工，未及时向有关主管部门报告的；未依照法律、法规和工程建设强制性标准实施监理的。

2) 监理工程师的法律责任。《建设工程安全生产管理条例》规定，**注册监理工程师未执行法律、法规和工程建设强制性标准的，责令停止执业3个月以上1年以下；情节严重的，吊销执业资格证书，5年内不予注册；造成重大安全事故的，终身不予注册；**构成犯罪的，依照刑法有关规定追究刑事责任。

1.3.2 建设工程监理规范

《建设工程监理规范》(GB/T 50319—2013)，共分9章和3个附录，主要内容如下。

1. 总则

1) 制定目的：为规范建设工程监理与相关服务行为，提高建设工程监理与相关服务水平。

2) 适用范围：适用于新建、扩建、改建建设工程监理与相关服务活动。

3) 建设工程监理合同形式和内容的规定。

4) 建设单位向施工单位书面通知工程监理的范围、内容和权限及总监理工程师姓名。

5) 建设单位、施工单位及工程监理单位之间涉及施工合同联系活动的工作关系。

6) 实施建设工程监理的主要依据：法律法规及工程建设标准；建设工程勘察设计文件；建设工程监理合同及其他合同文件。

7) 建设工程监理应实行总监理工程师负责制。

8）建设工程监理宜实施信息化管理。

9）工程监理单位应公平、独立、诚信、科学地开展建设工程监理与相关服务活动。

10）工程建设监理与相关服务活动应符合该规范和国家现行有关标准。

2. 术语

《建设工程监理规范》（GB/T 50319—2013）解释了工程监理单位、建设工程监理、相关服务、项目监理机构、注册监理工程师、总监理工程师、总监理工程师代表、专业监理工程师、监理员、监理规划、监理实施细则、工程计量、旁站、巡视、平行检验、见证取样、工程延期、工期延误、工程临时延期批准、工程最终延期批准、监理日志、监理月报、设备监造、监理文件资料等建设工程监理常用术语。

3. 项目监理机构及其设施

《建设工程监理规范》（GB/T 50319—2013）明确了项目监理机构的人员构成和职责，规定了监理设施的提供和管理。

（1）项目监理机构人员　项目监理机构的监理人员由总监理工程师、专业监理工程师和监理员组成，且专业配套、数量应满足建设工程监理工作需要，必要时可设总监理工程师代表。

（2）监理设施

1）建设单位应按建设工程监理合同约定，提供监理工作需要的办公、交通、通信、生活等设施。

2）项目监理机构应妥善使用和保管建设单位提供的设施，并应按建设工程监理合同约定的时间移交建设单位。

3）工程监理单位应按建设工程监理合同约定，配备满足监理工作需要的检测设备和工器具。

4. 监理规划及监理实施细则

（1）监理规划　明确了监理规划的编制要求、编审程序和主要内容。

（2）监理实施细则　明确了监理实施细则的编制要求、编审程序、编制依据和主要内容。

5. 工程质量、造价、进度控制及安全生产管理的监理工作

《建设工程监理规范》（GB/T 50319—2013）规定，项目监理机构应根据建设工程监理合同约定，遵循动态控制原理，坚持预防为主的原则，制定和实施相应的监理措施，采用旁站、巡视和平行检验等方式对建设工程实施监理。

（1）一般规定

1）项目监理机构监理人员应熟悉工程设计文件，并参加建设单位主持的图纸会审和设计交底会议。

2）工程开工前，项目监理机构监理人员应参加由建设单位主持召开的第一次工地会议。

3）项目监理机构应定期召开监理例会，并组织有关单位研究解决与监理相关的问题。项目监理机构可根据工程需要，主持或参加专题会议，解决监理工作范围内工程专项问题。

4）项目监理机构应协调工程建设相关方的关系。

5）项目监理机构应审查施工单位报审的施工组织设计，并要求施工单位按已批准的施

工组织设计组织施工。

6）总监理工程师应组织专业监理工程师审查施工单位报送的开工报审表及相关资料，报建设单位批准后，总监理工程师签发工程开工令。

7）分包工程开工前，项目监理机构应审核施工单位报送的分包单位资格报审表。

8）项目监理机构宜根据工程特点、施工合同、工程设计文件及经过批准的施工组织设计对工程风险进行分析，并提出工程质量、造价、进度目标控制及安全生产管理的防范对策。

（2）工程质量控制　包括审查施工单位现场的质量管理机构、管理制度及专职管理人员和特种作业人员的资格；审查施工单位报审的施工方案；审查施工单位报送的新材料、新工艺、新技术、新设备的质量认证材料和相关验收标准的适用性；检查、复核施工单位报送的施工控制测量成果及保护措施；查验施工单位在施工过程中报送的施工测量放线成果；检查施工单位为工程提供服务的试验室；审查施工单位报送的用于工程的材料、构配件、设备的质量证明文件；对用于工程的材料进行见证取样、平行检验；审查施工单位定期提交影响工程质量的计量设备的检查和检定报告；对关键部位、关键工序进行旁站；对工程施工质量进行巡视；对施工质量进行平行检验；验收施工单位报验的隐蔽工程、检验批、分项工程和分部工程；处置施工质量问题、质量缺陷、质量事故；审查施工单位提交的单位工程竣工验收报审表及竣工资料，组织工程竣工预验收；编写工程质量评估报告；参加工程竣工验收等。

（3）工程造价控制　包括进行工程计量和付款签证；对实际完成量与计划完成量进行比较分析；审核竣工结算款，签发竣工结算款支付证书等。

（4）工程进度控制　包括审查施工单位报审的施工总进度计划和阶段性施工进度计划；检查施工进度计划的实施情况；比较分析工程施工实际进度与计划进度，预测实际进度对工程总工期的影响等。

（5）安全生产管理的监理工作　包括审查施工单位现场安全生产规章制度的建立和实施情况；审查施工单位安全生产许可证及施工单位项目经理、专职安全生产管理人员和特种作业人员的资格；核查施工机械和设施的安全许可验收手续；审查施工单位报审的专项施工方案；处置安全事故隐患等。

6. 工程变更、索赔及施工合同争议的处理

《建设工程监理规范》（GB/T 50319—2013）规定，项目监理机构应依据建设工程监理合同约定进行施工合同管理，处理工程变更、索赔及施工合同争议等事宜。施工合同终止时，项目监理机构应协助建设单位按施工合同约定处理施工合同终止的有关事宜。

（1）工程变更　包括施工单位提出的工程变更处理程序、工程变更价款处理原则；建设单位要求的工程变更的监理职责。

（2）费用索赔　包括处理费用索赔的依据和程序；批准施工单位费用索赔应满足的条件；施工单位的费用索赔与工程延期要求相关联时的监理职责；建设单位向施工单位提出索赔时的监理职责。

（3）工程延期及工程延误　包括处理工程延期要求的程序；批准施工单位工程延期要求应满足的条件；施工单位因工程延期提出费用索赔时的监理职责。

（4）施工合同争议　处理施工合同争议时的监理工作程序、内容和职责。

7. 监理文件资料管理

《建设工程监理规范》（GB/T 50319—2013）规定，项目监理机构应建立完善监理文件

资料管理制度，应设专人管理监理文件资料。项目监理机构应及时、准确、完整地收集、整理、编制、传递监理文件资料，并应采用信息技术进行监理文件资料管理。

（1）监理文件资料内容 《建设工程监理规范》（GB/T 50319—2013）明确了18项监理文件资料，并规定监理日志、监理月报、监理工作总结应包括的内容。

（2）监理文件资料归档

1）项目监理机构应及时整理、分类汇总监理文件资料，并按规定组卷，形成监理档案。

2）工程监理单位应根据工程特点和有关规定，保存监理档案，并应向有关单位、部门移交需要存档的监理文件资料。

8. 设备采购与设备监造

《建设工程监理规范》（GB/T 50319—2013）规定，项目监理机构应根据建设工程监理合同约定的设备采购与设备监造工作内容配备监理人员，明确岗位职责，编制设备采购与设备监造工作计划，并应协助建设单位编制设备采购与设备监造方案。

（1）设备采购 包括设备采购招标和合同谈判时的监理职责；设备采购文件资料应包括的内容。

（2）设备监造

1）项目监理机构应检查设备制造单位的质量管理体系；审查设备制造单位报送的设备制造生产计划和工艺方案，设备制造的检验计划和检验要求，设备制造的原材料、外购配套件、元器件、标准件，以及坯料的质量证明文件及检验报告等。

2）项目监理机构应对设备制造过程进行监督和检查，对主要及关键零部件的制造工序应进行抽检。

3）项目监理机构应审核设备制造过程的检验结果，并检查和监督设备的装配过程。

4）项目监理机构应参加设备整机性能检测、调试和出厂验收。

5）专业监理工程师应审查设备制造单位报送的设备制造结算文件。

6）规定了设备监造文件资料应包括的主要内容。

9. 相关服务

《建设工程监理规范》（GB/T 50319—2013）规定，工程监理单位应根据建设工程监理合同约定的相关服务范围，开展相关服务工作，并编制相关服务工作计划。

（1）工程勘察设计阶段服务 包括协助建设单位选择勘察设计单位并签订工程勘察设计合同；审查勘察单位提交的勘察方案；检查勘察现场及室内试验主要岗位操作人员的资格、所使用设备、仪器计量的检定情况；检查勘察进度计划执行情况；审核勘察单位提交的勘察费用支付申请；审查勘察单位提交的勘察成果报告，参与勘察成果验收；审查各专业、各阶段设计进度计划；检查设计进度计划执行情况；审核设计单位提交的设计费用支付申请；审查设计单位提交的设计成果；审查设计单位提出的新材料、新工艺、新技术、新设备在相关部门的备案情况；审查设计单位提出的设计概算、施工图预算；协助建设单位组织专家评审设计成果；协助建设单位报审有关工程设计文件；协调处理勘察设计延期、费用索赔等事宜。

（2）工程保修阶段服务

1）承担工程保修阶段的服务工作时，工程监理单位应定期回访。

2）对建设单位或使用单位提出的工程质量缺陷，工程监理单位应安排监理人员进行检

查和记录，并应要求施工单位予以修复，同时应监督实施，合格后应予以签认。

3）工程监理单位应对工程质量缺陷原因进行调查，并应与建设单位、施工单位协商确定责任归属。对非施工单位原因造成的工程质量缺陷，应核实施工单位申报的修复工程费用，并应签认工程款支付证书，同时应报建设单位。

10. 附录

附录包括以下三类表：

1）A类表：工程监理单位用表。由工程监理单位或项目监理机构签发。

2）B类表：施工单位报审、报验用表。由施工单位或施工项目经理部填写后报送工程建设相关方。

3）C类表：通用表。一般是工程建设相关方工作联系的通用表。

1.4 国际工程咨询概述

1.4.1 国际工程咨询的概念与作用

1. 工程咨询的概念

工程咨询是指适应现代经济发展和社会进步的需要，集中专家群体或个人的智慧和经验，运用现代科学技术和工程技术以及经济、管理、法律等方面知识，为建设工程决策和管理提供的智力服务。

2. 工程咨询的作用

工程咨询是智力服务，是知识的转让，可有针对性的向客户提供可供选择的方案、计划或有参考价值的数据、调查结果、预测分析等，也可实际参与工程实施过程的管理。

1）为决策者提供科学合理的建议。工程咨询本身并不包含决策，但可以弥补决策者职责与能力之间的差距。

2）保证工程的顺利实施。工程建设过程中有众多复杂的管理工作，需要工程咨询人员完成。

3）为客户提供信息和先进技术。工程咨询机构往往集中了一定数量的专家、学者，拥有大量的信息、知识、经验和先进技术，可以随时根据客户需要提供信息和技术服务，弥补客户在科技和信息方面的不足。

4）发挥准仲裁人的作用。工程咨询机构是独立的法人，不受其他机构的约束和控制，只对自己咨询活动的结果负责，因而可以公正、客观地为客户提供解决争议的方案和建议。

5）促进国际间工程领域的交流和合作。咨询公司和人员所表现出的在工程咨询和管理方面的理念和方法以及所掌握的工程技术和建设工程组织管理的新型模式促进了国际工程领域技术、经济、管理和法律等方面的交流和合作。

1.4.2 国际工程咨询业概况

1. 国际工程咨询业发展简史

工程咨询作为一个独立的行业，始于19世纪下半叶，它是近代工业化的产物。国际工程咨询业发展大致经历了三个阶段：

1）个体咨询时期。19 世纪 90 年代美国成立了土木工程师协会，独立承担从土木建设中分离出来的技术咨询业务。

2）合伙咨询时期。20 世纪个体咨询从土木工程扩展到工业、农业、交通等领域，咨询形式也由个体咨询发展到合伙人公司。

3）综合咨询时期。二次大战后，工程咨询业发生了三大变化：从专业咨询发展到综合咨询，从工程技术咨询发展到战略咨询，从国内咨询发展到国际咨询。

2. 国际工程咨询业的现状和特点

1）发达国家工程咨询业有明显优势。

2）国际工程市场竞争激烈。

3）发展中国家的工程咨询业正在兴起。

4）国际交流日益频繁。

3. 国际工程咨询业的展望

(1) 世界各国经济状况和发展战略将促进工程咨询业的发展　建设项目的数量和规模同经济状况有关。经济萧条时期比发展时期更加需要改善经营管理的咨询服务。

可持续发展战略的实施、有效利用资源、保护生态环境，要求必须对大量的传统工艺和设施进行改造，这都给咨询业带来了新的机遇。

(2) 一些国家和地区将出现新兴的国际工程咨询市场　亚太地区工程咨询存在潜力的两个主要领域是设施开发与工业开发项目。非洲、拉丁美洲也是不容忽视和极具潜力的市场。

(3) 国际工程咨询业务出现新的趋势和特点

1）与工程承包相互渗透、相互融合。具体表现主要有以下两种情况：一是工程咨询公司与工程承包公司相结合，组成大的集团企业或采用临时联合方式，承接交钥匙工程（或项目总承包工程）；二是工程咨询公司与国际大财团或金融机构紧密联系，通过项目融资取得工程咨询业务。

2）向全过程服务和全方位服务方向发展。全过程服务分为建设工程实施阶段全过程服务和工程建设全过程服务两种情况。全方位服务是指除了对建设工程三大目标实施控制外，还包括决策支持、项目策划、项目融资、项目规划和设计、重要工程设备和材料的国际采购等。

3）带动出口。以工程咨询为纽带，带动本国工程设备、材料和劳务的出口。这种情况通常是在全过程服务和全方位服务条件下发生。出于对工程咨询公司的信任，在不损害业主利益的前提下，业主会乐意接受该工程咨询公司所推荐的其所在国的工程设备、材料和劳务。

(4) 技术变革和科技进步将对工程咨询业产生不可忽视的影响　新技术变革对未来咨询项目的性质和规模都将产生影响。

1.4.3 咨询工程师

1. 咨询工程师的概念

咨询工程师（Consulting Engineer）是以从事工程咨询业务为职业的工程技术人员和其他专业（如经济、管理）人员的统称。国际上对咨询工程师的理解与我国习惯上的理解有

很大不同。按国际上的理解，我国的建造师、结构工程师、各种专业设备工程师、监理工程师、造价工程师、招标师等都属于咨询工程师。甚至从事工程咨询业务有关工作的审计师、会计师也属于咨询工程师之列。

2. 咨询工程师的地位和作用

(1) 咨询工程师的地位　处于中间人的地位，有权根据合同条款做出自己的客观判断，对业主和承包商发出指令并约束双方。但不是独立的第三方，成为业主方的一员，代表业主管理承包商。

(2) 咨询工程师的作用

1) 咨询工程师是设计者。为了保持项目的持续性，在国家投标项目中，业主尽量找同一咨询工程师负责设计和施工监理，以免出现设计与监理相互推诿责任的现象。

2) 咨询工程师是施工监理。咨询工程师对施工中的安全、质量、进度、投资进行跟踪，控制承包商的施工行为，确保总目标的实现。

3) 咨询工程师是准仲裁员。当业主与承包商意见不一致时，首先是异议一方向咨询工程师提出要求做出准仲裁决定。

4) 咨询工程师是业主的代理人。咨询工程师受聘于业主，为其监督管理工程的施工。

3. 咨询工程师的素质

工程咨询是科学性、综合性、系统性、实践性均很强的职业。作为从事这一职业的主体，咨询工程师应具备以下素质：

(1) 知识面宽　建设工程自身的复杂程度及其不同的环境和背景，工程咨询公司服务内容的广泛性，要求咨询工程师具有较宽的知识面。除了需要掌握建设工程的专业技术知识之外，咨询工程师还应熟悉与工程建设有关的经济、管理、金融和法律等方面的知识，对工程建设的管理过程有深入的了解，并熟悉项目融资、设备采购、招标咨询的具体运作和有关规定。

(2) 精通业务　工程咨询公司的业务范围很宽，每个咨询工程师都应有自己比较擅长的一个或多个业务领域，成为该领域的专家。对精通业务的要求，首先意味着要具有实际动手能力；其次要具有丰富的工程实践经验。此外，咨询工程师还应具备一定的计算机应用和外语水平与能力。

(3) 协调、管理能力强　工程咨询业务不仅涉及与本公司的各方面人员的协同工作，而且经常与客户、建设工程参与各方、政府部门、金融机构等发生联系，处理各种面临的问题。在很多情况下，咨询工程师不仅是技术方面的专家，而且需要成为组织管理、协调沟通方面的专家。

(4) 责任心强　咨询工程师的责任心首先表现在职业责任感和敬业精神，要通过自己的实际行动来维护个人、公司、职业的尊严和名誉。同时，咨询工程师还负有社会责任，即在维护国家和社会公众利益的前提下为客户提供服务。工程咨询业务往往由多个咨询工程师协同完成，每个咨询工程师独立完成其中某一部分工作。每个咨询工程师都必须确保按时、按质地完成预定工作，并对自己的工作成果负责。

(5) 不断进取，勇于开拓　当今世界，科学技术日新月异，经济发展一日千里，新思想、新理论、新技术、新产品、新方法等层出不穷。因此，咨询工程师必须及时更新知识，了解、熟悉乃至掌握与工程咨询相关领域的新进展。同时，要勇于开拓新的工程咨询领域，以适应客户的新需求，顺应工程咨询市场发展的趋势。

4. 咨询工程师的职业道德

咨询工程师的职业道德规范或准则虽然不是法律，但是对咨询工程师的行为却具有相当大的约束力。国际上最具普遍意义和权威性的FIDIC道德准则要求咨询工程师具有正直、公平、诚信、服务等工作态度和敬业精神，充分体现了FIDIC对咨询工程师要求的精髓，主要内容如下。

（1）对社会和咨询业的责任

1）承担咨询业对社会所负有的责任。

2）寻求符合可持续发展原则的解决方案。

3）在任何情况下，始终维护咨询业的尊严、地位和荣誉。

（2）能力

1）保持其知识和技能水平与技术、法律和管理的发展相一致的水平，在为客户提供服务时运用应有的技能、谨慎和勤勉。

2）只承担能够胜任的任务。

（3）廉洁和正直　在任何时候均为委托人的合法权益行使其职责，始终维护客户的合法权益，并廉洁、正直和忠诚地进行职业服务。

（4）公平

1）在提供职业咨询、评审或决策时公平地提供专业建议、判断或决定。

2）为客户服务过程中可能产生的一切潜在的利益冲突，都应告知客户。

3）不接受任何可能影响其独立判断的报酬。

（5）对他人的公正

1）推动“基于质量选择咨询服务”的观念，即加强按照能力进行选择的观念。

2）不得故意或无意地做出损害他人名誉或事务的事情。

3）不得直接或间接取代某一特定工作中已经任命的其他咨询工程师的位置。

4）在通知该咨询工程师之前，并在未接到客户终止其工作的书面指令之前，不得接管该咨询工程师的工作。

5）如被邀请评审其他咨询工程师的工作，应以适当的行为和善意的态度进行。

（6）反腐败

1）既不提供也不收受任何形式的酬劳，这种酬劳意在试图或实际设法影响对咨询工程师选聘过程或对其的补偿和（或）影响其客户；设法影响咨询工程师的公正判断。

2）当任何合法组成的机构对服务或建筑合同管理进行调查时，咨询工程师应充分予以合作。

1.4.4 工程咨询公司

1. 工程咨询公司的概念

工程咨询公司是一个由独立的职业工程师组成的，在合同的基础上有偿地为业主进行某一专业领域服务的机构。

2. 工程咨询公司的服务对象和内容

工程咨询公司的业务范围很广泛，其服务对象可以是业主、承包商、国际金融机构和贷

款银行，工程咨询公司也可以与承包商联合投标承包工程。工程咨询公司的服务对象不同，相应的服务内容也有所不同。

（1）为业主服务　为业主服务是工程咨询公司最基本、最广泛的业务，这里所说的业主包括各级政府（此时不是以管理者身份出现）、企业和个人。

1）工程咨询公司为业主服务既可以是全过程服务（包括实施阶段全过程和工程建设全过程），也可以是阶段性服务。

工程建设全过程服务的内容包括可行性研究、工程设计、工程招标、材料设备采购、施工管理（监理）、生产准备、调试验收、后评价等一系列工作。在全过程服务的条件下，咨询工程师不仅是作为业主的受雇人开展工作，而且也代行了业主的部分职责。

阶段性服务是指工程咨询公司仅承担上述工程建设全过程服务中某一阶段的服务工作。一般来说，除了生产准备和调试验收之外，其余各阶段工作业主都可能单独委托工程咨询公司来完成。阶段性服务分为两种不同的情况：一种是业主已经委托某工程咨询公司进行全过程服务，但同时又委托其他工程咨询公司对其中某一或某些阶段的工作成果进行审查、评价；另一种是业主分别委托多个工程咨询公司完成不同阶段的工作，或将某一阶段工作分别委托多个工程咨询公司来完成。

2）工程咨询公司为业主服务既可以是全方位服务，也可以是某一方面的服务。

（2）为承包商服务　工程咨询公司为承包商服务主要有以下几种情况。

1）**提供合同咨询和索赔服务**。如果承包商对建设工程的某种组织管理模式不了解，或对投标文件中所选择的合同条件很陌生，就需要工程咨询公司为其提供合同咨询。另外，当承包商对合同所规定的适应法律不熟悉甚至根本不了解，或发生了重大、特殊的索赔事件而承包商自己又缺乏相应的索赔经验时，承包商都可能委托工程咨询公司为其提供索赔服务。

2）**提供技术咨询服务**。当承包商遇到技术难题，或工业项目中的工艺系统设计和生产流程设计方面的问题时，工程咨询公司可以为其提供相应的技术咨询服务。在这种情况下，工程咨询公司服务对象大多是技术实力不太强的中小承包商。

3）**提供工程设计服务**。在这种情况下，工程咨询公司实质上是承包商的设计分包商，其具体表现有两种方式：

① **一种是工程咨询公司仅承担详细设计**。在国际工程招标时，不少情况下仅达到基本设计，承包商不仅要完成施工任务，而且要完成详细设计。如果承包商不具备完成详细设计的能力，就需要委托工程咨询公司来完成。

② **另一种是工程咨询公司承担全部或绝大部分设计工作**。其前提是承包商以项目总承包或交钥匙方式承包工程，且承包商没有能力自己完成工程设计。

（3）**为贷款方服务**　贷款方包括一般的贷款银行、国际金融机构和国际援助机构。工程咨询公司为贷款方服务常见形式有两种：一种是对申请贷款的项目进行评估，主要是对该项目的可行性研究报告进行审查、复核和评估。另一种是对已接受贷款的项目的执行情况进行检查和监督。国际金融机构或援助机构为了解已接受贷款的项目是否按照有关的贷款规定执行，就需要委托工程咨询公司为其服务，对已接受贷款的项目的执行情况进行检查和监督，提出阶段性工作报告，以便及时、准确地掌握贷款项目的动态，从而做出正确的决策。

（4）**联合承包工程　在国际上，一些大型工程咨询公司往往与设备制造商和土木工程承包商组成联合体，参与工程总承包或交钥匙工程的投标，中标后共同完成项目建设的全部**

任务。在少数情况下，工程咨询公司甚至可以作为总承包商，承担建设工程的主要责任和风险，而承包商则成为分包商。工程咨询公司还可能参与BOT项目，甚至作为这类项目的发起人和策划公司。

虽然联合承包工程的风险相对较大，但可以给工程咨询公司带来更多的利润，而且在有些项目上可以更好地发挥工程咨询公司在技术、信息、管理等方面的优势。

1.4.5 国际工程实施组织模式

1. CM模式

CM（全称为Fast-Track Construction Management）模式，它是由业主委托一家CM单位承担项目管理工作，该CM单位以承包人的身份进行施工管理，并在一定程度上影响工程设计活动，组织快速路径的生产方式，使工程项目实现有条件的“边设计、边施工”。

（1）CM模式的特征

1）采用快速路径法施工。即在工程设计尚未结束之前，当工程某些部分的施工图设计已经完成时，就开始进行该部分工程的施工招标，从而使这部分工程的施工提前到工程项目的设计阶段。

2）以使用CM单位为特征。CM单位对设计单位没有指令权，只能向设计单位提出合理化建议。这是CM模式与全过程建设工程项目管理的重要区别。CM单位有代理型（CM/Agency）和非代理型（CM/Non Agency）两种。代理型的CM单位是业主的咨询单位，与业主签订咨询服务合同，CM合同价就是CM费。代理型的CM单位不负责工程分包的发包，与分包人的合同由业主直接签订。而非代理型的CM单位直接与分包商签订分包合同，业主与CM单位所签订的合同既包括CM服务内容，也包括工程施工成本内容。

3）采用成本加酬金方式。代理型和非代理型的CM合同是有区别的。由于代理型合同是业主与分包人直接签订，所以采用简单的成本加酬金合同形式。而非代理型合同由于CM合同总价是在CM合同签订之后，随着CM单位与各分包人签约而逐步形成的，因此采用保证最大工程费用（GMP）加酬金的合同形式，以便业主控制工程总费用。

（2）实施CM模式的价值　CM模式特别适用于那些实施周期长、工期要求紧迫的大型复杂建设工程。采用CM模式的基本指导思想是缩短工程项目的建设周期，但其价值远不止于此，它在工程质量、进度和造价控制方面都有很大的价值。其在工程造价控制方面的价值体现在：

1）与施工总承包相比，采用CM承包模式合同价更具合理性。采用CM模式时，施工任务要进行多次分包，施工合同总价不是一次确定，而是有一部分完整施工图，就分包一部分，将施工合同总价化整为零。而且每次分包都通过招标展开竞争，每个分包合同价格都通过谈判进行详细的讨论，从而使各个分包合同价格汇总后形成的合同总价更具合理性。

2）CM单位不赚取总包与分包之间的差价。与总分包模式相比，CM单位与分包商或供货商之间的合同价是公开的，业主可以参与所有分包工程或设备材料采购招标及分包合同或供货合同的谈判。CM单位不赚取总包与分包之间的差价，他在进行分包谈判时，会努力降低分包合同价。经谈判而降低合同价的节约部分全部归业主所有，CM单位可获得部分奖励，这样有利于降低工程费用。

3）应用价值工程等优化方法挖掘节约投资的潜力。CM承包模式不同于普通承包模式

的“按图施工”，**CM 单位介入工程时间较早，一般在工程设计阶段**就可凭借其在施工成本控制方面的实践经验，应用价值工程等优化方法对工程设计提出合理化建议，以进一步挖掘节省工程投资的可能性。此外，由于工程设计与施工的早期结合，使得设计变更在很大程度上得到减少，从而减少了分包商因设计变更而提出的索赔。

4）具体数额的保证最大价格（Guaranteed Maximum Price，GMP）大大减少了业主在工程造价控制方面的风险。当采用非代理型 CM 承包模式时，CM 单位将对工程费用的控制承担更直接的经济责任。为了促使 CM 单位加强费用控制工作，业主往往要求在 CM 合同中预先确定一个 GMP，**GMP 包括总的工程费用和 CM 费。GMP 具体数额的确定就成为 CM 合同谈判的一个焦点和难点**。CM 单位要承担 GMP 的风险，如果实际工程费用超过 GMP，超出部分将由 CM 单位承担；如果实际工程费用低于 GMP，节约部分全部归业主所有。由此可见，业主在工程造价控制方面的风险将大大减少。

5）采用现代化管理方法和手段控制工程费用。与普通承包商相比，CM 单位不是单为自己控制成本，还要承担为业主控制工程费用的任务。CM 单位要制订和实施完整的工程费用计划和控制工作流程，并不断向业主报告工程费用情况。

（3）**CM 模式的适用情形**　从 CM 模式的特点来看，在以下几种情况下尤其能体现其优点：

1）**设计变更可能性较大的建设工程**。某些建设工程，即使采用传统模式，等全部设计图完成后再进行施工招标，在施工过程中仍然会有较多的设计变更。在这种情况下，传统模式利于工程造价控制的优点体现不出来，而 CM 模式则能充分发挥其优点。

2）**时间因素最为重要的建设工程**。尽管建设工程的质量、造价、进度三者是一个目标系统，三大目标之间存在对立统一关系。但是某些建设工程的进度目标可能是第一位的。如果采用传统模式组织实施，建设周期太长，虽然总投资可能较低，但可能因此而失去市场，导致投资效益降低乃至很差。在这种情况下，采用 CM 模式则能充分发挥其缩短建设周期的优点。

3）**因总的范围和规模不确定而无法准确确定造价的建设工程**。这种情况表明业主的前期项目策划工作没有做好，如果等到建设工程总的范围和规模确定后再组织实施，持续时间太长。因此，可采用确定一部分工程内容即进行相应的施工招标，开始施工的 CM 模式。

值得注意的是，不论哪一种情形，应用 CM 模式都需要具备丰富施工经验的高水平 CM 单位，这是应用 CM 模式的关键和前提条件。

2. EPC 模式

EPC（Engineering Procurement Construction）模式是指公司受业主委托，按照合同约定对工程建设项目的设计、采购、施工、试运行等实行全过程或若干阶段的承包。通常公司在总价合同条件下，对所承包工程的质量、安全、费用和进度负责。

在 EPC 模式中，Engineering 不仅包括具体的设计工作，而且可能包括整个建设工程内容的总体策划以及整个建设工程实施组织管理的策划和具体工作；Procurement 也不是一般意义上的建筑设备和材料采购，而更多的是指专业设备、材料的采购；Construction 应译为“建设”，其内容包括施工、安装、试车、技术培训等。

（1）**EPC 模式的特征**　与其他实施组织模式相比，EPC 模式具有以下基本特征。

1）**承包商承担大部分风险**。一般认为，在传统模式条件下，业主与承包商的风险分担大致是对等的。而在EPC模式条件下，由于承包商的承包范围包括设计，因而很自然地要承担设计风险。此外，在其他模式中均由业主承担的“一个有经验的承包商不可预见且无法合理防范的自然力的作用”的风险，在EPC模式中也由承包商承担。

2）**业主或业主代表管理工程实施。**在EPC模式中，**业主不聘请“工程师”来管理工程，而是自己或委派业主代表来管理工程。**如果委派业主代表来管理，业主代表应是业主的全权代表。**如果业主想更换业主代表，只需提前14天通知承包商，不需征得承包商的同意。**由于承包商已承担了工程建设的大部分风险，因此，与其他模式条件下工程师管理工程的情况相比，**EPC模式中业主或业主代表管理工程显得较为宽松，**不太具体和深入。

3）总价合同。与其他模式中的总价合同相比，**EPC合同更接近于固定总价合同（若法规变化仍允许调整合同价格）。通常在国际工程承包中固定总价合同仅用于规模小、工期短的工程。而EPC模式所适用的工程一般规模均较大、工期较长，且具有相当的技术复杂性。**

（2）EPC模式的适用条件　由于EPC模式具有上述特征，因而应用该模式需具备以下条件：

1）由于承包商承担了工程建设的大部分风险，因此，在招标阶段，业主应给予投标人充分的资料和时间；另一方面从工程本身的情况来看，所包含的地下隐蔽工作不能太多，承包商在投标前无法进行勘察的工作区域也不能太大。

2）虽然业主或业主代表有权监督承包商的工作，但不能过分地干预承包商的工作，也不要审批大多数的施工图。

3）**由于采用总价合同，因而工程的期中支付款应由业主直接按照合同规定支付，而不是像其他模式那样先由工程师审查工程量和承包商的结算报告，再决定和签发支付证书。**

如果业主在招标时不满足上述条件或不愿意接受其中某一条件，则该建设工程就不能采用EPC模式。

3. Partnering模式

Partnering模式即合伙模式，是在充分考虑建设各方利益的基础上确定建设工程共同目标的一种管理模式，它一般要求业主与参建各方在相互信任、资源共享的基础上达成一种短期或长期的协议，通过建立工作小组相互合作，及时沟通以避免争议和诉讼的产生，共同解决建设工程实施过程中出现的问题，共同分担工程风险和有关费用，以保证参与各方目标和利益的实现。

（1）**Partnering模式的特征**　Partnering模式的主要特征表现在如下几个方面。

1）**出于自愿。**Partnering协议并不仅仅是建设单位与承包商双方之间的协议，需要工程项目参与各方共同签署。参与Partnering模式的有关各方必须是完全自愿。Partnering模式的参与各方要充分认识到，这种模式的出发点是实现建设工程的共同目标以使参与各方都能获益。

2）**高层管理的参与。**由于Partnering模式建立一个由工程参建各方人员共同组成的工作小组，要分担风险，共享资源，因此高层管理的认同、支持和决策是关键因素。

3）**Partnering协议不是法律意义上的合同。Partnering协议与工程合同是两个完全不同的文件。工程合同签订后，工程参建各方经过讨论协商后才会签署Partnering协议。该协议并不改变参与各方在有关合同中规定的权利和义务。Partnering协议主要用来确定参建各方在工程建设过程中的共同目标、任务分工和行为规范，是工作小组的纲领性文件。当然，该协议内容也不是一成不变的，**当有新的参与者加入时，或某些参与者对协议的某些内容有意

见时，都可以召开会议经过讨论对协议内容进行修改。

4）**信息的开放性。**Partnering 模式强调资源共享，信息作为一种重要的资源，对于参与各方必须公开。同时，参与各方要保持及时、经常和开诚布公的沟通，在相互信任的基础上，要保证工程质量、造价、进度等方面的信息能为参与各方及时、便利地获取。

（2）**Partnering 模式的要素**　成功运作 Partnering 模式所不可缺少的元素包括以下几个方面。

1）**长期协议。**Partnering 模式着眼于长期的合作。通过与业主达成长期协议，承包单位能够更加准确地了解业主需求。同时能保证承包单位不断获取工程任务，从而使承包单位将主要精力放在工程项目的具体实施上。这既有利于工程质量、造价、进度的控制，同时也降低了承包单位的经营成本。对业主而言，不仅可避免在选择承包单位方面的风险，而且可以大大降低“交易成本”，缩短建设周期，取得更好的投资效益。

2）**共享。工程参建各方共享有形资源（如人力、机械设备等）和无形资源（如信息、知识等），共享工程项目实施所产生的有形效益（如费用降低、质量提高等）和无形效益（如避免争议和诉讼的产生、工作积极性提高、承包单位社会信用提高等）。**同时，工程项目参建各方共同分担工程的风险和采用 Partnering 模式所产生的相应费用。

3）**信任。**相互信任是确定工程项目参建各方共同目标和建立良好合作关系的前提，是 Partnering 模式的基础和关键。Partnering 模式所达成的长期协议本身就是相互信任的结果，其中每一方的承诺都是基于对其他参建方的信任。只有相互信任，才能将建设工程其他模式中常见的参建各方之间相互对立的关系转化为相互合作的关系，才能实现参建各方的资源和效益共享。

4）**共同的目标。**Partnering 模式强调目标控制，是将项目参与各方的目标作为一个整体来考虑，在项目实施时充分考虑项目参与各方的利益，在项目实践中容易产生一种双赢或多赢的结果。为此就需要通过分析、讨论、协调、沟通，针对特定建设工程确定参与各方的共同目标，在充分考虑参与各方利益的基础上努力实现这些共同的目标。

5）**合作。**Partnering 模式需要建立一个由工程参建各方人员工共同组成的工作小组，同时要明确各方的职责，建立相互之间的信息流程和指令，并建立一套规范的操作程序，有利于共同目标的实现。

（3）Partnering 模式的适用情况　Partnering 模式的特点决定其特别适用于以下几种类型的建设工程。

1）业主长期有投资活动的建设工程。由于长期有连续的建设工程做保证，业主与承包单位等工程参建各方的长期合作就有了基础，这将有利于增加业主与工程参建各方之间的了解和信任，从而可以签订长期的 Partnering 协议，取得比单个建设工程中运用 Partnering 模式更好的效果。

2）不宜采用公开招标或邀请招标的建设工程。在这类建设工程中，一般来说，投资不是主要目标，业主与承包单位较易形成共同的目标和良好的合作关系。且这种良好的合作关系可以保持下去，在今后新的建设工程中仍然可以再度合作。

3）复杂的不确定因素较多的建设工程。如果建设工程的组成、技术、参建单位复杂，采用一般模式时，往往会产生较多的合同争议和索赔，容易导致业主与承包单位产生对立情绪。在这类建设工程中采用 Partnering 模式，能协调工程参建各方之间的关系，有效避免和减少合同争议，避免仲裁或诉讼，较好地解决索赔问题，从而更好地实现工程参建各方的共同目标。

4）国际金融组织贷款的建设工程。按贷款机构的要求，这类建设工程一般采用国际公开招标，因而常常有外国承包商参与，合同争议和索赔经常发生而且数额较大。另一方面，一些国际著名的承包商往往有 Partnering 模式的实践经验。因此，这类建设工程中采用 Partnering 模式，容易为外国承包商所接受并较为顺利地运作。

4. Project Controlling 模式

Project Controlling 即为项目总控模式。

Project Controlling 方实质上是建设工程业主的决策支持机构。

Project Controlling 模式的核心就是以工程信息流处理的结果（或简称信息流）指导和控制工程的物质流。

Project Controlling 模式是适应大型建设工程业主高层管理人员决策需要而产生的，是工程咨询和信息技术相结合的产物。

（1）Project Controlling 模式的种类 **根据建设工程的特点和业主方组织结构的具体情况，Project Controlling 模式可以分为单平面 Project Controlling 和多平面 Project Controlling 两种类型。**

1）单平面 Project Controlling 模式。当业主方只有一个管理平面（是指独立的功能齐全的管理机构），一般只设置一个 Project Controlling 机构，称为单平面 Project Controlling 模式。

单平面 Project Controlling 模式的组织关系简单，Project Controlling 方的任务明确，仅向项目总负责人（泛指与项目总负责人所对应的管理机构）提供决策支持服务。

2）多平面 Project Controlling 模式。当项目规模大到业主方必须设置多个管理平面时，Project Controlling 方可以设置多个平面与之对应，这就是多平面 Project Controlling 模式。

多平面 Project Controlling 模式的组织关系较为复杂，Project Controlling 方的组织需要采用集中控制和分散控制相结合的形式，即针对业主项目总负责人（或总管理平面）设置总 Project Controlling 机构，同时针对业主各子项目负责人（或子项目管理平面）设置相应的分 Project Controlling 机构。这表明，Project Controlling 方的组织结构与业主方项目管理的组织结构有明显的一致性和对应关系。

（2）**Project Controlling 模式的特点 Project Controlling 模式与工程项目管理服务的相同点主要表现在：一是工作属性相同，**即都属于工程咨询服务；**二是控制目标相同，**即都是控制项目的投资、进度和质量三大目标；**三是控制原理相同，**即都是采用动态控制、主动控制与被动控制相结合并尽可能采用主动控制。

Project Controlling 模式与工程项目管理服务的不同之处主要表现在以下几方面。

1）两者的地位不同。工程项目管理咨询单位是在业主或业主代表领导下，具体负责工程建设过程的管理工作；Project Controlling 咨询单位是业主的决策支持机构。

2）两者的服务时间不尽相同。工程项目管理咨询单位可以为业主提供施工阶段、实施阶段全过程以及工程建设全过程的服务；Project Controlling 咨询单位为业主提供实施阶段全过程、工程建设全过程的服务，甚至项目决策阶段的服务。

3）两者的工作内容不同。工程项目管理咨询单位具体负责建设工程的目标控制（物质流）；Project Controlling 咨询单位不参与建设过程，其核心是信息处理（信息流）。

4）两者的权力不同。工程项目管理咨询单位具体负责建设过程的管理工作，因而对这些单位具有相应的权力；Project Controlling 咨询单位对这些单位没有任何指令权和其他管理权。

（3）应用 Project Controlling 模式需注意的问题

1）Project Controlling 模式一般适用于大型和特大型建设工程。

2）**Project Controlling 模式不能作为一种独立存在的模式，与 Partnering 模式相同。**

3）Project Controlling 模式不能取代工程项目管理服务。

4）Project Controlling 咨询单位需要建设工程参与各方的配合。

1. 何谓建设工程监理？建设工程监理的内涵可从哪些方面理解？
2. 建设工程监理具有哪些性质？
3. 强制实行工程监理的范围是什么？
4. 建设工程监理的任务和作用是什么？
5. 何谓工程建设程序？工程建设程序包括哪些工作内容？
6. 建设项目法人责任制的基本内容是什么？项目法人的职权有哪些？
7. 工程招标的范围和规模标准是什么？
8. 工程项目合同体系的主要内容有哪些？
9. 《建筑法》《建设工程质量管理条例》和《建设工程安全生产管理条例》中规定的工程监理单位和监理工程师的职责有哪些？
10. 工程监理单位和监理工程师的法律责任有哪些？
11. 咨询工程师应具备哪些素质？FIDIC 规定的咨询工程师的道德准则有哪些？
12. 工程咨询公司的服务对象和内容有哪些？
13. CM 模式的种类有哪些？适用于哪些情况？
14. EPC 模式的特征是什么？适用条件是什么？
15. Partnering 模式的主要特征、组成要素有哪些？适用于哪些情形？
16. Project Controlling 模式的种类有哪些？应用中需注意哪些问题？
17. Project Controlling 模式与工程项目管理服务的区别有哪些？

第 2 章 监理工程师和工程监理企业

[学习目标]

掌握监理工程师的概念、职业道德和监理工程师的注册和执业，工程监理企业的概念、资质等级和业务范围、经营活动的基本准则。

熟悉监理工程师的执业特点及素质，工程监理企业的组织形式和工程监理费用的有关内容。

了解监理工程师的工作纪律、资格考试、继续教育和资质申请、审批，工程监理企业的特征，经营服务的内容。

2.1 监理工程师概述

2.1.1 监理工程师的概念与执业特点

1. 监理工程师的概念

《建设工程监理规范》（GB/T 50319—2013）给出了注册监理工程师及四类监理人员的基本概念。

（1）注册监理工程师　注册监理工程师是指取得国务院建设主管部门颁发的注册监理工程师注册执业证书和执业印章，从事建设工程监理与相关服务等活动的人员。

注册监理工程师是一种岗位职务。它的概念包含三层内涵：

1）注册监理工程师应是从事建设工程监理工作的现职人员。

2）注册监理工程师应已通过全国监理工程师资格考试并取得注册监理工程师资格证书。

3）注册监理工程师应经政府建设行政主管部门核准、注册，取得注册监理工程师注册执业证书。

在实践工作中，注册监理工程师具有相应岗位责任的签字权。

（2）监理人员　凡取得岗位资质的人员统称为监理人员。我国《建设工程监理规范》（GB/T 50319—2013）规定，监理人员分为以下几类。

1）总监理工程师：是指由工程监理单位法定代表人书面任命，负责履行建设工程监理合同、主持项目监理机构工作的注册监理工程师。

2）总监理工程师代表：是指由总监理工程师授权，代表总监理工程师行使其部分职责和权力，具有工程类注册执业资格或具有中级及以上专业技术职称、3 年及以上工程监理实践经验的监理人员。

3）专业监理工程师：是指由总监理工程师授权，负责实施某一专业或某一岗位的监理工作，有相应监理文件签发权，具有工程类注册执业资格或具有中级及以上专业技术职称、2 年及以上工程实践经验的监理人员。

4）监理员：是指从事具体监理工作，具有中专及以上学历并经过监理业务培训的监理人员。

2. 监理工程师的执业特点

我国监理工程师执业特点主要表现在以下几方面。

（1）执业范围广　我国监理工程师执业的工程类别按大专业分为 10 多种，如果按小专业细分，有近 50 种。

（2）执业内容复杂　监理工程师执业内容的基础是合同管理，主要工作内容是建设工程目标控制和协调管理，执业方式包括监督管理和咨询服务等。监理工程师执业内容主要包括：工程项目建设前期，为建设单位提供投资决策咨询，协助建设单位进行工程项目可行性研究，提出项目评估；在设计阶段，审查、评审设计方案，选择勘察设计单位，协助建设单位签订勘察、设计合同，监督管理合同的实施，审核设计概算；在施工阶段，监督管理工程承包合同的履行，协调建设单位与工程各方的关系，控制工程进度、投资与质量，组织工程竣工预验收，参与工程竣工验收，审核工程结算；在工程保修期内，检查工程质量状况，鉴定质量问题责任，督促责任单位维修。

（3）执业技能全面　工程监理业务是高智能的工程管理服务，涉及多学科、多专业，监理方法需要运用技术、经济、法律与管理等多方面的知识。因此要求监理工程师不仅应具有复合型知识结构，而且要有能够综合运用多种知识解决实践问题的能力。

（4）执业责任重大　监理工程师在执业过程中担负着重要的经济、管理等方面涉及生命、财产安全的法律责任。监理工程师承担的法律责任不仅包括法律法规所赋予的行政责任，还包括委托监理合同赋予的合同民事责任以及刑法规定的刑事责任。

2.1.2　监理工程师的工作纪律

监理工程师在进行工程监理工作中应遵守以下工作纪律：

1）遵守国家的法律和政府的有关条例、规定和办法等。

2）认真履行建设工程监理合同所承诺的义务和承担约定的责任。

3）坚持公正的立场，公平地处理有关各方的争议。

4）坚持科学的态度和实事求是的原则。

5）在坚持按监理合同的规定向建设单位提供技术服务的同时，帮助被监理者完成其担负的建设任务。

6）不得以个人的名义在报刊上刊登承揽监理业务的广告。

7）不得损害他人的利益。

8）不得泄露所监理的工程需保密的事项。

9）不在任何承建商或材料设备供应商中兼职。

10）不得擅自接受建设单位额外的津贴，也不得接受被监理单位的任何津贴，不得接受可能导致判断不公的报酬。

监理工程师违反工作纪律，由政府主管部门没收非法所得，收缴监理工程师岗位证书，并可处以罚款。工程监理单位还要根据企业内部的规章制度给予处罚。

2.1.3　监理工程师的素质与职业道德

1. 监理工程师的素质

从事监理工作，不仅要求监理工程师具备一定的专业知识和专业技能，而且要有一定的组织协调能力。因此，监理工程师应具备以下素质：

（1）较高的专业学历和复合型的知识结构　建设工程涉及的学科很多，作为一名监理工程师至少应掌握一种专业理论知识；至少应具有工程类大专以上学历，并应了解或掌握一定的建设工程经济、法律和组织管理等方面的理论知识，成为一专多能的复合型人才，持续保持较高的知识水准。

（2）丰富的建设工程实践经验　监理工程师的业务内容体现的是工程技术理论与工程管理理论的应用，具有很强的实践性特点。实践经验是监理工程师的重要素质之一。

（3）良好的品德　监理工程师的良好品德主要体现在以下几个方面：

1）热爱社会主义祖国，热爱人民，热爱本职工作。

2）具有科学的工作态度。

3）具有廉洁奉公、为人正直、办事公道的高尚情操。

4）能够听取不同方面的意见，而且有良好的包容性。

5）具有良好的职业道德。

（4）健康的体魄和充沛的精力　尽管工程监理以脑力劳动为主，但也必须具有健康体魄和充沛精力，才能胜任繁忙的监理工作。我国规定年满65周岁不再予以注册，主要考虑监理人员身体健康状况的适应能力。

2. 监理工程师的职业道德

监理工程师在执业过程中不能损害工程建设任何一方的利益。为此，注册监理工程师应严格遵守如下职业道德守则：

1）维护国家的荣誉和利益，按照“守法、诚信、公正、科学”的经营活动准则执业。

2）执行有关工程建设的法律、法规、规范、标准和制度，履行建设工程监理合同规定的义务和职责。

3）努力学习专业技术和建设工程监理知识，不断提高业务能力和监理水平。

4）不以个人名义承揽监理业务。

5）不同时在两个或两个以上监理企业注册和从事监理活动，不在政府部门和施工、材料设备的生产供应等单位兼职。

6）不为所监理的工程建设项目指定承建商、建筑构配件、设备、材料生产厂家和施工方法。

7）不收受被监理单位的任何礼金。

8）不泄露所监理工程各方认为需要保密的事项。

9）坚持独立自主地开展监理工作。

2.2 注册监理工程师的相关制度

2.2.1 监理工程师的资格考试和注册

1. 监理工程师的资格考试

(1) 监理工程师执业资格考试制度　执业资格是政府对某些责任较大、社会通用性强和关系公共利益的专业技术工作实行的市场准入制度。我国按照有利于国家经济发展、得到社会公认、具有国际可比性、事关社会公共利益等四项原则，在涉及国家、人民生命财产安全的专业技术工作领域，实行专业技术人员执业资格制度。

1992年，建设部发布了《监理工程师资格考试和注册试行办法》，明确了监理工程师考试、注册的实施方式和管理程序，我国从此开始实施监理工程师执业资格考试。实行监理工程师执业资格考试制度的重要意义在于：

1）是保障监理工程师队伍的素质和监理工作水平的需要。

2）是政府建设行政主管部门加强对监理企业监督管理的需要，也便于建设单位选择监理单位。

3）有助于建立建设工程监理人才库。

4）通过考试确认相关资格的做法是国际上通行的方式。

(2) 监理工程师执业资格报考条件　凡中华人民共和国公民，具有工程技术或工程经济专业大专（含）以上学历，遵纪守法，并符合以下条件之一者，均可报名参加监理工程师执业资格考试：

1）具有按照国家有关规定评聘的工程技术或工程经济专业中级专业技术职务，并任职满三年。

2）具有按照国家有关规定评聘的工程技术或工程经济专业高级专业技术职务。

(3) 监理工程师执业资格考试科目

1）考试科目：建设工程监理基本理论与相关法规，建设工程合同管理，建设工程质量、投资、进度控制，建设工程监理案例分析。

2）免试部分科目的条件：对从事工程建设监理工作并同时具备下列四项条件的报考人员，可免试“建设工程合同管理”和“建设工程质量、投资、进度控制”2个科目。

① 1970年（含）以前工程技术或工程经济专业大专（含）以上毕业。

② 具有按照国家有关规定评聘的工程技术或工程经济专业高级专业技术职务。

③ 从事工程设计或工程施工管理工作15年（含）以上。

④ 从事监理工作1年（含）以上。

考试以两年为1个周期，参加全部科目考试的人员，必须在连续两个考试年度内通过全部科目的考试。免试部分科目的人员必须在一个考试年度内通过应试考试。

(4) 监理工程师执业资格考试的组织管理　监理工程师执业资格考试是一种水平考试。实行全国统一大纲、统一命题、统一组织、统一时间、闭卷考试、分科计分、统一标准、择优录取的方式。每年一次，一般在5月举行。

1）监理工程师执业资格考试由住建部和人保部共同负责组织协调和监督管理。住建部负责组织拟定考试科目，编写考试大纲、培训教材和命题工作，统一规划和组织考前培训；人保部负责审定考试科目、考试大纲和试题，组织实施各项考务工作；会同住建部对考试进行检查、监督、指导和确定考试合格标准。

2）考试前成立“全国监理工程师资格考试委员会”和“地方或部门监理工程师资格考试委员会”。

全国监理工程师资格考试委员会职责如下：

① 制定监理工程师资格考试大纲和有关要求。

② 确定考试命题，提出考试合格标准。

③ 监督、指导地方、部门监理工程师资格考试工作，审查确认其考试是否有效。

④ 向全国监理工程师注册管理机关书面报告监理工程师的考试情况。

地方或部门监理工程师资格考试委员会职责如下：

① 受理考试申请，审查参加考试者的资格。

② 组织考试，阅卷评分和确认考试合格者。

③ 向本地区或本部门监理工程师注册机关书面报告考试情况。

④ 向全国监理工程师资格考试委员会汇报工作情况。

2. 监理工程师的注册

监理工程师注册是政府对工程监理执业人员实行市场准入控制的有效手段，也是国际通行的做法。按照《注册监理工程师管理规定》，取得监理工程师资格证书的人员，经过注册方能以注册监理工程师的名义执业。注册监理工程师依据其所学专业、工作经历、工程业绩，按照《工程监理企业资质管理规定》划分的工程类别，**按专业注册，每人最多可以申请两个专业注册；**监理工程师只能在一家工程勘察、设计、施工、监理、招标代理、造价咨询等企业注册。另外，监理工程师的注册，根据注册内容的不同分为三种形式，即初始注册、延续注册和变更注册。

（1）初始注册　按照《注册监理工程师管理规定》，初始注册者，可自资格证书签发之日起3年内提出申请。逾期未申请者，须符合近3年继续教育的要求后方可申请初始注册。

1）注册条件。申请初始注册，应当具备以下条件：

① 经全国注册监理工程师执业资格统一考试合格，取得资格证书。

② 受聘于一个相关单位。

③ 达到继续教育要求。

④ 没有不予初始注册的情形。

2）注册需要提交的材料。根据《注册监理工程师注册管理规程》（2017），申请初始注册需在网上提交下列材料：

① 本人填写的初始注册申请表。

② 由社会保险机构出具的近一个月在聘用单位的社保证明扫描件（退休人员需提供有效的退休证明）。

③ 本人近期一寸彩色免冠证件照扫描件。

④ **逾期初始注册的，应当提供达到继续教育要求的证明材料。**

3）注册程序。按照《注册监理工程师管理规定》，取得监理工程师执业资格证书并受聘于一个建设工程勘察、设计、施工、监理、招标代理、造价咨询等单位的人员，应当通过聘用单位向单位工商注册所在地的省、自治区、直辖市人民政府建设主管部门提出注册申

请；省、自治区、直辖市人民政府建设主管部门受理后提出初审意见，并将初审意见和全部申报材料报国务院建设主管部门审批；符合条件的，由国务院建设主管部门核发注册证书和执业印章。注册证书和执业印章由注册监理工程师本人保管、使用。

（2）延续注册 按照《注册监理工程师管理规定》，注册监理工程师每一注册有效期限为3年，注册有效期满需继续执业的，应当在注册有效期满30日前，按照规定的程序申请延续注册。延续注册有效期限3年。

根据《注册监理工程师注册管理规程》（2017），申请延续注册需在网上提交下列材料：

1）本人填写的延续注册申请表。

2）由社会保险机构出具的近一个月在聘用单位的社保证明扫描件（退休人员需提供有效的退休证明）。

（3）变更注册 按照《注册监理工程师管理规定》，在注册有效期内，注册监理工程师变更执业单位，应当与原聘用单位解除劳动关系，并按照规定的程序办理变更注册手续，变更注册后仍延续原注册有效期。

根据《注册监理工程师注册管理规程》（2017），申请变更注册需在网上提交下列材料：

1）本人填写的变更注册申请表。

2）由社会保险机构出具的近一个月在聘用单位的社保证明扫描件（退休人员需提供有效的退休证明）。

3）在注册有效期内，变更执业单位的，申请人应提供工作调动证明扫描件（与原聘用单位终止或解除聘用劳动合同的证明文件，或由劳动仲裁机构出具的解除劳动关系的劳动仲裁文件）。

4）在注册有效期内，因所在聘用单位名称发生变更的，应在聘用单位名称变更后30日内按变更注册规定办理变更注册手续，并提供聘用单位新名称的营业执照、工商核准通知书扫描件。

（4）不予注册的情形 按照《注册监理工程师管理规定》，申请人有下列情形之一的，不予初始注册、延续注册或者变更注册：

1）不具有完全民事行为能力的。

2）刑事处罚尚未执行完毕或者因从事建设工程监理或者相关业务受到刑事处罚，自刑事处罚执行完毕之日起至申请注册之日止不满2年的。

3）未达到监理工程师继续教育要求的。

4）在2个或者2个以上单位申请注册的。

5）以虚假的职称证书参加考试并取得资格证书的。

6）年龄超过65周岁的。

7）法律、法规规定不予注册的其他情形。

（5）注册证书和执业印章失效的情形 按照《注册监理工程师管理规定》，注册监理工程师有下列情形之一的，其注册证书和执业印章失效：

1）聘用单位破产的。

2）聘用单位被吊销营业执照的。

3）聘用单位被吊销相应资质证书的。

4）已与聘用单位解除劳动关系的。

5）注册有效期满且未延续注册的。

6）年龄超过65周岁的。

7）死亡或者丧失行为能力的。

8）其他导致注册失效的情形。

（6）注销注册　按照《注册监理工程师管理规定》，注册监理工程师有下列情形之一的，负责审批的部门应当办理注销手续，收回注册证书和执业印章或者公告其注册证书和执业印章作废：

1）不具有完全民事行为能力的。

2）申请注销注册的。

3）有注册证书和执业印章失效所列情形发生的。

4）依法被撤销注册的。

5）依法被吊销注册证书的。

6）受到刑事处罚的。

7）法律、法规规定应当注销注册的其他情形。

注册监理工程师本人和聘用单位需要申请注销注册的，须填写并网上提交“中华人民共和国注册监理工程师注销注册申请表”电子数据，由聘用单位将相应电子文档通过网络报送给省级注册管理机构。被依法注销注册者，当具备初始注册条件，并符合近3年的继续教育要求后，可重新申请初始注册。

（7）注册管理　监理工程师的注册工作实行分级管理。国务院建设主管部门为全国监理工程师注册管理机关，其主要职责：

1）制定监理工程师注册的法规、政策和计划等。

2）制定监理工程师注册执业证书的式样并监制。

3）受理各地方、各部门监理工程师注册机关上报的监理工程师注册备案。

4）监督、检查各地方、各部门监理工程师注册工作。

5）受理对监理工程师处罚不服的上诉。

省、自治区、直辖市人民政府建设行政主管部门为本行政区域内地方工程建设监理单位监理工程师的注册机关。国务院有关部门的建设主管机构为本部门直属工程建设监理单位监理工程师的注册机关。两者的主要职责基本相同，即：

1）贯彻执行国家有关监理工程师注册的法规、政策和计划，制定相应的实施细则。

2）受理所属工程监理单位关于监理工程师注册的申请。

3）审批监理工程师注册，并上报全国监理工程师注册管理机关备案。

4）颁发监理工程师注册执业证书。

5）负责对违反有关规定的监理工程师进行处罚。

6）负责对注册监理工程师的日常考核和管理，包括每5年对持监理工程师注册证书者复查一次。对不符合条件者，注销注册，并收回监理工程师注册证书，以及注册监理工程师退出、调出（入）所在的工程建设监理单位或被解聘时，办理有关核销注册手续。

2017年印发的《注册监理工程师注册管理工作规程》简化了注册监理工程师的注册要求。

2.2.2　注册监理工程师的执业和继续教育

1. 注册监理工程师的执业

按照《注册监理工程师管理规定》，取得注册监理工程师执业资格证书的人员，应当受聘于一个具有建设工程勘察、设计、施工、监理、招标代理、造价咨询等一项或者多项资质

的单位，经注册后方可从事相应的执业活动。从事工程监理执业活动的，应当受聘并注册于一个具有工程监理资质的单位。

注册监理工程师可以从事工程监理、工程经济与技术咨询、工程招标与采购咨询、工程项目管理服务以及国务院有关部门规定的其他业务。

工程监理活动中形成的监理文件由注册监理工程师按照规定签字盖章后方可生效。修改经注册监理工程师签字盖章的工程监理文件，应当由该注册监理工程师进行；因特殊情况，该注册监理工程师不能进行修改的，应当由其他注册监理工程师修改并签字、加盖执业印章，对修改部分承担责任。

注册监理工程师从事执业活动，由所在单位接受委托并统一收费。因工程监理事故及相关业务造成的经济损失，聘用单位应当承担赔偿责任；聘用单位承担赔偿责任后，可依法向负有过错的注册监理工程师追偿。

（1）注册监理工程师的权利　按照《注册监理工程师管理规定》，注册监理工程师享有以下权利：

1）使用注册监理工程师称谓。

2）在规定范围内从事执业活动。

3）依据本人能力从事相应的执业活动。

4）保管和使用本人的注册证书和执业印章。

5）对本人执业活动进行解释和辩护。

6）接受继续教育。

7）获得相应的劳动报酬。

8）对侵犯本人权利的行为进行申诉。

（2）注册监理工程师的义务　按照《注册监理工程师管理规定》，注册监理工程师应当履行下列义务：

1）遵守法律、法规和有关管理规定。

2）履行管理职责，执行技术标准、规范和规程。

3）保证执业活动成果的质量，并承担相应责任。

4）接受继续教育，努力提高执业水准。

5）在本人执业活动所形成的工程监理文件上签字、加盖执业印章。

6）保守在执业中知悉的国家秘密和他人的商业、技术秘密。

7）不得涂改、倒卖、出租、出借或者以其他形式非法转让注册证书或者执业印章。

8）不得同时在两个或者两个以上单位受聘或者执业。

9）在规定的执业范围和聘用单位业务范围内从事执业活动。

10）协助注册管理机构完成相关工作。

2. 注册监理工程师的继续教育

（1）继续教育目的　通过开展继续教育，使注册监理工程师及时掌握与工程监理有关的法律、法规、标准规范和政策，熟悉工程监理与工程项目管理的新理论、新方法，了解建设工程新技术、新材料、新设备及新工艺，适时更新业务知识，不断提高注册监理工程师业务素质和执业水平，以适应开展工程监理业务和工程监理事业发展的需要。

（2）继续教育学时　每一个注册有效期（每3年）应接受96学时的继续教育，其中必修课和选修课各为48学时。

注册监理工程师申请变更注册专业时，在提出申请前，应接受申请变更注册专业24学时选修课的继续教育。注册监理工程师申请跨省、自治区、直辖市变更执业单位时，在提出申请前，应接受新聘用单位所在地8学时选修课的继续教育。

从事以下工作所取得的学时可充抵继续教育选修课的部分学时：注册监理工程师在公开发行的期刊发表有关工程监理的学术论文（3000字以上），每篇限1人计4学时；从事注册监理工程师继续教育授课工作和考试命题工作，每年次每人计8学时。

（3）继续教育内容　继续教育的内容包括必修课和选修课。

1）必修课。国家近期颁布的与工程监理有关的法律法规、标准规范和政策；工程监理与工程项目管理的新理论、新方法；工程监理案例分析；注册监理工程师职业道德。

2）选修课。地方及行业近期颁布的与工程监理有关的法律法规、标准规范和政策；建设工程新技术、新材料、新设备及新工艺；专业工程监理案例分析；需要补充的其他与工程监理业务有关的知识。

（4）继续教育方式　继续教育采用集中面授和网络教学的方式进行。

1）集中面授由经过中国建设监理协会公布的培训单位实施。

2）参加网络学习的注册监理工程师，应当登录中国工程监理与咨询服务网，提出学习申请，在网上完成规定的继续教育必修课和相应注册专业选修课的学时后，打印网络学习证明，凭该证明参加由专业监理协会或地方监理协会组织的测试。

（5）继续教育培训单位　具有办学许可证的建设行业培训机构和有工程管理专业或相关工程专业的高等院校，有固定的教学场所、专职管理人员且有实践经验的专家（甲级监理公司的总监等）占师资队伍1/3以上的，可以申请作为继续教育培训单位。

（6）继续教育监督管理　中国建设监理协会在住建部的监督指导下负责组织开展全国注册监理工程师继续教育工作。各专业监理协会负责本专业注册监理工程师继续教育相关工作。地方监理协会在当地建设主管部门的监督指导下负责本行政区域内注册监理工程师继续教育相关工作。

2.3 工程监理企业概述

2.3.1 工程监理企业的概念和特征

根据《建设工程监理规范》（GB/T 50319—2013），工程监理企业是指依法成立并取得国务院建设主管部门颁发的工程监理企业资质证书，从事建设工程监理与相关服务活动的服务机构。工程监理企业具有如下特征。

（1）依法成立　我国政府对监理市场实行市场准入控制管理。

（2）是中介服务机构　工程监理企业受建设单位的委托与授权而承担监理任务，向建设单位提供专业化服务。

（3）遵循守法、诚信、公平、科学的原则　工程监理企业从事建设工程监理活动，应当遵守国家有关法律、法规，严格遵守工程建设程序、工程建设强制性标准和有关标准、规范；在实施监理过程中，以建设单位和承包单位合同之外的独立的第三方名义公平地开展监理业务；并以科学的态度认真履行委托监理合同。

2.3.2 工程监理企业的组织形式

工程监理企业的类别很多，按组建方式，工程监理企业的组织形式主要有以下几种类型。

1. 个人独资监理企业

个人独资监理企业是指依法成立，由一个自然人投资，财产为投资人个人所有，投资人以其个人财产对监理企业债务承担无限责任的经营实体。

个人独资监理企业的特点，包括以下几个方面：

1）只有一个出资者。

2）出资人对企业债务承担无限责任。

3）不征收企业所得税。

2. 合伙监理企业

合伙监理企业是指依法成立，由各合伙人订立合伙协议，共同出资，合伙经营，共享收益，共担风险，并对监理企业债务承担无限连带责任的盈利组织。

合伙监理企业的特点，包括以下几个方面：

1）有两个以上出资者。

2）合伙人对企业债务承担连带无限责任。

3）合伙人通常按出资比例分享利润或分担亏损。

4）不征收企业所得税。

3. 公司制监理企业

根据《公司法》，对于公司制监理企业主要有两种形式。

（1）有限责任公司　是指依法成立，股东以其出资额为限对公司承担责任，公司以其全部资产对监理企业的债务承担责任的企业法人。

1）公司设立条件。有限责任公司由50个以下股东出资设立。设立有限责任公司，应当具备下列条件：股东符合法定人数；股东出资达到法定资本最低限额；股东共同制定公司章程；有公司名称，建立符合有限责任公司要求的组织机构；有公司住所。

2）公司注册资本。有限责任公司的注册资本为在公司登记机关登记的全体股东认缴的出资额。全体股东的首次出资额不得低于注册资本的20%，也不得低于法定的注册资本最低限额，其余部分由股东自公司成立之日起2年内缴足。

3）公司组织机构。具体如下。

① 股东大会。有限责任公司股东大会由全体股东组成。股东大会是公司的权力机构。

② 董事会。有限责任公司设董事会，其成员为3～13人。股东人数较少或者规模较小的有限责任公司，可以不设董事会。

③ 经理。有限责任公司的经理由董事会决定聘任或者解聘。经理对董事会负责，行使公司管理职能。

④ 监事会。有限责任公司设监事会，其成员不得少于3人。股东人数较少或者规模较小的有限责任公司，可以不设监事会。

（2）股份有限公司　是指依法成立，其全部资本分为等额股份，股东以其所持股份为限对公司承担责任，公司以其全部资产对监理企业的债务承担责任的企业法人。

1）公司设立条件。股份有限公司的设立可以采取发起设立或者募集设立的方式。设立股份有限公司，应当由2人以上、200人以下为发起人，其中须有半数以上的发起人在中国境内有住所。设立股份有限公司，应当具备下列条件：**发起人符合法定人数；发起人认购和募集的股本达到法定资本最低限额**；发起人制定公司章程，采用募集方式设立的经创立大会通过；有公司名称，建立符合股份有限公司要求的组织机构；**有公司住所**。

2）公司注册资本。股份有限公司采取发起设立方式设立的，注册资本为在公司登记机关登记的全体发起人认购的股本总额。公司全体发起人的首次出资额不得低于注册资本的20%，其余部分由发起人自公司成立之日起2年内缴足。

股份有限公司采取募集方式设立的，注册资本为在公司登记机关登记的实收股本总额。

股份有限公司注册资本的最低限额为人民币500万元。

3）公司组织机构。具体如下。

① 股东大会。股份有限公司股东大会由全体股东组成。股东大会是公司的权力机构。

② 董事会。股份有限公司设董事会，其成员为5~19人。

③ 经理。股份有限公司的经理由董事会决定聘任或者解聘。

④ 监事会。股份有限公司设监事会，其成员不得少于3人。

4. 中外合资经营监理企业与中外合作经营监理企业

（1）中外合资经营监理企业　是指中外双方在中国境内共同投资、共同经营、共同管理、共享利益、共担风险，主要从事工程监理业务的监理企业。其组织形式为有限责任公司。**在中外合资经营监理企业的注册资本中，外国合营者的投资比例一般不得低于25%。**

（2）中外合作经营监理企业　是中国的企业或其他经济组织同外国的企业、其他经济组织或者个人，按照平等互利的原则以及我国的法律规定，用合同约定双方的权利义务，在中国境内共同举办的、主要从事工程监理业务的经济实体。

2.4　工程监理企业的资质管理

《工程监理企业资质管理规定》明确了工程监理企业的资质等级和业务范围、资质申请和审批、监督管理等内容。

2.4.1　资质等级和业务范围

资质反映工程监理企业的综合实力，包括技术能力、管理水平、业务经验、经营规模、社会信誉等。工程监理企业应当按照所拥有的注册资本、专业技术人员数量和工程监理业绩等资质条件申请资质，经审查合格，取得相应等级的资质证书后，方可在其资质等级许可的范围内从事工程监理活动。

1. 工程监理企业的资质等级标准

工程监理企业资质分为综合资质、专业资质和事务所资质。其中，专业资质按照工程性质和技术特点划分为14个工程类别。

综合资质、事务所资质不分级别。**专业资质分为甲级、乙级；其中，房屋建筑、水利水电、公路和市政公用专业资质可设立丙级。**

（1）综合资质标准　工程监理企业综合资质标准如下：

1）具有独立法人资格且注册资本不少于600万元。

2）企业技术负责人应为注册监理工程师，并具有15年以上从事工程建设工作的经历或者具有工程类高级职称。

3）具有5个以上工程类别的专业甲级工程监理资质。

4）注册监理工程师不少于60人，注册造价工程师不少于5人，一级注册建造师、一级注册建筑师、一级注册结构工程师或者其他勘察设计注册工程师合计不少于15人。

5）企业具有完善的组织结构和质量管理体系，有健全的技术、档案等管理制度。

6）企业具有必要的工程试验检测设备。

7）申请工程监理资质之日前一年内没有规定禁止的行为。

8）申请工程监理资质之日前一年内没有因本企业监理责任造成重大质量事故。

9）申请工程监理资质之日前一年内没有因本企业监理责任发生三级以上工程建设重大安全事故或发生两起以上四级工程建设安全事故。

（2）专业资质标准　工程监理企业专业资质分甲级、乙级和丙级三个等级。

1）甲级企业资质标准。具体如下。

① 具有独立法人资格且注册资本不少于300万元。

② 企业技术负责人应为注册监理工程师，并具有15年以上从事工程建设工作的经历或者具有工程类高级职称。

③ 注册监理工程师、注册造价工程师、一级注册建造师、一级注册建筑师、一级注册结构工程师或者其他勘察设计注册工程师合计不少于25人次；其中，相应专业注册监理工程师不少于《专业资质注册监理工程师人数配备表》中要求配备的人数，注册造价工程师不少于2人。

④ 企业近2年内独立监理过3个以上相应专业的二级工程项目，但是，具有甲级设计资质或一级及以上施工总承包资质的企业申请本专业工程类别甲级资质的除外。

⑤ 企业具有完善的组织结构和质量管理体系，有健全的技术、档案等管理制度。

⑥ 企业具有必要的工程试验检验设备。

⑦ 申请工程监理资质之日前一年内没有规定禁止的行为。

⑧ 申请工程监理资质之日前一年内没有因本企业监理责任造成重大质量事故。

⑨ 申请工程监理资质之日前一年内没有因本企业监理责任发生三级以上工程建设重大安全事故或发生两起以上四级工程建设安全事故。

2）乙级企业资质标准。具体如下。

① 具有独立法人资格且注册资本不少于100万元。

② 企业技术负责人应为注册监理工程师，并具有10年以上从事工程建设工作的经历。

③ 注册监理工程师、注册造价工程师、一级注册建造师、一级注册建筑师、一级注册结构工程师或者其他勘察设计注册工程师合计不少于15人次。其中，相应专业注册监理工程师不少于《专业资质注册监理工程师人数配备表》要求配备的人数，注册造价工程师不少于1人。

④ 有较完善的组织结构和质量管理体系，有技术、档案等管理制度。

⑤ 有必要的工程试验检测设备。

⑥ 申请工程监理资质之日前一年内没有规定禁止的行为。

⑦ 申请工程监理资质之日前一年内没有因本企业监理责任造成重大质量事故。

⑧ 申请工程监理资质之日前一年内没有因本企业监理责任发生三级以上工程建设重大安全事故或发生两起以上四级工程建设安全事故。

3）丙级企业资质标准。具体如下。

① 具有独立法人资格且注册资本不少于50万元。

② 企业技术负责人应为注册监理工程师，并具有8年以上从事工程建设工作的经历。

③ 相应专业的注册监理工程师不少于《专业资质注册监理工程师人数配备表》中要求配备的人数。

④ 有必要的质量管理体系和规章制度。

⑤ 有必要的工程试验检测设备。

（3）事务所资质标准　工程监理企业事务所资质标准如下：

1）取得合伙企业营业执照，具有书面合作协议书。

2）合伙人中有3名以上注册监理工程师，合伙人均有5年以上从事建设工程监理的工作经历。

3）有固定的工作场所。

4）有必要的质量管理体系和规章制度。

5）有必要的工程试验检测设备。

2. 业务范围

工程监理企业资质相应许可的业务范围如下：

（1）综合资质企业　可承担所有专业工程类别建设工程项目的工程监理业务。

（2）专业资质企业

1）专业甲级资质：可承担相应专业工程类别建设工程项目的工程监理业务。

2）专业乙级资质：可承担相应专业工程类别二级以下（含二级）建设工程项目的工程监理业务。

3）专业丙级资质：可承担相应专业工程类别三级建设工程项目的工程监理业务。

（3）事务所资质企业　可承担三级建设工程项目的工程监理业务，但国家规定必须实行强制监理的工程除外。

工程监理企业可以开展相应类别建设工程的项目管理、技术咨询等业务。

2.4.2　资质申请和审批

1. 资质申请

（1）新设立企业的资质申请　新设立的工程监理企业，应先到工商行政管理部门登记注册，并取得营业执照后，才能向企业工商注册所在地的省、自治区、直辖市人民政府建设主管部门提出资质申请。

申请工程监理企业资质，应当提交以下材料：

1）工程监理企业资质申请表（一式三份）及相应电子文档。

2）企业法人、合伙企业营业执照。

3）企业章程或合伙人协议。

4）企业法定代表人、企业负责人和技术负责人的身份证明、工作简历及任命（聘用）

等文件。

5）工程监理企业资质申请表中所列注册监理工程师及其他注册执业人员的注册执业证书。

6）有关企业质量管理体系、技术和档案等管理制度的证明材料。

7）有关工程试验、检测设备的证明材料。

（2）资质变更企业的资质申请

1）取得专业资质的企业申请晋升专业资质等级或者取得专业甲级资质的企业申请综合资质的，除上述材料外，还应当提交企业原工程监理企业资质证书正、副本复印件，企业《监理业务手册》及近两年已完成代表工程的监理合同、监理规划、工程竣工验收报告及监理工作总结。

2）申请资质证书变更，应当提交以下材料：

① 资质证书变更的申请报告。

② 企业法人营业执照副本原件。

③ 工程监理企业资质证书正、副本原件。

工程监理企业改制的，除前款规定材料外，还应当提交企业职工代表大会或股东大会关于企业改制或股权变更的决议、企业上级主管部门关于企业申请改制的批复文件。

2. 资质审批

（1）资质审批条件　监理单位实行资质审批制度。资质审批要求监理企业不得有下列行为：

1）与建设单位串通投标或者与其他工程监理企业串通投标，以行贿手段谋取中标。

2）与建设单位或者施工单位串通弄虚作假、降低工程质量。

3）将不合格的建设工程、建筑材料、建筑构配件和设备按照合格签字。

4）超越本企业资质等级或以其他企业名义承揽监理业务。

5）允许其他单位或个人以本企业的名义承揽工程。

6）将承揽的监理业务转包。

7）在监理过程中实施商业贿赂。

8）涂改、伪造、出借、转让工程监理企业资质证书。

9）其他违反法律法规的行为。

对于工程监理企业资质条件符合相应资质等级标准，并且在申请工程监理资质之日前一年未发生以下行为的，建设行政主管部门将向其颁发相应资质等级的工程监理企业资质证书。

（2）资质审批程序

1）资质申请程序。**申请综合资质、专业甲级资质的，省、自治区、直辖市人民政府建设主管部门应当自受理申请之日起20日内初审完毕**，并将初审意见和申请材料报国务院建设主管部门。国务院建设主管部门应当自省、自治区、直辖市人民政府建设主管部门受理申请材料之日起60日内完成审查，公示审查意见，公示时间为10日。其中，涉及铁路、交通、水利、通信、民航等专业工程监理资质的，由国务院建设主管部门送国务院有关部门审核。国务院有关部门应当在20日内审核完毕，并将审核意见报国务院建设主管部门。**国务院建设主管部门根据初审意见审批。**

专业乙级、丙级资质和事务所资质由企业所在地省、自治区、直辖市人民政府建设主管部门审批。省、自治区、直辖市人民政府建设主管部门应当自做出决定之日起10日内，将准予资质许可的决定报国务院建设主管部门备案。

2）资质延续程序。**工程监理企业资质证书的有效期为5年。资质有效期届满，工程监理企业需要继续从事工程监理活动的，应当在资质证书有效期届满60日前，向原资质许可机关申请办理延续手续。**对在资质有效期内遵守有关法律、法规、规章、技术标准，信用档案中无不良记录，且专业技术人员满足资质标准要求的企业，经资质许可机关同意，有效期延续5年。

3）资质变更程序。工程监理企业在资质证书有效期内名称、地址、注册资本、法定代表人等发生变更的，应当在工商行政管理部门办理变更手续后30日内办理资质证书变更手续。

涉及综合资质、专业甲级资质证书中企业名称变更的，由国务院建设主管部门负责办理，并自受理申请之日起3日内办理变更手续。

其他的资质证书变更手续，由省、自治区、直辖市人民政府建设主管部门负责办理。省、自治区、直辖市人民政府建设主管部门应当自受理申请之日起3日内办理变更手续，并在办理资质证书变更手续后15日内将变更结果报国务院建设主管部门备案。

4）监理企业合并、分立以后的资质。工程监理企业合并的，合并后存续或者新设立的工程监理企业可以承继合并前各方中较高的资质等级，但应当符合相应的资质等级条件。工程监理企业分立的，分立后企业的资质等级，根据实际达到的资质条件，按照规定的审批程序核定。

3. 工程监理企业的监督管理

(1) 工程监理企业资质管理的机构　我国工程监理企业资质管理的原则是“分级管理，统分结合”，按中央和地方两个层次进行管理。

1）国务院建设行政主管部门负责全国工程监理企业资质的统一监督管理工作。国务院铁道、交通运输、水利、信息产业、民航等有关部门配合国务院建设行政主管部门实施相关资质类别工程监理企业资质的监督管理工作。

2）省、自治区、直辖市人民政府建设行政主管部门负责本行政区域内工程监理企业资质的统一监督管理工作。省、自治区、直辖市人民政府交通运输、水利、信息产业等有关部门配合同级建设行政主管部门实施相关资质类别工程监理企业资质的监督管理工作。

(2) 工程监理企业资质管理的内容　县级以上人民政府建设主管部门和其他有关部门应当依照有关法律、法规和《工程监理企业资质管理规定》，加强对工程监理企业资质的监督管理。工程监理企业资质管理的内容主要包括监理单位的设立、定级、升级、降级、变更、终止等的资质审查、批准、证书管理工作。

(3) 撤销工程监理企业资质的情形　有下列情形之一的，资质许可机关或者其上级机关，根据利害关系人的请求或者依据职权，可以撤销工程监理企业资质：

1）资质许可机关工作人员滥用职权、玩忽职守做出准予工程监理企业资质许可的。

2）超越法定职权做出准予工程监理企业资质许可的。

3）违反资质审批程序做出准予工程监理企业资质许可的。

4）对不符合许可条件的申请人做出准予工程监理企业资质许可的。

5）依法可以撤销资质证书的其他情形。

以欺骗、贿赂等不正当手段取得工程监理企业资质证书的，应当予以撤销。

（4）注销工程监理企业资质的情形　有下列情形之一的，工程监理企业应当及时向资质许可机关提出注销资质的申请，交回资质证书，国务院建设主管部门应当办理注销手续，公告其资质证书作废：

1）资质证书有效期届满，未依法申请延续的。

2）工程监理企业依法终止的。

3）工程监理企业资质依法被撤销、撤回或吊销的。

4）法律、法规规定的应当注销资质的其他情形。

（5）信用管理　工程监理企业应当按照有关规定，向资质许可机关提供真实、准确、完整的工程监理企业的信用档案信息。

工程监理企业的信用档案应当包括基本情况、业绩、工程质量和安全、合同违约等情况。被投诉举报和处理、行政处罚等情况应当作为不良行为记入其信用档案。

工程监理企业的信用档案信息按照有关规定向社会公示，公众有权查阅。

2.5　工程监理企业的经营管理

2.5.1　工程监理企业经营活动的基本准则

工程监理企业从事建设工程监理活动，应当遵循“守法、诚信、公平、科学”的准则。

1. 守法

守法即遵守国家有关工程建设监理法律、法规、规范、标准。对于工程监理企业而言，守法即是依法经营，主要体现在以下几个方面。

1）工程监理企业只能在核定的业务范围内开展经营活动。核定的业务范围包括：一是监理业务的工程类别；二是承接监理工程的等级。

2）工程监理企业不得伪造、涂改、出租、出借、转让、出卖工程监理企业资质证书。

3）工程监理企业应按照建设工程监理合同严格履行义务，不得无故或故意违背自己的承诺。

4）工程监理企业在异地承接监理业务，要自觉遵守工程所在地有关规定，主动向工程所在地建设行政主管部门备案登记，接受其指导和监督管理。

5）遵守有关法律法规规定。

2. 诚信

诚信即诚实守信，是企业的一种无形资产，能为企业带来巨大效益。工程监理企业在生产经营过程中不应损害他人利益和社会公共利益，应维护市场道德秩序，在合同履行过程中能履行自己应尽的职责、义务，建立一套完整的、行之有效的、服务于企业、服务于社会的企业管理制度并贯彻执行，取信于建设单位、取信于市场。

加强信用管理，提高信用水平，是完善建设工程监理制度的重要保证。诚信是企业经营理念、经营责任和经营文化的集中体现。工程监理企业应当建立健全企业的信用管理制度主要有：

1）建立健全合同管理制度。

2）建立健全与建设单位的合作制度，及时进行信息沟通，增强相互间信任。

3）建立健全建设工程监理服务需求调查制度，这也是企业进行有效竞争和防范经营风险的重要手段之一。

4）建立企业内部信用管理责任制度，及时检查和评估企业信用实施情况，不断提高企业信用管理水平。

3. 公平

公平是指工程监理企业在监理活动中既要维护建设单位的利益，又不能损害施工单位的合法利益，并能依据合同公平合理地处理建设单位与施工单位之间的合同争议。工程监理企业要做到公平，必须做到以下几点：

1）具有良好的职业道德。

2）坚持实事求是。

3）熟悉建设工程合同有关条款。

4）提高专业技术能力。

5）提高综合分析和判断问题的能力。

4. 科学

科学是指工程监理企业要依据科学的方案，运用科学的手段，采取科学的方法开展监理工作。实施科学化管理主要体现在以下几方面：

1）科学的方案主要是指在实施工程监理前，制定有效的监理规划和监理实施细则。

2）科学的手段主要是运用先进的科学仪器和检测设备实施监理工作。

3）科学的方法主要体现在监理人员在掌握大量确凿的有关监理对象及其外部环境信息的基础上，适时、妥当、高效地处理实际问题，解决问题。要用事实说话、用书面文字说话、用数据说话，充分开发和利用计算机信息管理软件辅助工程监理。

2.5.2 工程监理企业经营服务的内容

项目管理服务是指具有工程项目管理服务能力的单位受建设单位委托，按照合同约定，对建设工程项目组织实施进行全过程或若干阶段的管理服务。工程项目管理的服务内容可包括项目策划决策、勘察设计管理、招标代理、造价咨询、施工过程管理等。目前，为施工单位服务的项目管理的应用并不普遍，且服务范围也较为狭窄。在我国工程监理企业的项目管理主要应用于建设单位，其经营服务内容不仅包括工程施工阶段的监理服务，工程勘察、设计和保修阶段的相关服务，还包括工程决策阶段咨询服务等项目管理服务。

1. 建设工程决策阶段咨询服务

对于规模小、工艺简单的工程，在建设工程决策阶段可以委托工程监理企业进行咨询服务，也可以不委托监理企业，直接把咨询意见作为决策依据。但是对于大中型建设工程项目最好委托工程监理企业进行决策咨询审查。建设工程决策阶段的咨询服务内容如下：

（1）投资决策阶段服务内容　投资决策主要是对投资机会进行论证和分析，其委托方可能是建设单位，也可能是金融机构或者政府。这一阶段的工作内容如下：

1）协助委托方选择投资决策咨询单位，并协助签订咨询合同。

2）监督管理投资决策咨询合同的实施。

3）对投资决策咨询意见进行评估，并提出建议。

（2）立项决策阶段服务内容　立项决策主要是确定拟建工程项目的必要性和可行性，以及拟建规模，并编制项目建议书。这一阶段的工作内容包括：

1）协助委托方选择立项决策咨询单位，并协助签订咨询合同。

2）监督管理立项决策咨询合同的实施。

3）对立项决策咨询方案进行评估，并提出建议。

（3）可行性研究决策阶段服务内容　可行性研究是根据确定的项目建议书，在技术上、经济上、财务上对项目进行更为详细的论证，提出优化方案。这一阶段的工作内容包括：

1）协助委托方选择可行性研究咨询单位，并协助签订咨询合同。

2）监督管理可行性研究咨询合同的实施。

3）对可行性研究报告进行评估，并提出建议。

2. 建设工程勘察、设计和保修阶段相关服务

建设工程勘察、设计、保修阶段的项目管理服务是工程监理企业需要扩展的业务领域。工程监理企业既可以接受建设单位委托，将建设工程勘察、设计、保修阶段项目管理服务与建设工程监理一并纳入建设工程监理合同，使建设工程勘察、设计、保修阶段项目管理服务成为建设工程监理相关服务；也可单独与建设单位签订项目管理服务合同，为建设单位提供建设工程勘察、设计、保修阶段项目管理服务。**建设工程项目管理服务合同的性质属于委托合同。**

（1）勘察设计阶段服务内容　**根据《建设工程监理合同（示范文本）》（GF—2012—0202），建设单位需要工程监理单位提供的相关服务的范围和内容应在附录A中约定。**

1）协助委托工程勘察设计任务。包括工程勘察设计任务书的编制；工程勘察设计单位的选择；工程勘察设计合同谈判与订立。

2）**工程勘察过程中的服务。包括工程勘察方案的审查**；工程勘察现场及室内试验人员、设备及仪器的检查；工程勘察过程控制；工程勘察成果审查。

3）**工程设计过程中的服务。**包括工程设计进度计划的审查；工程设计过程控制；**工程设计成果审查**；工程设计“四新”备案的审查；工程设计概算、施工图预算的审查。

4）工程勘察设计阶段其他相关服务。包括工程索赔事件防范；协助建设单位组织工程设计成果评审；协助建设单位报审有关工程设计文件；处理工程勘察设计延期、费用索赔。

（2）保修阶段服务内容　质量保修阶段服务内容包括：

1）定期回访。

2）工程质量缺陷处理。

3. 建设工程施工阶段监理服务

我国目前建设工程监理主要发生在施工阶段，这一阶段的主要监理工作内容如下：

1）协助建设单位与承建单位编写开工申请报告。

2）查看工程项目建设现场，向承建单位办理移交手续。

3）审查、确认总包单位选择的分包单位。

4）制定施工总体规划，审查承建单位的施工组织设计和施工技术方案，提出修改意见，下达单位工程施工开工令。

5）审查承建单位提出的建筑材料、建筑构配件和设备的采购清单。

6）检查工程使用的材料、构配件、设备的规格和质量。

7）检查施工技术措施和安全防护设施。

8）主持协商和处理设计变更。

9）监督管理工程施工合同的履行，主持协商合同条款的变更，调解合同双方的争议，处理索赔事项。

10）检查工程进度和施工质量，审查工程计量，验收分部分项工程，签署工程付款凭证。

11）督促施工单位整理施工文件的归档文件。

12）参与工程竣工验收，并签署监理意见。

13）审查工程结算。

14）向建设单位提交监理档案资料。

15）协助建设单位编写竣工验收申请报告。

工程监理企业集中了大量具有工程技术和管理知识的复合型人才，是以从事工程项目管理服务为专长的企业。因此，工程监理企业的经营服务不仅包括工程监理，也包括项目管理。尽管建设工程监理与项目管理服务均是由社会化的专业单位为建设单位提供服务，但服务的性质、范围及侧重点等方面有着本质区别。

（1）服务性质不同　建设工程监理是一种强制实施的制度。属于国家规定强制实施监理的工程，建设单位必须委托建设工程监理企业。工程监理企业不仅要承担建设单位委托的工程项目管理任务，还需要承担法律法规赋予的社会责任。而工程项目管理服务属于委托性质，建设单位的人力资源有限、专业性不能满足工程建设管理需求时，才会委托工程项目管理单位协助其实施项目管理。

（2）服务范围不同　目前，建设工程监理定位于施工阶段，而工程项目管理服务可以覆盖项目策划决策，建设实施（设计、施工）的全过程。

（3）服务侧重点不同　建设工程监理企业尽管也采用规划、控制、协调等方法为建设单位提供专业化服务，但其中心任务是目标控制。工程项目管理单位能够在项目策划决策阶段为建设单位提供专业化的项目管理服务，更能体现项目策划的重要性，更有利于实现工程项目的全寿命周期和全过程的管理。

2.5.3　工程监理费用

建设工程监理费用是指建设单位依据委托监理合同支付给工程监理单位的监理报酬。它是构成工程概（预）算的一部分，在工程概（预）算中单独列支。

1. 工程监理费用的构成

监理费用是工程监理单位在工程项目建设监理活动中需要的全部成本，包括直接成本和间接成本，再加上向国家缴纳的税金和工程监理企业的一定利润。

（1）直接成本　直接成本是指工程监理企业在完成某项具体监理业务中所发生的实际成本，主要包括：

1）监理人员和监理辅助人员的工资、奖金、津贴、补助、附加工资等。

2）检测工器具、计算机等办公设施的购置费和其他仪器、机械的租赁费。

3）其他专项开支，包括办公费、通信费、差旅费、书报费、文印费、会议费、医疗

费、劳保费、保险费、休假探亲费等。

4）其他费用。

（2）**间接成本** 间接成本是指工程监理企业的全部业务经营开支，以及非工程监理的特定项目开支，主要包括：

1）管理人员、行政人员以及后勤人员的工资、奖金、补助和津贴。

2）**经营性业务开支**，包括广告费、宣传费、公证费等。

3）办公费，包括办公用品、报刊、会议、上下班交通费等。

4）办公设施使用费，包括水、电、气、环卫、保安等费用。

5）业务培训费、图书、资料购置费。

6）附加费，包括劳动统筹、医疗统筹、福利基金、工会经费、人身保险、住房公积金、特殊补助等。

7）其他费用。

（3）税金 税金是指按照国家规定，工程监理企业应交纳的各种税金总额，如营业税、所得税、印花税等。

（4）利润 利润是指工程监理企业的监理活动收入扣除直接成本、间接成本和各种税金之后的金额。

2. 工程监理与相关服务收费计取办法

《建设工程监理与相关服务收费管理规定》明确了建设工程监理与相关服务收费标准。

建设工程监理及其相关服务收费根据工程项目的性质不同，实行政府指导价或市场调节价。依法必须实行监理的工程实行政府指导价；其他工程的监理收费与相关服务收费实行市场调节价。

实行政府指导价的建设工程监理收费，其基准价根据《建设工程监理与相关服务收费标准》计算，浮动幅度为上下20%，建设单位和工程监理单位应当根据建设工程的实际情况在规定的浮动幅度内协商确定收费额。实行市场调节价的建设工程监理与相关服务收费，由建设单位和监理单位协商确定收费额。

（1）建设工程监理服务计费方式

1）建设工程监理服务收费的计算。建设单位与工程监理单位根据工程实际情况，在规定的浮动幅度范围内协商确定建设工程监理服务收费合同额。计算公式为：

建设工程监理服务收费 = 建设工程监理服务收费基准价 ×（1 ± 浮动幅度值）

2）建设工程监理服务收费基准价的计算。建设工程监理服务收费基准价是按照收费标准计算出的建设工程监理服务基准收费额。

建设工程监理服务收费基准价 = 建设工程监理服务收费基价 × 专业调整系数 × 工程复杂程度调整系数 × 高程调整系数

① 建设工程监理服务收费基价（表2-1）。建设工程监理服务收费基价是完成国家法律法规、行业规范规定的建设工程监理服务内容的酬金。建设工程监理服务收费基价按照计费额确定，计费额处于两个数值区间的，采用直线内插法确定建设工程监理服务收费基价。

表2-1　建设工程监理服务收费基价

序　　号	计费额/万元	收费基价/万元
1	500	16.5
2	1000	30.1
3	3000	78.1
4	5000	120.8
5	8000	181.0
6	10000	218.6
7	20000	393.4
8	40000	708.2
9	60000	991.4
10	80000	1255.8
11	100000	1507.0
12	200000	2712.5
13	400000	4882.6
14	600000	6835.6
15	800000	8658.4
16	1000000	10390.1

注：计费额大于1000000万元的，以计费额乘以1.039%的收费率计算收费基价。

② 建设工程监理服务收费调整系数。工程监理服务收费调整系数包括专业调整系数、工程复杂程度调整系数和高程调整系数。

3）建设工程监理服务收费的计费额

① 建设工程监理服务收费以工程概算投资额分档定额计费方式收费的，其计费额为工程概算中的建筑安装工程费、设备购置费和联合试运转费之和。

② 建设工程监理服务收费以建筑安装工程费分档定额计费方式收费的，其计费额为工程概算中的建筑安装工程费。

4）建设工程监理部分发包与联合承揽服务收费的计算

① 建设单位将建设工程监理服务中的某一部分工作单独发包给工程监理单位，按照其占建设工程监理服务工作量的比例计算建设工程监理服务收费，**其中质量控制和安全生产监督管理服务收费不宜低于建设工程监理服务收费的70%。**

② 建设工程监理服务由两个或者两个以上工程监理单位承担的，各工程监理单位按照其占建设工程监理服务工作量的比例计算建设工程监理服务收费。**建设单位委托其中一家工程监理单位对工程监理服务总负责的，该工程监理单位按照各监理单位合计建设工程监理服务收费额的4%～6%向建设单位收取总体协调费。**

（2）相关服务计费方式　相关服务收费一般按相关服务工作日所需工日和工日费用标准进行确定。建设工程监理与相关服务人员工日费用标准见表2-2。

表 2-2　建设工程监理与相关服务人员工日费用标准

建设工程监理与相关服务人员职级	工日费用标准/元
高级专家	1000～1200
高级专业技术职称的监理与相关服务人员	800～1000
中级专业技术职称的监理与相关服务人员	600～800
初级专业技术职称的监理与相关服务人员	300～600

注：本表适用于提供短期相关服务的人工费用标准。

思考题

1. 何谓监理工程师？
2. 监理工程师的执业特点主要表现在哪些方面？
3. 监理工程师的工作纪律是什么？
4. 监理工程师应具备哪些素质？
5. 监理工程师的职业道德包括哪些内容？
6. 为什么要实行监理工程师资格考试制度？
7. 监理工程师资格考试的报考条件及考试科目的规定是什么？
8. 监理工程师初始注册、延续注册和变更注册的规定是什么？
9. 注册监理工程师的权利和义务内容是什么？
10. 为什么要对监理工程师进行继续教育？
11. 何谓工程监理企业？
12. 工程监理企业有哪些组织形式？
13. 工程监理企业有哪些资质等级？各资质等级标准的规定是什么？
14. 工程监理企业资质申请和审批的规定是什么？
15. 工程监理企业经营活动的基本准则是什么？
16. 建设工程勘察、设计、保修阶段工程监理的服务内容有哪些？
17. 工程监理费用的构成及计算方法有哪些？

第3章　建设工程监理的工作内容

掌握目标控制、建设工程目标系统及建设工程目标控制的相关内容，建设工程监理文件资料管理的相关内容，安全生产管理的监理工作内容。

熟悉组织协调的监理工作内容，安全生产管理和建设工程安全事故的处理。

了解合同管理的监理工作内容、项目监理机构的合同管理职责及建设工程监理合同管理，建设工程信息管理流程及其系统，组织协调及其方法。

建设工程监理的主要工作内容是通过合同管理、信息管理和组织协调等手段，控制建设工程质量、投资和进度目标，并履行建设工程安全生产管理的法定职责。

3.1 目标控制

3.1.1 目标控制概述

目标控制是建设工程监理的重要管理活动。所谓目标控制，通常是指管理人员按计划标准来衡量所取得的成果，预防和纠正可能发生和已经发生的偏差，以保证目标实现的活动。

1. 控制流程

通常控制流程就是在工程实施过程中，通过对目标、过程和活动的跟踪，全面、及时、准确地掌握有关信息，将工程实施状况与目标和计划进行比较，若偏离了目标和计划，就采取纠偏措施，改变投入或修改计划，使工程能在新的计划状态下进行。

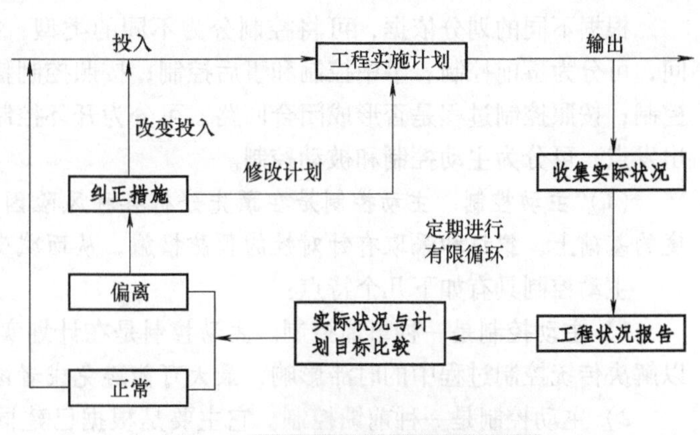

图3-1　建设工程目标控制的流程

建设工程目标控制的流程如图3-1所示。目标控制是一个动态的有限循环过程。在采取了纠

偏措施后，仍继续对工程项目的实施过程进行跟踪，若发现新的偏差，就继续采取新的纠偏措施，直至项目完成。

由上图可见，目标控制的流程由投入、转换、反馈、对比、纠偏五个基本环节组成，如图3-2所示。

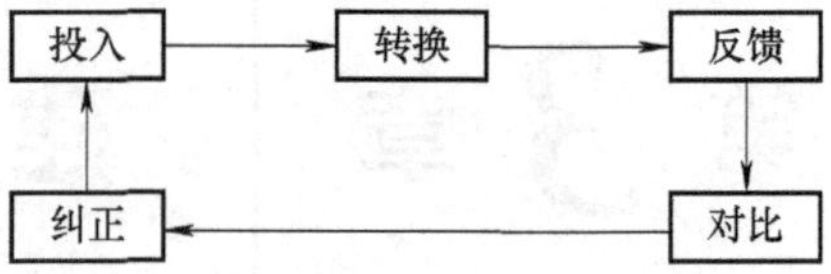

图3-2　控制流程的基本环节

（1）投入　投入是控制流程的开始。对于建设工程的目标控制流程来说，**投入首先涉及传统的生产要素，例如人力、建筑材料、施工机具、工程设备、资金，也包括施工方法、工程信息等**。计划能否顺利实现，其基本条件就是能否按计划要求的人力、物力、财力进行投入。

（2）转换　转换是指由投入到产出的整个过程，通常表现为劳动力（管理人员、技术人员、工人）运用劳动资料（施工机具）将劳动对象（建筑材料、工程设备）转变为预定的产出品的过程。

（3）反馈　反馈是控制的基础工作，是把各种信息传输给控制部门的过程。在计划实施过程中，实际情况是变化的，每个变化都会对目标和计划的实施带来影响。控制人员需要全面、及时、准确地了解计划的执行情况及其结果，而这就需要依靠信息反馈来实现。

（4）对比　对比是将目标的实际值与计划值进行比较，以确定是否偏离。在对比工作中，要注意以下几点：

1）明确目标实际值与计划值的内涵。目标的实际值与计划值是两个相对的概念。随着建设工程实施过程的进展，计划和目标将逐渐深化、细化。

2）合理选择比较的对象。在工程中设计概算是目标值；合同价、结算价是实际值。

3）**建立目标实际值与计划值之间的对应关系。建设工程的各项目标都要进行适当的分解，通常目标的分解深度、细度可以不同，但分解的原则和方法必须相同。**

4）确定衡量目标偏离的标准。要正确判断某一目标是否发生偏差，就要预先确定衡量目标偏离的标准，因为有标准才能进行比较。

（5）纠正　纠正是对于目标实际值偏离计划值的情况采取措施加以纠正的过程。根据偏差的程度，可以采用直接纠偏措施或者采用调整计划的方法。

2. 控制类型

根据不同的划分依据，可将控制分为不同的类型，按照控制措施作用于控制对象的时间，可分为事前控制、事中控制和事后控制；按照控制信息的来源，可分为前馈控制和反馈控制；按照控制过程是否形成闭合回路，可分为开环控制和闭环控制；按照控制措施制定的出发点，可分为主动控制和被动控制。

（1）主动控制　主动控制是在预先分析各种风险因素及其导致目标偏离的可能性和程度的基础上，拟订和采取有针对性的预防措施，从而减少甚至避免目标偏离的控制方法。

主动控制具有如下几个特点：

1）主动控制是一种事前控制。**主动控制**是在计划实施之前就采取的一种控制措施，可以解决传统控制过程中的时滞影响，**最大可能避免或者降低偏差发生的概率及其严重程度。**

2）主动控制是一种前馈控制。它主要是根据已建同类工程实施情况的综合分析结果，结合拟建工程的具体情况和特点，用以指导拟建工程的实施。

3）主动控制通常是一种开环控制。

（2）被动控制 被动控制是从计划的实际输出中发现偏差，分析原因，研究制定纠偏措施，以使工程实施恢复到原来的计划状态，或即使不能恢复到计划状态但至少可以减少偏差的严重程度。被动控制具有如下几个特点：

1）被动控制是一种事中控制和事后控制。它是在计划实施过程中对已经出现的偏差采取控制措施。

2）被动控制是一种反馈控制。被动控制是根据工程实施情况的综合分析结果进行的控制，被动控制的效果在很大程度上取决于反馈信息的全面性、及时性和可靠性。

3）被动控制是一种闭环控制，表现为一个循环过程。发现偏差，分析产生偏差的原因，研究制定纠偏措施并预计纠偏措施的成效，落实并实施纠偏措施，产生实际成效，收集实施情况，对实施的实际效果进行评价，将实际效果与预期效果进行比较，发现偏差。

（3）主动控制与被动控制的关系 在工程实施过程中，若仅仅采取被动控制措施，通常难以实现预定的目标。主动控制的效果虽然比被动控制好，但若仅仅采取主动控制措施，则是不现实的或者是不可能的，因为很多风险因素是不可预见的。对于那些发生概率小且发生后损失较小的风险因素，采取主动控制有时可能是不经济的。对于建设工程目标控制来说，主动控制和被动控制两者缺一不可，它们都是实现建设工程目标所必须采取的控制方式，应将其紧密结合起来（图3-3）。

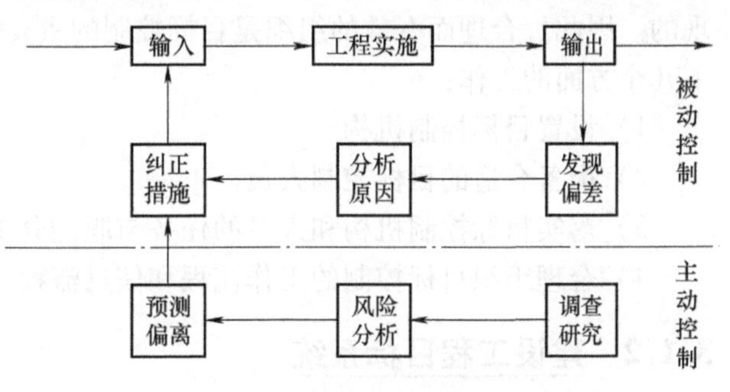

图3-3 主动控制与被动控制相结合

3. 目标控制的前提

目标控制是建设工程监理的重要职责之一，三大目标控制的基础和前提：一是目标规划和计划；二是目标控制的组织。

（1）目标规划和计划 要进行目标控制，必须对目标进行合理的规划并制订相应的计划。规划是总体安排，目标规划就是确定目标的过程；计划是对实现总目标的方法、措施和过程的组织和安排，是建设工程实施的依据。

目标控制是动态的，且贯穿于工程项目的整个监理过程。动态控制是在完成工程项目的过程中，对过程、目标和活动的跟踪，全面、及时、准确地掌握工程建设信息，将实际目标值与计划目标值进行对比，如果偏离了计划，就采取措施加以纠正，以保证计划总目标的实现。建设工程的实施要根据目标规划和计划进行动态控制，力求使之符合目标规划和计划的要求；另外，随着建设工程的进行，工程的内容、功能要求和外界条件都在发生变化，这就要求目标规划与之相适应，通过对目标规划的修正和调整，使之真正成为目标控制的依据。

规划、计划与控制动态相关。目标规划和计划与目标控制的动态性基本一致，目标规划和计划与目标控制之间表现出一种交替出现的循环关系，而这种循环不是简单地重复，是在新的基础上不断前进的循环，每一次循环都有新的内容、新的发展。

不仅如此，目标控制的效果在很大程度上取决于目标规划、计划的质量。目标控制的措

施是否得力，是否将主动控制与被动控制有机结合起来，以及采取控制措施的时间是否及时等，都会直接地影响着目标控制的效果。目标控制的效果是客观的，但人们对目标控制的效果评价却是主观的，通常是将实际结果与预定的目标和计划进行比较。为了提高并客观评价目标控制的效果，需要提高目标规划和计划的质量。

在目标规划和计划过程中，应注意以下几个方面的问题：

1）正确地确定质量、投资和进度目标或对已初步确定的目标进行论证。

2）按照目标控制的需要将各目标进行分解，使每个目标都形成一个既能分解又能综合满足控制要求的目标系统，以便实施控制。

3）把工程项目实施过程、目标和活动编制成计划，用动态的计划系统来协调和规范工程项目的实施，使工程建设项目协调有序地达到预期目标。

4）对计划目标的实现进行风险分析和管理，以便采取有针对性的措施实施主动控制。

5）制定各工程项目目标的综合控制措施，确保工程项目目标的实现。

（2）组织　建设工程目标控制的所有活动以及计划的实施，都是由目标控制人员来实现的。因此，合理而有效的组织是目标控制的重要保障。为了有效地控制目标，需要做好以下几个方面的工作：

1）设置目标控制机构。

2）配备合适的目标控制人员。

3）落实目标控制机构和人员的任务与职能分工。

4）合理组织目标控制的工作流程和信息流程。

3.1.2 建设工程目标系统

任何建设工程都有质量、投资和进度三大目标，这三大目标构成了建设工程目标系统。工程监理单位在监理工作中，需要协调处理好三大目标之间的关系，确定与分解三大目标，并采取有效措施控制三大目标。

1. 建设工程三大目标之间的关系

在工程监理过程中，要有效地进行目标控制，必须正确认识和处理质量、投资和进度三大目标之间的关系。

（1）三大目标之间的对立关系　在通常情况下，如果对工程质量有较高的要求，就需要投入较多的资金和花费较长的建设时间；如果要以较短的时间完成工程，势必会增加投资或者使工程质量下降；如果要减少投资，节约费用，势必要降低工程项目的功能要求和质量标准。

（2）三大目标之间的统一关系

1）投资与进度。在通常情况下，要加快进度则要增加投资。但同时，加快进度可使项目提前动用，提高项目的投资效益。

2）投资与质量。适当提高建设工程功能要求和质量标准，虽然会造成一次性投资的增加，但能够节约工程项目动用后的运行费和维修费，从而获得更好的投资效益。

3）进度与质量。为加快进度常常不得不牺牲一定的质量，而提高质量也往往要降低进度；然而工程质量好，无返工则可确保工程进度。

总之，应该运用对立统一的观点，将建设工程的质量、投资和进度三大目标作为一个系

统统筹考虑，反复协调，力求实现整个目标系统最优。

同时，处理三大目标的对立统一关系时，还应注意掌握客观规律、充分考虑制约因素，对于未来可能的收益保持清醒的认识，并将目标规划与计划结合起来。

2. 建设工程目标的确定

（1）建设工程目标确定的依据　工程数据库是目标确定的依据。建立工程数据库要做好以下几个方面的工作：按照一定的标准对建设工程进行分类；对各类建设工程所可能采用的结构体系进行统一分类；数据既要有一定的综合性，又要能足以反映建设工程的基本情况和特征。

建设工程数据库对建设工程目标确定的作用，在很大程度上取决于数据库中与拟建工程相似的同类工程的数量。因此，建立和完善建设工程数据库需要经历较长的时间，在确定数据库的结构之后，数据的积累和分析就成为主要任务，也可能在应用过程中对已确定的数据库结构和内容还要做适当的调整、修正和补充。

（2）应用建设工程数据库确定建设工程目标的工作内容

1）确定拟建工程目标。首先必须明确该工程的基本技术要求；然后，在建设工程数据库中检索并选择尽可能相近的建设工程，将其作为确定该拟建工程目标的参考对象。

2）认真分析拟建工程的特点，找出拟建工程与已建类似工程之间的差异，并定量分析这些差异对拟建工程目标的影响，从而确定拟建工程的各项目标。建设工程数据库中的数据都是历史数据，由于拟建工程与已建工程之间存在时间差，因而对建设工程数据库中的有些数据不能直接应用。必须考虑时间因素和外部条件的变化，采取适当的方式调整修正已建类似工程数据。

总之，要用好、用活建设工程数据库，关键在于客观分析拟建工程的特点和具体条件，并采取适当的方式加以调整，这样才能充分发挥建设工程数据库对合理确定拟建工程目标的作用。

3. 建设工程目标的分解

为了有效控制建设工程三大目标，仅有总目标是不够的，还应对总目标进行适当的分解。

（1）目标分解的原则

1）能分能合。这要求建设工程的总目标不仅能够自上而下逐层分解，而且能够自下而上逐层综合。

2）按工程部位分解。工程建设的过程也是工程实体的形成过程，这样分解比较直观，而且可以将三大目标联系起来，便于偏差分析。

3）区别对待，有粗有细。根据建设工程目标的具体内容、作用和所具备的数据，目标分解的粗细程度应当有所区别。

4）数据可靠。将来源可靠的数据作为界定目标分解深度的标准。

5）目标分解结构与组织分解结构相一致。目标控制必须要有组织加以保障，要落实到具体的机构和人员，进而形成组织。

（2）目标分解的方式　建设工程的总目标可以按照不同的方式进行分解。对于建设工程质量、投资和进度三个目标来说，目标分解的方式并不完全相同。其中，进度目标和质量目标的分解方式较为单一，而投资目标的分解方式较多。

1）质量目标。一般包括强度目标、抗渗目标、抗腐目标、抗震目标以及抗冲击目标等。

2）投资目标。投资可以有多种分解办法，但按工程内容分解是最基本的分解方式。一般分解到单项和单位工程是容易办到的，至于是否分解到分部和分项工程，一方面取决于工程进度所处的阶段、资料的详细程度、设计所达到的深度；另一方面，还取决于目标控制工作的需要。

3）进度目标。一般可以按形象进度或者投资进度进行分解。

3.1.3 建设工程目标控制

目标控制的目的就是要通过三大目标的协调统一，实现系统的最优。三大目标既有联系，也有区别，应从目标控制的含义、系统控制、全过程控制和全方位控制四个方面来理解。

1. 建设工程质量控制的目标

建设工程质量控制的目标就是通过有效的质量控制工作和具体的质量控制措施，在满足投资和进度要求的前提下，实现工程预定的质量目标。建设工程的质量首先必须符合国家现行的关于工程质量的法律法规、技术标准和规范等的有关规定，尤其是强制性标准的规定；建设工程质量还需要满足不同建设单位对建设工程特定的功能和使用价值的个性需求。

(1) **系统控制**　建设工程质量控制的系统控制应从以下几个方面考虑。

1）**避免不断提高质量目标的倾向。**首先，在工程建设的早期确定质量目标时要有一定的前瞻性；其次，对质量目标要有一个理性认识；再次，要定量分析提高质量对投资目标和进度目标的影响。

2）**确保基本质量目标的实现。**建设工程的质量目标关系到生命安全和环境保护等社会问题，国家有相应的强制性标准。不论什么情况，都要保证建设工程安全可靠、质量合格，同时要满足建设工程的预定功能。

3）**尽可能发挥质量控制对投资目标和进度目标的积极作用。**

(2) 全过程控制　质量有广义和狭义之别，广义的工程质量始于可行性研究，终于使用期；狭义的质量始于设计，终于保修期。建设实施过程的每一步都是质量的有机组成部分。质量不能累加，建设过程的质量就是工程的质量。应当根据建设工程各个阶段质量控制的特点和重点，确定各个阶段质量控制的目标和任务，以便实现全过程质量控制。

(3) 全方位控制　对建设工程质量进行全方位控制应从以下几个方面着手。

1）**对建设工程所有工程内容的质量进行控制。**建设工程是一个整体，其总体质量是各个组成部分质量的综合体现，也取决于具体工程内容的质量。因此，对建设工程质量的控制必须落实到每一项工程内容，只有确实实现了各项工程内容的质量目标，才能保证实现整个建设工程的质量目标。

2）**对建设工程质量目标的所有内容进行控制。**建设工程质量目标包括许多具体的内容，如外在质量、工程实体质量、功能和使用价值质量等方面。这些具体目标之间存在对立统一的关系，在质量控制工作中，要注意加以妥善处理。

3）**对影响建设工程质量目标的所有因素进行控制。**影响建设工程质量目标的因素很多，如人、机械、材料、方法和环境等。质量控制的全方位控制，就是对这五个方面都进行控制。

2. 建设工程投资控制的目标

建设工程投资控制的目标是通过有效的投资控制工作和具体的投资控制措施，在满足进度和质量要求的前提下，力求使工程实际投资不超过计划投资。

（1）系统控制　投资控制不是单一的目标控制，是与进度控制和质量控制同时进行的，在实施投资控制的同时需要满足预定的质量目标和进度目标。

（2）全过程控制　全过程是指工程建设的全过程，而不限于工程实施阶段。对于工程建设的全过程投资控制，可以通过累计投资和节约投资可能性曲线（图3-4）得到理解。

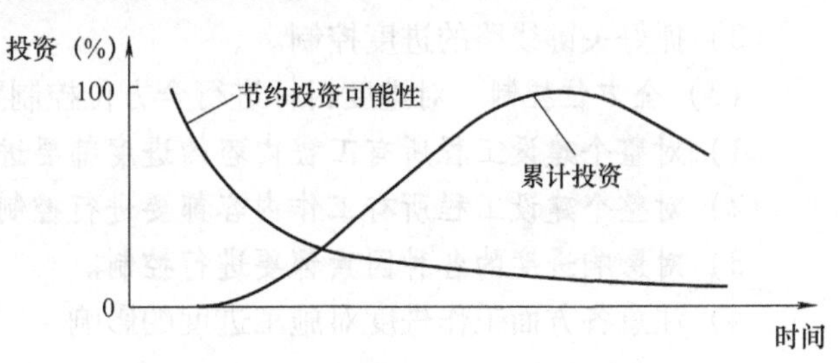

图3-4　累计投资和节约投资可能性曲线

从图3-4所示的累计投资和节约投资可能性曲线可以看出：一方面，累计投资在设计阶段缓慢增加，进入施工阶段后则迅速增加，到施工后期，累计投资的增加又趋于平缓；另一方面，节约投资的可能性（或影响投资的程度）从设计阶段到施工开始前迅速降低，其后的变化就相当平缓了。这说明投资形成于前期准备到建成交付的每一个建设阶段，但投资额最大的是施工阶段；对投资效果的影响最大的是前期准备阶段；投资节约的可能性最大的是施工以前的阶段，尤其是设计阶段。因此，所谓全过程，就是要求从设计阶段就开始进行投资控制，并将投资控制工作贯穿于工程建设实施的全过程。

（3）全方位控制　对投资目标进行全方位控制，包括两种含义：一是对工程内容分解的各项投资进行控制，即对单项工程、单位工程，乃至分部分项工程的投资进行控制；二是按工程总投资的各项费用构成，即建筑安装工程费用、设备和工器具购置费用以及工程建设其他费用等进行全方位控制。通常，投资目标的全方位控制主要是指第二种含义。对建设工程投资进行全方位控制，应注意以下几个问题：

1）要认真分析建设工程及其投资构成的特点，了解各项费用的变化趋势和影响因素。

2）要抓主要矛盾，对投资控制有所侧重。

3）要根据各项费用的特点选择适当的控制方式。

3. 建设工程进度控制的目标

建设工程进度控制的目标是通过有效的进度控制工作和具体的进度控制措施，在满足投资和质量要求的前提下，力求使工程实际工期不超过计划工期。进度控制的目标能否实现，主要取决于处在关键线路上的工程内容能否按预定的时间完成。局部工期延误的严重程度与其对进度目标的影响程度之间并无直接的联系，更不存在某种等值或等比例的关系，这是进度控制与投资控制的重要区别。

（1）系统控制　相对于投资控制和质量控制，进度控制措施可能对其他两个目标产生直接的有利作用。要尽可能采取可对投资目标和质量目标产生有利影响的进度控制措施。当然，采取进度控制措施也可能对投资目标和质量目标产生不利影响。因此，当采取进度控制措施时，不能仅仅保证进度目标的实现而不顾投资目标和质量目标，应当综合考虑三大

目标。

（2）全过程控制　建设过程是由建设阶段和建设环节构成的，建设周期是这些阶段或环节所占用时间之和。要想控制好进度，就必须在建设的全过程中控制好每一步。在对进度目标进行全过程控制过程中应注意以下几个问题：

1）在工程建设的早期就应当编制进度计划。

2）在编制进度计划时，要充分考虑各阶段工作之间的合理搭接。

3）抓好关键线路的进度控制。

（3）全方位控制　对进度目标进行全方位控制要从以下几个方面考虑：

1）对整个建设工程所有工程内容的进度都要进行控制。

2）对整个建设工程所有工作内容都要进行控制。

3）对影响进度的各种因素都要进行控制。

4）注意各方面工作进度对施工进度的影响。

3.1.4 建设工程目标控制的特点

1. 设计阶段目标控制的特点

（1）设计工作表现为创造性的脑力劳动　设计人员主要从事创造性的脑力劳动。脑力劳动的时间是外在的，但其强度却是内在的、难以度量。由于设计劳动的投入量与设计产品的质量之间没有必然的联系，也就不能简单地以设计工作的时间消耗衡量设计产品的价值或者判断设计产品的质量。

（2）设计阶段是决定工程价值和使用价值的主要阶段　设计阶段将工程的规模、标准、组成、结构、构造等确定以后，工程的价值也就基本确定下来了。同时，设计阶段可以将工程的基本功能加以具体化，并体现了工程的使用价值。

（3）设计阶段是影响建设工程投资的关键阶段　建设工程项目实施各个阶段对工程投资的影响程度是不同的，总的趋势是随着阶段性设计工作的进展，相关内容逐步明确，优化限制的条件不断增多，各阶段对工程投资的影响逐步下降。因此，在后续工作比较完备的情况下，设计阶段节约投资的可能性很大，到了施工阶段至多不过10%左右。

（4）设计工作需要反复协调　设计工作的反复协调包括不同专业领域的协调，也包括不同设计阶段的协调，还包括通过与外部环境的协调，以满足建设单位的要求以及政府有关部门审批的规定。

（5）设计质量对于工程质量具有决定性影响　通过设计工作可以将工程实体的质量要求、功能、使用价值要求等确定下来，明确工程内容和建设方案，进而决定了工程的总体质量。工程实体质量的安全性、可靠性在很大程度上也取决于设计质量。

2. 施工阶段目标控制的特点

（1）施工阶段是以执行计划为主的阶段　进入施工阶段，建设工程项目的目标规划和计划的制订工作基本完成，主要的工作将会转入规划、计划的执行以及适时的调整、完善。因此，施工阶段的基本要求是“按图施工”，是以执行计划为主的阶段。

（2）施工阶段是实现建设工程价值和使用价值的主要阶段　施工是按照设计图样和有关设计文件的规定，将施工对象由设想变为现实，形成可供使用的工程项目的物质生产活动。虽然工程项目的使用价值在根本上是由设计决定的，但如果没有科学的施工，也就不能完全按照设计要求得以实现。因此，工程项目的转移价值和活劳动价值或新增价值主要是在施工阶段形成的。

(3) **施工阶段是资金投入量最大的阶段**　施工阶段是实现工程价值的主要阶段，自然也是资金投入量最大的阶段。而且在保证施工质量，满足设计要求的前提下，存在着通过优化施工方案来降低工程投资的巨大可能性。因此，施工阶段是控制投资最重要的环节。

(4) **施工阶段合同关系复杂，合同争议多**　在施工阶段，涉及建设单位、施工单位、材料设备供应单位、设计单位等错综复杂的合同关系，由于对合同条款理解上的差异，以及外部环境变化对合同履行的影响等，使得合同纠纷频繁出现，因此妥善处理合同纠纷是这一阶段的重要工作。

(5) **施工阶段持续时间长，风险因素多**　施工阶段是工程建设各阶段中持续时间最长的阶段。时间长，则内外部风险因素就多，面对众多因素干扰，风险管理的任务就尤其重要。

(6) 施工阶段需要协调的内容多　施工阶段既涉及设计、施工、监理、材料设备供应等单位，还涉及不直接参与工程建设的政府有关管理部门、工程毗邻单位等。如果协调不力，将影响到工程质量、投资和进度目标的顺利实现。因此，施工阶段的协调显得格外重要。

(7) 施工阶段对工程总体质量具有保证性作用　相对内在的、较为抽象的设计质量能否真正得以实现以及实现的程度如何，取决于相对外在的、具体的施工质量的优劣。因此，施工质量不仅对实现设计质量具有保证性作用，而且是整个工程质量的保证。

3.1.5　建设工程目标控制的任务与措施

1. 目标控制的任务

工程监理单位在建设工程实施的各阶段有不同的目标控制任务。

(1) 设计阶段

1) 质量控制任务。包括协助建设单位制定工程质量目标规划；**根据合同，及时、准确、完善地提供设计工作所需要的基础数据和资料**；配合设计单位优化设计，确认设计文件是否符合有关法规、技术、经济、财务、环境条件的要求，满足建设单位对工程的功能和使用要求。

2) 进度控制任务。包括协助建设单位确定合理的设计工期要求；根据设计的阶段性，**制定工程总进度计划**；协助各设计单位开展设计工作，使设计工作按进度计划进行；与外部有关单位协调有关事宜，保障设计工作顺利进行。

3) 投资控制任务。包括协助设计单位制定工程项目投资目标规划；通过技术经济分析等活动，协调、配合设计单位追求投资合理化；审核概（预）算，优化设计，最终满足建设单位对工程投资的经济性要求。

(2) 施工阶段

1) 质量控制任务。包括通过对施工投入、施工和安装过程、施工产出品进行全过程控制，以及对施工单位及其人员的资格、材料和设备、施工机械和机具、施工方案和方法、施工环境实施全面控制，以期达到预定的施工质量目标。

2) 进度控制任务。包括通过完善建设工程进度控制计划、审查施工单位施工进度计

划、做好各项动态控制工作、协调各单位关系、预防并处理好工期索赔，以求实际施工进度达到计划施工进度的要求。

3）**投资控制任务。包括通过工程计量、工程付款控制、工程变更费用控制、预防并处理好费用索赔、挖掘降低工程投资潜力等，使工程实际费用支出不超过计划投资。**

2. 目标控制的措施

为了有效控制建设工程三大目标，工程监理单位应从组织、技术、经济、合同等多方面采取措施。

（1）**组织措施** 组织措施是其他措施的前提和保障。组织措施包括：**建立健全实施动态控制的组织机构，规章制度和人员，明确各级目标控制人员的任务和职责分工，改善建设工程目标控制的工作流程，建立建设工程目标控制考评机制**，加强各单位（部门）之间的沟通协作；加强动态控制过程中的激励措施，调动和发挥员工实现建设工程目标的积极性和创造性。

（2）**技术措施** 为了对建设工程目标实施有效控制，需要对多个可能的建设方案、施工方案等进行技术可行性分析。为此，需要对各种技术数据进行审核、比较，需要**对施工组织设计、施工方案等进行审查、论证**等。此外，在整个建设工程实施工程中，还需要采用工程网络计划技术、信息化技术等实施动态方案。

（3）**经济措施** 经济措施不仅仅是**审核工程量、工程款支付申请及工程结算报告**，还需要编制和实施资金使用计划，**对工程变更方案进行技术经济分析**等。而且通过投资偏差分析和未完成工程投资预测，可发现一些可能引起未完工程投资增加的潜在问题，从而便于以主动控制为出发点，采取有效措施加以预防。

（4）**合同措施** 合同管理是控制建设工程目标的重要措施。建设工程总目标及分目标将反映在建设单位与工程参建主体所签订的合同之中。由此可见，通过**选择合理的承发包模式**和合同计价方式，选定满意的施工单位及材料设备供应单位，拟定完善的合同条款，并**动态跟踪合同执行情况及处理好工程索赔**等，是控制建设工程目标的重要合同措施。

3.2 合同管理

3.2.1 建设工程合同管理的监理工作内容

建设工程实施过程中会涉及许多合同，如勘察设计合同、施工合同、监理合同、咨询合同、材料设备采购合同等。合同管理是在市场经济体制下组织建设工程实施的基本手段，也是项目监理机构控制建设工程质量、进度和投资三大目标的重要手段。监理工程师在合同管理中的工作内容包括以下几方面。

（1）合同分析 合同分析是指对合同各项条款进行深入、细致地分析和研究，找出合同的缺陷和弱点，发现和提出需要解决的问题。合同分析对于促进合同各方履行义务和正确行使合同赋予的权利，对于解决合同争议、预防和处理索赔都十分必要。

（2）建立合同目录、编码和档案 合同目录和编码是采用图表方式进行合同管理的有效工具。合同档案的建立可以把合同条款分门别类地进行存储，对于查询、检索合同条款提供了方便。

（3）合同履行的监督、检查　影响合同履行的干扰因素很多。为了及时了解合同履行的情况，提高合同的履约率，必须加强对合同履行的监督和检查。根据合同监督和检查所获得的信息进行统计分析，还可以更好为目标控制和信息管理服务。

3.2.2　项目监理机构的合同管理职责

在建设工程监理过程中，工程监理单位的合同管理主要是根据监理合同的要求对工程承包合同的签订、履行、变更和解除进行监督、检查，对合同双方的争议进行调解和处理，以保证合同的依法签订和全面履行。对于一些特殊的合同管理事项，如工程变更、索赔及施工合同争议等，项目监理机构的合同管理职责如下。

1. 工程变更的处理

在建设工程监理过程中，经常发生工程变更。

（1）施工单位提出的工程变更处理　对于施工单位提出的工程变更，项目监理机构可按下列程序处理：

1）总监理工程师组织专业监理工程师审查施工单位提出的工程变更申请，提出审查意见。对涉及工程设计文件修改的工程变更，应由建设单位转交原设计单位修改工程设计文件。必要时项目监理机构应组织建设、设计、施工等单位召开论证工程设计文件修改方案的专题会议。

2）总监理工程师组织专业监理工程师对工程变更费用及工期影响做出评估。

3）总监理工程师组织建设单位、施工单位等共同协商确定工程变更费用及工期变化，会签工程变更单。

4）项目监理机构根据批准的工程变更文件监督施工单位实施工程变更。

（2）建设单位要求的工程变更处理　对于建设单位要求的工程变更，项目监理机构应对于工程变更可能造成的设计修改、工程暂停、返工损失、增加工程造价等进行全面的评估，并应督促施工单位按会签后的工程变更单组织施工。

（3）设计单位要求的工程变更处理　对于设计单位要求的工程变更，应由建设单位将工程变更设计文件下发项目监理机构，由总监理工程师组织实施。

如果变更涉及项目功能、结构主体安全，该工程变更还要按有关规定报送施工图原审查机构及管理部门进行审查与批准。

2. 工程索赔的处理

工程变更往往会引起工程索赔。索赔管理是关系合同双方切实利益的一项重要工作。工程监理单位应协助建设单位制定和实施索赔预防方案和措施，并处理好已发生的索赔事件，最大限度地减少不必要的索赔。

项目监理机构应以法律法规、勘察设计文件、施工合同文件、工程建设标准、索赔事件的证据等为依据处理工程索赔。工程索赔包括费用索赔和工程延期申请。项目监理机构应及时收集、整理有关工程费用、施工进度的原始资料，为处理工程索赔提供证据。

（1）费用索赔的处理　项目监理机构应按《建设工程监理规范》（GB/T 50319—2013）规定的费用索赔处理程序和施工合同约定的时效期限处理施工单位提出的费用索赔。当施工单位的费用索赔要求与工程延期要求相关联时，项目监理机构可提出费用索赔和工程延期的综合处理意见，并应与建设单位和施工单位协商。

因施工单位原因造成建设单位损失，建设单位提出索赔时，项目监理机构应与建设单位和施工单位协商处理。

（2）工程延期及工期延误的处理　项目监理机构应按《建设工程监理规范》（GB/T 50319—2013）规定的工程延期审批程序和施工合同约定的时效期限审批施工单位提出的工程延期申请。施工单位因工程延期提出费用索赔时，项目监理机构应按施工合同约定进行处理。发生工期延误时，项目监理机构应按施工合同约定进行处理。

3. 施工合同争议的处理

项目监理机构应按《建设工程监理规范》（GB/T 50319—2013）规定的程序处理施工合同争议。在处理施工合同争议过程中，对未达到施工合同约定的暂停履行合同条件的，应要求施工合同双方继续履行合同。

在施工合同争议的仲裁或诉讼过程中，项目监理机构应按仲裁机关或法院要求提供与争议有关的证据。

3.2.3 建设工程监理合同管理

1. 建设工程监理合同及其特点

建设工程监理合同是指委托人与监理人就委托的建设工程监理与相关服务内容签订的明确双方义务和责任的协议。其中，委托人是指委托工程监理与相关服务的一方，及其合法的继承人或受让人；监理人是指提供监理与相关服务的一方，及其合法的继承人。

建设工程监理合同是一种委托合同，除具有委托合同的共同特点外，还具有以下特点：

1）建设工程监理合同当事人双方应是具有民事权力能力和民事行为能力、具有法人资格的企事业单位及其他社会组织，个人在法律允许的范围内也可以成为合同当事人。接受委托的监理人必须是依法成立、具有工程监理资质的企业，其所承担的工程监理业务应与企业资质等级和业务范围相符合。

2）建设工程监理合同委托的工作内容必须符合法律法规、有关工程建设标准、工程设计文件、施工合同及物资采购合同。建设工程监理合同是以对建设工程项目目标实施控制并履行建设工程安全生产管理法定职责为主要内容。因此，建设工程监理合同必须符合法律法规和有关工程建设标准，并与工程设计文件、施工合同及材料设备采购合同相协调。

3）建设工程监理合同的标的是服务。工程建设实施阶段所签订的勘察设计合同、施工合同、物资采购合同、委托加工合同的标的物是产生新的信息成果或物质成果，而监理合同的履行是由监理工程师凭借自己的知识、经验、技能受委托人委托为其所签订的施工合同、物资采购合同等的履行实施监督管理。

2.《建设工程监理合同（示范文本）》（GF—2012—0202）简介

《建设工程监理合同（示范文本）》（GF—2012—0202）由协议书、通用条件、专用条件、附录A（相关服务的范围和内容，下同）和附录B（委托人派遣的人员和提供的房屋、资料、设备，下同）组成。

（1）协议书　协议书不仅明确了委托人和监理人，而且明确了双方约定的委托建设工程监理与相关服务的工程概况（工程名称、工程地点、工程规模、工程概算投资额或建筑安装工程费）；总监理工程师（姓名、身份证号、注册号）；签约酬金（监理酬金、相关服务酬金）；期限（监理期限、相关服务期限）；双方承诺及合同订立（时间、地点、份数）等。

协议书还明确了建设工程监理合同的组成文件：

1）协议书。

2）中标通知书（适用于招标工程）或委托书（适用于非招标工程）。

3）投标文件（适用于招标工程）或监理与相关服务建议书（适用于非招标工程）。

4）专用条件。

5）通用条件。

6）附录A相关服务的范围和内容和附录B委托人派遣的人员和提供的房屋、资料、设备。

建设工程监理合同签订后，双方依法签订的补充协议也是建设工程监理合同文件的组成部分。

协议书是一份标准的格式文件，经当事人双方在空格处填写具体规定的内容并签字盖章后，即发生法律效力。

(2) 通用条件　通用条件涵盖了定义与解释，监理人的义务，委托人的义务，违约责任，支付，合同生效、变更、暂停、解除与终止，争议解决及其他诸如外出考察费用、检测费用、咨询费用、奖励、守法诚信、保密、通知、著作权等方面的约定。通用文件适用于各类建设工程监理，各委托人、监理人都应遵守通用条件中的规定。

(3) 专用条件　由于通用条件适用于各行业、各专业建设工程监理，因此，其中的某些条款规定得比较笼统。在专用条件中，需要结合地域特点、专业特点和委托监理的工程特点，对通用条件中的某些条款进行补充、修改。

所谓“补充”是指通用条件中的条款明确规定，在该条款确定的原则下，专用条件中的条款需进一步明确具体内容，使通用条件、专用条件中相同序号的条款共同组成一条内容完备的条款。所谓“修改”是指通用条件中规定的程序方面的内容，如果双方认为不合适，可以协议修改。

(4) 附录　附录包括两部分：

1）附录A（相关服务的范围和内容）。如果委托人委托监理人完成相关服务时，应在附录A中明确约定工程勘察、设计、保修等阶段相关服务的内容和范围，以及其他服务（专业技术咨询、外部协调工作等）的范围和内容。同时，应注意与协议书中约定的相关服务期限相协调。

委托人根据工程建设管理需要，可以自主委托全部内容，也可以委托某个阶段的工作或部分服务内容。如果委托人仅委托建设工程监理，则不需要填写附录A。

2）附录B（委托人派遣的人员和提供的房屋、资料、设备）。委托人为监理人开展正常监理工作派遣的人员和无偿提供的房屋、资料、设备，应在附录B中明确约定委托人派遣的人员和提供的房屋、资料、设备。

3. 定义与解释

(1) 合同语言文字　通用条件规定，合同使用中文书写、解释和说明。如专用条件约定使用两种及以上语言文字时，应以中文为准。如果建设工程监理合同使用中文以外语言文字的，需要在专用条件中明确：合同文件除使用中文外，还可用约定的其他语言文字。

(2) 合同文件解释顺序　通用条件规定，组成合同的下列文件彼此应能相互解释、互为说明；除专用条件另有约定外，合同文件的解释顺序如下：协议书；中标通知书（适用于招标工程）或委托书（适用于非招标工程）；专用条件及附录A、附录B；通用条件；投

标文件（适用于招标工程）或监理与相关服务建议书（适用于非招标工程）。双方签订的补充协议与其他文件发生矛盾或歧义时，属于同一类的文件，应以最新签署的为准。因此，在必要时，合同双方可在专用条件明确约定建设工程监理合同文件的解释顺序。

4. 监理人的义务

（1）监理的范围和工作内容

1）监理范围。通用条件规定："监理范围在专用条件中约定。"因此，合同双方需要在专用条件明确监理范围。

2）监理工作内容。通用条件规定，除专用条件另有约定外，监理工作内容包括22项：收到工程设计文件后编制监理规划，并在第一次工地会议7天前报委托人。根据有关规定和监理工作需要，编制监理实施细则；熟悉工程设计文件，并参加由委托人主持的图纸会审和设计交底会议；参加由委托人主持的第一次工地会议、主持监理例会并根据工程需要主持或参加专题会议；审查施工承包人提交的施工组织设计，重点审查其中的质量安全技术措施、专项施工方案与工程建设强制性标准的符合性；检查施工承包人工程质量、安全生产管理制度及组织机构和人员资格；检查施工承包人专职安全生产管理人员的配备情况；审查施工承包人提交的施工进度计划，核查承包人对施工进度计划的调整；检查施工承包人的试验室；审核施工分包人资质条件；查验施工承包人的施工测量放线成果；审查工程开工条件，对条件具备的签发开工令；审查施工承包人报送的工程材料、构配件、设备的质量证明文件的有效性和符合性，并按规定对用于工程的材料采取平行检验或见证取样方式进行抽检；审核施工承包人提交的工程款支付申请，签发或出具工程款支付证书，并报委托人审核、批准；在巡视、旁站和检验过程中，发现工程质量、施工安全存在事故隐患的，要求施工承包人整改并报委托人；经委托人同意，签发工程暂停令和复工令；审查施工承包人提交的采用新材料、新工艺、新技术、新设备的论证材料及相关验收标准；验收隐蔽工程、分部分项工程；审查施工承包人提交的工程变更申请，协调处理施工进度调整、费用索赔、合同争议等事项；审查施工承包人提交的竣工验收申请，编写工程质量评估报告；参加工程竣工验收，签署竣工验收意见；审查施工承包人提交的竣工结算申请并报委托人；编制、整理工程监理归档文件并报委托人。因此，在必要时，合同双方可在专用条件中明确约定监理工作还应包括的内容。

3）相关服务的范围和内容。委托人需要监理人提供相关服务的，其范围和内容应在附录A中约定。

（2）监理与相关服务依据

1）监理依据。通用条件规定："双方根据工程的行业和地域特点，在专用条件中具体约定监理依据。"因此，合同双方需要在专用条件中明确约定建设工程监理的具体依据。

2）相关服务依据。通用条件规定："相关服务依据在专用条件中约定。"因此，合同双方需要在专用条件中明确约定相关服务的具体依据。

（3）项目监理机构和人员

1）项目监理机构。监理人应组建满足工作需要的项目监理机构，配备必要的检测设备。项目监理机构的主要人员应具有相应的资格条件。

2）项目监理机构人员的更换。合同履行过程中，总监理工程师及重要岗位监理人员应保持相对稳定，以保证监理工作正常进行。监理人可根据工程进展和工作需要调整项目监理

机构人员。监理人更换总监理工程师时，应提前7天向委托人书面报告，经委托人同意后方可更换；监理人更换项目监理机构其他监理人员，应以相当资格与能力的人员替换，并通知委托人。

通用条件规定，监理人应及时更换有下列情形之一的监理人员：严重过失行为的；有违法行为不能履行职责的；涉嫌犯罪的；不能胜任岗位职责的；严重违反职业道德的；专用条件约定的其他情形。因此，合同双方可在专用条件中明确约定更换监理人员的其他情形。

委托人可要求监理人更换不能胜任本职工作的项目监理机构人员。

（4）履行职责　监理人应遵循职业道德准则和行为规范，严格按照法律法规、工程建设有关标准及监理合同履行职责。

1）委托人和承包人意见及要求的处置。在监理与相关服务范围内，委托人和承包人提出的意见及要求，监理人应及时提出处置意见。当委托人与承包人之间发生合同争议时，监理人应协助委托人、承包人协商解决。

2）证明材料的提供。当委托人与承包人之间的合同争议提交仲裁机构仲裁或人民法院审理时，监理人应提供必要的证明材料。

3）合同变更的处理。通用条件规定，监理人应在专用条件约定的授权范围内，处理委托人与承包人所签订合同的变更事宜。如果变更超过授权范围，应以书面形式报委托人批准。因此，合同双方需要在专用条件中明确约定对监理人的授权范围，以及工程延期、工程变更价款的批准权限。

在紧急情况下，为了保护财产和人身安全，监理人所发出的指令未能事先报委托人批准时，应在发出指令后的24小时内以书面形式报委托人。

4）承包人人员的调换。通用条件规定，除专用条件另有约定外，监理人发现承包人的人员不能胜任本职工作的，有权要求承包人予以调换。因此，合同双方需要在专用条件中明确约定监理人要求承包人调换其人员的权力限制条件。

（5）其他义务

1）提交报告。通用条件规定，监理人应按专用条件约定的种类、时间和份数向委托人提交监理与相关服务的报告。因此，合同双方需要在专用条件中明确约定监理人应提交报告的种类（包括监理规划、监理月报及约定的专项报告）、时间和份数。

2）文件资料。在合同履行期内，监理人应在现场保留工作所用的施工图、报告及记录监理工作的相关文件。工程竣工后，应当按照档案管理规定将监理有关文件归档。

建设工程监理工作中所用的施工图、报告是建设工程监理工作的重要依据，记录建设工程监理工作的相关文件是建设工程监理工作的重要证据，也是衡量建设工程监理效果的主要依据之一。发生工程质量、生产安全事故时，也是判别建设工程监理责任的重要依据。项目监理机构应设专人负责建设工程监理文件资料管理工作。

3）使用委托人的财产。通用条件规定，监理人无偿使用附录B中由委托人派遣的人员和提供的房屋、资料、设备。除专用条件另有约定外，委托人提供的房屋、设备属于委托人的财产，监理人应妥善使用和保管，在合同终止时将这些房屋、设备的清单提交委托人，并按专用条件约定的时间和方式移交。因此，合同双方需要在专用条件中明确约定附录B中由委托人无偿提供的房屋、设备的所有权，以及监理人应在监理合同终止后移交委托人无偿提供的房屋、设备的时间和方式。

5. 委托人的义务

(1) 告知　委托人应在委托人与承包人签订的合同中明确监理人、总监理工程师和授予项目监理机构的权限。如有变更，应及时通知承包人。

(2) 提供资料　委托人应按照附录 B 约定，无偿向监理人提供工程有关的资料。在合同履行过程中，委托人应及时向监理人提供最新的与工程有关的资料。

(3) 提供工作条件　委托人应为监理人完成监理与相关服务提供必要的条件。

1）派遣人员并提供房屋、设备。委托人应按照附录 B 约定，派遣相应的人员，提供房屋、设备，供监理人无偿使用。

2）协调外部关系。委托人应负责协调工程建设中所有外部关系，为监理人履行合同提供必要的外部条件。

(4) 委托人代表　通用条件规定委托人应授权一名熟悉工程情况的代表，负责与监理人联系。委托人应在双方签订合同后 7 天内，将委托人代表的姓名和职责书面告知监理人。当委托人更换委托人代表时，应提前 7 天通知监理人。因此，合同双方需要在专用条件中明确约定委托人代表。

(5) 委托人意见或要求　在合同约定的监理与相关服务工作范围内，委托人对承包人的任何意见或要求应通知监理人，由监理人向承包人发出相应指令。

(6) 答复　通用条件规定，委托人应在专用条件约定的时间内，对监理人以书面形式提交并要求做出决定的事宜，给予书面答复。逾期未答复的，视为委托人认可。因此，合同双方需要在专用条件中明确约定委托人对监理人以书面形式提交并要求做出决定的事宜的答复时限。

(7) 支付　委托人应按合同约定，向监理人支付酬金。

6. 违约责任

(1) 监理人的违约责任　监理人未履行合同义务的，应承担相应的责任。

1）违反合同约定造成的损失赔偿。通用条件规定："因监理人违反合同约定给委托人造成损失的，监理人应当赔偿委托人损失，赔偿金额的确定方法在专用条件中约定。监理人承担部分赔偿责任的，其承担赔偿金额由双方协商确定。"因此，合同双方需要在专用条件中明确约定监理人赔偿金额按下列方法确定：

赔偿金 = 直接经济损失 × 正常工作酬金 ÷ 工程概算投资额（或建筑工程安装费）

2）索赔不成立时的费用补偿。监理人向委托人的索赔不成立时，监理人应赔偿委托人由此发生的费用。

(2) 委托人的违约责任　委托人未履行合同义务的，应承担相应的责任。

1）违反合同约定造成的损失赔偿。委托人违反合同约定造成监理人损失的，委托人应予以赔偿。

2）索赔不成立时的费用补偿。委托人向监理人的索赔不成立时，应赔偿监理人由此引起的费用。

3）逾期支付补偿。委托人未能按期支付酬金超过 28 天，应按专用条件约定支付逾期付款利息。逾期付款利息应按专用条件约定按下列方法计算（拖延支付天数应从应支付日算起）：

逾期付款利息 = 当期应付款总额 × 银行同期贷款利率 × 拖延支付天数

(3) 除外责任　因非监理人的原因，且监理人无过错，发生工程质量事故、安全事故、工期延误等造成的损失，监理人不承担赔偿责任。

因不可抗力导致合同全部或部分不能履行时，双方各自承担其因此而造成的损失、损害。

7. 支付

（1）支付货币　通用条件规定，除专用条件另有约定外，酬金均以人民币支付。涉及外币支付的，所采用的货币种类、比例和汇率在专用条件中约定。因此，涉及外币支付的，合同双方需要在专用条件中明确约定外币币种、外币所占比例以及汇率。

（2）支付酬金　通用条件规定，支付的酬金包括正常工作酬金、附加工作酬金、合理化建议奖励金额及费用。由于附加工作酬金、合理化建议奖励金额及费用均需在合同履行过程中确定，因此，合同双方只能在专用条件中明确约定正常工作酬金支付的时间、比例及金额。

8. 合同的生效、变更、暂停与解除、终止

（1）生效　通用条件规定，除法律另有规定或者专用条件另有约定外，委托人和监理人的法定代表人或其授权代理人在协议书上签字并盖单位章后合同生效。因此，在必要时，合同双方可在专用条件中明确约定合同生效时间。

（2）变更　任何一方提出变更请求时，双方经协商一致后可进行变更。

1）非监理人原因导致的变更。通用条件规定，除不可抗力外，因非监理人原因导致监理人履行合同期限延长、内容增加时，监理人应当将此情况与可能产生的影响及时通知委托人。增加的监理工作时间、工作内容应视为附加工作。附加工作酬金的确定方法在专用条件中约定。因此，合同双方应在专用条件中明确约定附加工作酬金按下列方法确定：

附加工作酬金 = 本合同期限延长时间（天）× 正常工作酬金 ÷ 协议书约定的监理与相关服务期限（天）

2）监理与相关服务工作停止后的善后工作以及恢复服务的准备工作。通用条件规定，合同生效后，如果实际情况发生变化使得监理人不能完成全部或部分工作时，监理人应立即通知委托人。除不可抗力外，其善后工作以及恢复服务的准备工作应为附加工作，附加工作酬金的确定方法在专用条件中约定。监理人用于恢复服务的准备时间不应超过28天。因此，合同双方应在专用条件中明确约定附加工作酬金按下列方法确定：

附加工作酬金 = 善后工作及恢复服务的准备工作时间（天）× 正常工作酬金 ÷ 协议书约定的监理与相关服务期限（天）

3）相关法律法规、标准颁布或修订引起的变更。合同签订后，遇有与工程相关的法律法规、标准颁布或修订的，双方应遵照执行。由此引起监理与相关服务的范围、时间、酬金变化的，双方应通过协商进行相应调整。

4）工程概算投资额或建筑安装工程费增加。通用条件规定，因非监理人原因造成工程概算投资额或建筑安装工程费增加时，正常工作酬金应做相应调整，调整方法在专用条件中约定。因此，合同双方应在专用条件中明确约定正常工作酬金增加额按下列方法确定：

正常工作酬金增加额 = 工程投资额或建筑安装工程费增加额 × 正常工作酬金 ÷ 工程概算投资额（或建筑安装工程费）

5）监理人正常工作量的减少。通用条件规定，因工程规模、监理范围的变化导致监理人的正常工作量减少时，正常工作酬金应做相应调整。调整方法在专用条件中约定。因此，

合同双方应在专用条件中明确约定，按减少工作量的比例从协议书约定的正常工作酬金中扣减相同比例的酬金。

（3）暂停与解除　除双方协商一致可以解除合同外，当一方无正当理由未履行合同约定的义务时，另一方可以根据合同约定暂停履行合同直至解除合同。

1）解除合同或部分义务。在合同有效期内，由于双方无法预见和控制的原因导致合同全部或部分无法继续履行或继续履行已无意义，经双方协商一致，可以解除合同或监理人的部分义务。在解除之前，监理人应做出合理安排，使开支减至最小。

因解除合同或解除监理人的部分义务导致监理人遭受的损失，除依法可以免除责任的情况外，应由委托人予以补偿，补偿金额由双方协商确定。

解除合同的协议必须采取书面形式，协议未达成之前，合同仍然有效。

2）暂停全部或部分工作。在合同有效期内，因非监理人的原因导致工程施工全部或部分暂停，委托人可通知监理人要求暂停全部或部分工作。监理人应立即安排停止工作，并将开支减至最小。除不可抗力外，由此导致监理人遭受的损失应由委托人予以补偿。

暂停部分监理或相关服务的时间超过 182 天，监理人可发出解除合同约定的该部分义务的通知；暂停全部工作的时间超过 182 天，监理人可发出解除合同的通知，合同自通知到达委托人时解除。委托人应将监理与相关服务的酬金支付至合同解除日，且承担违约责任。

3）监理人未履行合同义务。当监理人无正当理由未履行合同约定的义务时，委托人应通知监理人限期改正。若委托人在监理人接到通知后的 7 天内未收到监理人书面形式的合理解释，则可在 7 天内发出解除合同的通知，自通知到达监理人时合同解除。委托人应将监理与相关服务的酬金支付至限期改正通知到达监理人之日，但监理人应承担违约责任。

4）委托人延期支付。监理人在专用条件约定的支付之日起 28 天后仍未收到委托人按合同约定应付的款项，可向委托人发出催付通知。**委托人接到通知 14 天后仍未支付或未提出监理人可以接受的延期支付安排，监理人可向委托人发出暂停工作的通知并可自行暂停全部或部分工作。暂停工作后 14 天内监理人仍未获得委托人应付酬金或委托人的合理答复，监理人可向委托人发出解除合同的通知，自通知到达委托人时合同解除。委托人应承担违约责任。**

5）不可抗力造成合同暂停或解除。因不可抗力致使合同部分或全部不能履行时，一方应立即通知另一方，可暂停或解除合同。

6）合同解除后的结算、清理、争议解决。**合同解除后，合同约定的有关结算、清理、争议解决方式的条件仍然有效。**

（4）终止　以下条件全部满足时，监理合同即告终止：

1）监理人完成合同约定的全部工作。

2）委托人与监理人结清并支付全部酬金。

9. 争议解决

（1）调解　通用条件规定，如果双方不能在 14 天内或双方商定的其他时间内解决合同争议，可以将其提交给专用条件约定的或事后达成协议的调解人进行调解。因此，合同双方可在专用条件中明确约定合同争议调解人。

（2）仲裁或诉讼　通用条件规定，双方均有权不经调解直接向专用条件约定的仲裁机构申请仲裁或向有管辖权的人民法院提起诉讼。因此，合同双方应在专用条件中明确约定合同争议的最终解决方式：仲裁及提请仲裁的机构或诉讼及提起诉讼的人民法院。

10. 其他

(1) 外出考察费用　经委托人同意，监理人员外出考察发生的费用由委托人审核后支付。

(2) 检测费用　通用条件规定，委托人要求监理人进行的材料和设备检测所发生的费用，由委托人支付，支付时间在专用条件中约定。因此，合同双方应在专用条件中明确约定检测费用的支付时间。

(3) 咨询费用　通用条件规定，经委托人同意，根据工程需要由监理人组织的相关咨询论证会以及聘请相关专家等发生的费用由委托人支付，支付时间在专用条件中约定。因此，合同双方应在专用条件中明确约定咨询费用的支付时间。

(4) 奖励　通用条件规定，监理人在服务过程中提出的合理化建议，使委托人获得经济效益的，按双方在专用条件中约定的方法确定奖励金额。奖励金额在合理化建议被采纳后，与最近一期的正常工作酬金同期支付。因此，合同双方应在专用条件中明确约定合理化建议奖励金额的确定方法：

$$奖励金额=工程投资节省额\times奖励金额的比率$$

其中，奖励金额的比率由合同双方协商确定。

(5) 守法诚信　监理人及其工作人员不得从与实施工程有关的第三方处获得任何经济利益。

(6) 保密　通用条件规定，双方不得泄露对方申明的保密资料，也不得泄露与实施工程有关的第三方所提供的保密资料，保密事项在专用条件中约定。因此，合同双方应在专用条件中明确约定委托人、监理人及第三方申明的保密事项和期限。

(7) 通知　合同涉及的通知均应当采用书面形式，并在送达对方时生效，收件人应书面签收。

(8) 著作权　通用条件规定，监理人可单独或与他人联合出版有关监理与相关服务的资料。除专用条件另有约定外，如果监理人在合同履行期间及合同终止后两年内出版涉及工程的有关监理与相关服务的资料，应当征得委托人的同意。因此，合同双方可在专用条件中明确约定监理人在合同履行期间及合同终止后两年内出版涉及工程有关监理与相关服务的资料的限制条件。

3.3 信息管理

3.3.1 建设工程信息管理流程

信息管理是指在实施监理的过程中，监理工程师对所需要的工程建设信息进行收集、整理、处理、存储、传递、应用等一系列工作的总称。建设工程信息管理贯穿工程建设全过程，其基本环节包括：信息的收集、加工、整理、分发、检索和存储。

1. 建设工程信息的收集

在建设工程的不同阶段，会产生大量的信息。工程监理单位的介入阶段不同，决定了信息收集的内容不同。如果工程监理单位接受委托在建设工程决策阶段提供咨询服务，则需要收集与建设工程相关的市场、资源、自然环境、社会环境等方面的信息。如果是在建设工程设计阶段提供相关服务，则需要收集的信息有：工程项目可行性研究报告及前期相关文件资

料；同类工程相关资料；拟建工程所在地信息；勘察、测量、设计单位相关信息；拟建工程所在地政府部门相关规定；拟建工程设计质量保证体系及进度计划等。如果是在建设工程施工招标阶段提供相关服务，则需要收集的信息有：工程立项审批文件；工程地质、水文地质勘察报告；工程设计及概算文件；施工图设计审批文件；工程所在地工程材料、构配件、设备、劳动力市场价格及变化规律；工程所在地工程建设标准及招标投标相关规定等。

在建设工程施工阶段，项目监理机构应从下列方面收集信息：

1）建设工程施工现场的地质、水文、测量、气象等数据；地上、地下管线，地下洞室，地上既有建筑物、构筑物及树木、道路，建筑红线，水、电、气管道的引入标志；地质勘察报告、地形测量图及标桩等环境信息。

2）施工机构组成及进场人员资格；施工现场质量及安全生产保证体系；施工组织设计及（专项）施工方案、施工进度计划；分包单位资格等信息。

3）进场设备的规格型号、保修记录；工程材料、构配件、设备的进场、保管、使用等信息。

4）施工项目管理机构管理程序；施工单位内部工程质量、成本、进度控制及安全生产管理的措施及实施效果；工序交接制度；事故处理程序；应急预案等信息。

5）施工中需要执行的国家、行业或地方工程建设标准；施工合同履行情况。

6）施工过程中发生的工程数据；隐蔽工程检查验收记录；分部分项工程检查验收记录等。

7）工程材料、构配件、设备质量证明资料及现场测试报告。

8）设备安装试运行及测试信息。

9）工程索赔相关信息。

2. 建设工程信息的加工、整理、分发、检索和存储

（1）信息的加工和整理　信息的加工和整理主要是指将所获得的数据和信息通过鉴别、选择、核对、合并、排序、更新、计算、汇总等，生成不同形式的数据和信息，目的是提供给各类管理人员使用。加工和整理数据和信息，往往需要按照不同的需求分层进行。

（2）信息的分发和检索　加工整理后的信息要及时提供给需要使用信息的部门和人员，信息的分发要根据需要来进行，信息的检索需要建立在一定的分级管理制度上。信息分发和检索的基本原则是：需要信息的部门和人员，有权在需要的第一时间，方便地得到所需要的信息。

（3）信息的存储　存储信息需要建立统一数据库。需要根据建设工程实际，规范地组织数据文件。

1）按照工程进行组织，同一工程按照质量、造价、进度、合同等类别组织，各类信息再进一步根据具体情况进行细化。

2）工程参建各方要协调统一数据存储方式，数据文件名要规范化，要建立统一的编码体系。

3）尽可能以网络数据库形式存储数据，减少数据冗余，保证数据的唯一性，并实现数据共享。

3.3.2 建设工程信息管理系统

随着工程建设规模的不断扩大，信息量的增加是非常惊人的。依靠传统的手工处理方式已难以适应工程建设管理需求。建设工程信息管理系统已成为建设工程管理的基本手段。

1. 信息管理系统的主要作用

建设工程信息管理系统作为处理工程项目信息的人-机系统，其主要作用体现在以下几个方面：

1）利用计算机数据存储技术，存储和管理与工程项目有关的信息，并随时进行查询和更新。

2）利用计算机数据处理功能，快速、准确地处理工程项目管理所需要的信息。

3）利用计算机分析运算功能，快速提供高质量的决策支持信息和备选方案。

4）利用计算机网络技术，实现工程参建各方、各部门之间的信息共享和协同工作。

5）利用计算机虚拟现实技术，直观展示工程项目大量数据和信息。

2. 信息管理系统的基本功能

建设工程信息管理系统的目标是实现信息的系统管理和提供必要的决策支持。**建设工程信息管理系统可以为监理工程师提供标准化、结构化的数据；提供预测、决策所需要的信息及分析模型；提供建设工程目标动态控制的分析报告；提供解决建设工程监理问题的多个备选方案。**工程实践中，建设工程信息管理系统的名称有多种，如：PMIS（Project Management Information System）、PIMS（Project Information Management System）、CMIS（Construction Management Information System）、PCIS（Project Controlling Information System）、PIMIS（Project Integration Management Information System）等。不论名称如何，建设工程信息管理系统的基本功能应至少包括工程质量控制、工程造价控制、工程进度控制、工程合同管理四个子系统。

随着信息化技术的快速发展，信息管理平台得到越来越广泛的应用。基于建设工程信息管理平台，工程参建各方可以实现信息共享和协同工作。特别是近年来建筑信息建模（Building Information Modeling，BIM）技术的应用，为建设工程信息管理提供了可视化手段。

3. 建筑信息建模（BIM）

BIM是利用数字模型对工程进行设计、施工和运营的过程。BIM以多种数字技术为依托，可以实现建设工程全寿命期集成管理。在建设工程实施阶段，借助于BIM技术，可以进行设计方案比选，实际施工模拟，在施工之前就能发现施工阶段会出现的各种问题，以便提前处理，从而提供合理的施工方案，合理配置人员、材料和设备，在最大范围内实现资源的合理运用。

（1）BIM的特点　BIM具有可视化、协调性、模拟性、优化性、可出图性等特点。

1）可视化。BIM技术可将以往的线条式构件形成一种三维的立体实物图形展示在人们面前。应用BIM技术，不仅可以用来展示效果，还可以生成所需要的各种报表。更重要的是在工程设计、建造、运营过程中的沟通、讨论、决策都能在可视化状态下进行。

2）协调性。协调是工程建设实施过程中的重要工作。应用BIM技术，可以将事后协调转变为事先协调。如在工程设计阶段，可应用BIM技术协调解决施工过程中建筑物内设施的碰撞问题。在工程施工阶段，可以通过模拟施工，事先发现施工过程中存在的问题。此

外，还可对空间布置、防火分区、管道布置等问题进行协调处理。

3）模拟性。应用BIM技术，在工程设计阶段可对节能、紧急疏散、日照、热能传导等进行模拟；在工程施工阶段可根据施工组织设计将3D模型加施工进度（4D）模拟实际施工，从而通过确定合理的施工方案指导实际施工，还可进行5D模拟（基于3D模型的造价控制），实现造价控制；在运营阶段，可对日常紧急情况的处理进行模拟。

4）优化性。应用BIM技术，可提供建筑物实际存在的信息，包括几何信息、物理信息、规则信息等，并能在建筑物变化后自动修改和调整这些信息。此外，BIM技术与其配套的各种优化工具为复杂工程项目进行优化提供了可能。如设计方案优化，特殊项目设计优化。

5）可出图性。应用BIM技术对建筑物进行可视化展示、协调、模拟、优化后，还可输出有关图样或报告。

（2）**BIM在工程项目管理中的应用目标**　工程监理单位应用BIM的主要任务是通过借助BIM理念及其相关技术搭建统一的数字化工程信息平台，实现工程建设过程中各阶段数据信息的整合及其应用，进而更好地为建设单位创造价值，提高工程建设效率和质量。目前，建设工程监理过程中应用BIM技术期望实现如下目标：

1）**可视化展示**。应用BIM技术可实现建设工程完工前的可视化展示，与传统单一的设计效果图等表现方式相比，由于数字化工程信息平台包含了工程建设各阶段所有的数据信息，基于这些数据信息制作的各种可视化展示将更准确、更灵活地表现工程项目，并辅助各专业、各行业之间的沟通交流。

2）**提高工程设计和项目管理质量**。BIM技术可帮助工程项目各参建方在工程建设全过程中更好地沟通协调，为做好设计管理工作，进行工程项目技术、经济可行性论证，提供了更为先进的手段和方法，从而可提升工程项目管理的质量和效率。

3）**控制工程造价**。通过数字化工程信息模型，确保工程项目各阶段数据信息的准确性和唯一性，进而在工程建设早期发现问题并予以解决，减少施工过程中的工程变更，大大提高对工程造价的控制力。

4）**缩短工程施工周期**。借助BIM技术，实现对各重要施工工序的可视化整合，协助建设单位、设计单位、施工单位更好地沟通协调与论证，合理优化施工工序。

（3）BIM在工程项目管理中的应用范围　现阶段，工程监理单位运用BIM技术提升服务价值，仍处于初级阶段，其应用范围主要包括以下几个方面。

1）可视化模型建立。可视化模型的建立是应用BIM的基础，包括建筑、结构、设备等各专业工种。

2）管线综合。随着建筑业的快速发展，对协同设计与管线综合的要求越加强烈。BIM技术的出现，可以很好地实现碰撞检查，尤其对于建筑形体复杂或管线约束多的情况是一种很好的解决方案。

3）4D虚拟施工。将BIM技术与进度计划软件数据进行集成，可以按月、按周、按天看到工程施工进度并根据现场情况进行实时调整，分析不同施工方案的优劣，从而得到最佳施工方案。此外，还可对工程项目的重点或难点部分进行可施工性模拟。通过对施工进度和资源的动态管理及优化控制，以及施工过程的模拟，可以更好地提高工程项目的资源利用率。

4）成本核算。BIM是一个包含丰富数据、面向对象、具有智能和参数特点的建筑数字化标识。借助这些信息，计算机可快速对各种构件进行统计分析，完成成本核算。通过将工程设计和投资回报分析相结合，实时计算设计变更对投资回报的影响，合理控制工程总造价。

3.3.3 建设工程监理文件资料管理

建设工程监理实施过程中会涉及大量文件资料，这些文件资料有的是实施建设工程监理的重要依据，更多的是建设工程监理的成果资料。《建设工程监理规范》（GB/T 50319—2013）明确了建设工程监理的基本表式，也列明了建设工程监理的主要文件资料。**建设工程监理文件资料具有分散性和复杂性、继承性和时效性、全面性和真实性、随机性、多专业性和综合性等特征。**项目监理机构应明确监理文件资料管理人员的职责，按照相关要求规范化地管理建设工程监理文件资料。

1. 建设工程监理基本表式

根据《建设工程监理规范》（GB/T 50319—2013），建设工程监理基本表式分为三大类：

（1）工程监理单位用表（A类表，共8个）　工程监理单位用表，是监理单位与施工单位之间的联系表，由监理单位填写，向施工单位发出指令或批复。

1）总监理工程师任命书。工程监理单位法定代表人应根据建设工程监理合同约定，任命有类似工程管理经验的注册监理工程师担任项目总监理工程师，并在总监理工程师任命书中明确总监理工程师的授权范围。总监理工程师任命书需要由工程监理单位法定代表人签字，并加盖单位公章。

2）**工程开工令。建设单位代表在施工单位报送的工程开工报审表上签字同意开工后，总监理工程师可签发工程开工令，指令施工单位开工。工程开工令需要由总监理工程师签字，并加盖执业印章。**

工程开工令中应明确具体开工日期，并作为施工单位计算工期的起始日期。

3）**监理通知单。**监理通知单是项目监理机构在日常监理工作中常用的指令性文件。监理通知单可由总监理工程师或专业监理工程师签发，对于一般问题可由专业监理工程师签发，对于重大问题应由总监理工程师同意后签发。

施工单位发生下列情况时，项目监理机构应发出监理通知单：在施工过程中出现不符合设计要求、工程建设标准、合同约定；使用不合格的工程材料、构配件和设备；在工程质量、造价、进度等方面存在违规等行为。

4）监理报告。当工程存在安全事故隐患，项目监理机构发出监理通知单或工程暂停令而施工单位拒不整改或不停止施工时，项目监理机构应及时向有关主管部门报送监理报告。项目监理机构报送监理报告时，应附相应的监理通知单或工程暂停令等证明监理人员履行安全生产管理职责的相关文件资料。

5）**工程暂停令。**总监理工程师应根据暂停工程的影响范围和程度，按合同约定签发暂停令。签发工程暂停令时，应注明停工部位及范围。**工程暂停令需要由总监理工程师签字，并加盖执业印章。**

6）旁站记录。项目监理机构监理人员对关键部位、关键工序的施工质量进行现场跟踪监督时，需要填写旁站记录。“关键部位、关键工序的施工情况”应记录所旁站部位（工序）的施工作业内容、主要施工机械、材料、人员和完成的工程数量等内容及监理人员检

查旁站部位施工质量的情况；“发现的问题及处理情况”应说明旁站所发现的问题及其采取的处置措施。

7）工程复工令。当导致工程暂停施工的原因消失、具备复工条件时，建设单位代表在工程复工报审表签字同意复工后，总监理工程师应签发工程复工令指令施工单位复工；或者工程具备复工条件而施工单位未提出复工申请的，总监理工程师应根据工程实际情况直接签发工程复工令指令施工单位复工。工程复工令需要由总监理工程师签字，并加盖执业印章。

8）工程款支付证书。项目监理机构收到经建设单位签署审批意见的工程款支付报审表后，总监理工程师应向施工单位签发工程款支付证书，同时抄报建设单位。工程款支付证书需要由总监理工程师签字，并加盖执业印章。

（2）施工单位报审、报验用表（B类表，共14个） 施工单位报审、报验用表是施工单位与监理单位之间的联系表，由施工单位填写，向监理单位提交申请或回复。

1）施工组织设计或（专项）施工方案报审表。施工单位编制的施工组织设计或（专项）施工方案经其技术负责人审查后，报送项目监理机构。施工组织设计或（专项）施工方案报审表由专业监理工程师审查后，需要由总监理工程师签字，并加盖执业印章。对于超过一定规模的危险性较大的分部分项工程专项施工方案，还需要报送建设单位审批。

2）工程开工报审表。单位工程具备开工条件时，施工单位需要向项目监理机构报送工程开工报审表。工程开工报审表必须由施工项目经理签字并加盖施工单位公章。工程开工报审表由总监理工程师签署审查意见，并报建设单位批准后，总监理工程师方可签发工程开工令。工程开工报审表需要由总监理工程师签字，并加盖执业印章。

3）工程复工报审表。当导致工程暂停施工的原因消失、具备复工条件时，施工单位需要向项目监理机构报送工程复工报审表。总监理工程师签署审查意见，并报建设单位批准后，总监理工程师方可签发工程复工令。

4）分包单位资格报审表。施工单位按施工合同约定选择分包单位时，需要向项目监理机构报送分包单位资格报审表及相关证明材料。分包单位资格报审表由专业监理工程师提出审查意见后，由总监理工程师审核签认。

5）施工控制测量成果报验表。施工单位完成施工控制测量并自检合格后，需要向项目监理机构报送施工控制测量成果报验表及施工控制测量依据和成果表。专业监理工程师审查合格后予以签认。

6）工程材料、构配件、设备报审表。施工单位在对工程材料、构配件、设备自检合格后，应向项目监理机构报送工程材料、构配件、设备报审表及相关质量证明材料和自检报告。专业监理工程师审查合格后予以签认。

7）验报、报审表。该表主要用于隐蔽工程、检验批、分项工程的报验，也可用于为施工单位提供服务的试验室的报审。专业监理工程师审查合格后予以签认。

8）分部工程报验表。分部工程所包含的分项工程全部自检合格后，施工单位应向项目监理机构报送分部工程报验表及分部工程质量控制资料。在专业监理工程师验收的基础上，由总监理工程师签署验收意见。

9）监理通知回复单。施工单位在收到监理通知单后，按要求进行整改、自查合格后，应向项目监理机构报送监理通知回复单。项目监理机构收到施工单位报送的监理通知回复单后，一般可由原发出监理通知单的专业监理工程师进行核查，认可整改结果后予以签认。重大问题可由总监理工程师进行核查签认。

10）单位工程竣工验收报审表。单位（子单位）工程完成，施工单位自检符合竣工验收条件后，应向项目监理机构报送单位工程竣工验收报审表及相关附件，申请竣工验收。单位工程竣工验收报审表必须由施工项目经理签字并加盖施工单位公章。总监理工程师在收到单位工程竣工验收报审表及相关附件后，应组织专业监理工程师进行审查并签署预验收意见。单位工程竣工验收报审表需要由总监理工程师签字，并加盖执业印章。

11）工程款支付报审表。该表适用于施工单位工程预付款、工程进度款、竣工结算款等的支付申请。项目监理机构对施工单位的申请事项进行审核并签署意见，经建设单位批准后方可作为总监理工程师签发工程款支付证书的依据。工程款支付报审表需要由总监理工程师签字，并加盖执业印章。

12）施工进度计划报审表。该表适用于施工总进度计划、阶段性施工进度计划的报审。施工进度计划报审表在专业监理工程师审查的基础上，由总监理工程师审核签认。

13）费用索赔报审表。施工单位索赔工程费用时，需要向项目监理机构报送《费用索赔报审表》。项目监理机构对施工单位的申请事项进行审核并签署意见，经建设单位批准后方可作为支付索赔费用的依据。费用索赔报审表需要由总监理工程师签字，并加盖执业印章。

14）工程临时或最终延期报审表。施工单位申请工程延期时，需要向项目监理机构报送工程临时或最终延期报审表。项目监理机构对施工单位的申请事项进行审核并签署意见，经建设单位批准后方可延长合同工期。工程临时或最终延期报审表需要由总监理工程师签字，并加盖执业印章。

（3）通用表（C类表，共3个）　通用表是工程项目监理单位、施工单位、建设单位等有关单位之间的联系表。

1）工作联系单。该表用于项目监理机构与工程建设有关方（包括建设、施工、监理、勘察、设计等单位和上级主管部门）之间的日常工作联系。有权签发工作联系单的负责人有：建设单位现场代表、施工单位项目经理、工程监理单位项目总监理工程师、设计单位工程设计负责人及工程项目其他参建单位的相关负责人等。

2）工程变更单。施工单位、建设单位、工程监理单位提出工程变更时，应填写工程变更单，由建设单位、设计单位、监理单位和施工单位共同签认。

3）索赔意向通知书。施工过程中发生索赔事件后，受影响的单位依据法律法规和合同约定，向对方单位声明或告知索赔意向时，需要在合同约定的时间内报送索赔意向通知书。

2. 建设工程监理文件资料的组成及编制内容和要求

（1）建设工程监理文件资料的组成

1）勘察设计文件、建设工程监理合同及其他合同文件。

2）监理规划、监理实施细则。

3）设计交底和图纸会审会议纪要。

4）施工组织设计、（专项）施工方案、应急救援预案、施工进度计划报审文件资料。

5）分包单位资格报审文件资料。

6）施工控制测量成果报验文件资料。

7）总监理工程师任命书，工程开工令、暂停令、复工令，开工或复工报审文件资料。

8）工程材料、设备、构配件报验文件资料。

9）见证取样和平行检验文件资料。

10）工程质量检查报验资料及工程有关验收资料。

11）工程变更、费用索赔及工程延期文件资料。

12）工程计量、工程款支付文件资料。

13）监理通知单、工程联系单与监理报告。

14）第一次工地会议、监理例会、专题会议等会议纪要。

15）监理月报、监理日志、旁站记录。

16）工程质量或安全生产事故处理文件资料。

17）工程质量评估报告及竣工验收监理文件资料。

18）监理工作总结。

（2）建设工程监理文件的编制内容和要求

《建设工程监理规范》（GB/T 50319—2013）明确规定了监理规划、监理实施细则、监理月报、监理日志和监理工作总结及工程质量评估报告等的编制内容和要求，其中，监理规划与监理实施细则的编制将在第8章详细阐述，故此处不再赘述。

1）监理日志。监理日志是项目监理机构在实施建设工程监理过程中，每日对建设工程监理工作及施工进展情况所做的记录，**由总监理工程师根据工程实际情况指定专业监理工程师负责记录**。每天填写的监理日志内容必须真实、力求详细，主要反映监理工作情况。

监理日志的主要内容包括：天气和施工环境情况；施工进展情况，监理工作情况，包括旁站、巡视、见证取样、平行检验等情况；存在的问题及协调解决情况；其他有关事项。

2）监理例会会议纪要。监理例会是履约各方沟通情况、交流信息、研究解决合同履行中存在的各方面问题的主要协调方式。**会议纪要由项目监理机构根据会议记录整理**，主要内容包括：会议地点及时间；会议主持人；与会人员姓名、单位、职务；会议主要内容、决议事项及其负责落实单位、负责人和时限要求；其他事项。

对于监理例会上意见不一致的重大问题，应将各方的主要观点，特别是相互对立的意见记入“其他事项”中。会议纪要的内容应真实准确，简明扼要，经总监理工程师审阅，与会各方代表会签，发至有关各方并应有签收手续。

3）监理月报。监理月报是项目监理机构每月向建设单位和本监理单位提交的建设工程监理工作及建设工程实施情况等分析总结报告。监理月报既要反映建设工程监理工作及建设工程实施情况，也能确保建设工程监理工作可追溯。监理月报由总监理工程师组织编写、签认后报送建设单位和监理单位。报送时间由监理单位与建设单位协商确定，一般在收到施工单位报送的工程进度，汇总本月已完工程量和本月计划完成工程量的工程量表、工程款支付申请表等相关资料后，在协商确定的时间内提交。监理月报应包括以下主要内容：本月工程实施情况；本月监理工作情况；本月施工中存在的问题分析及处理情况；下月监理工作重点。

4）工程质量评估报告。**工程竣工预验收合格后，由总监理工程师组织专业监理工程师编制工程质量评估报告，编制完成后，由项目总监理工程师及监理单位技术负责人审核签认并加盖监理单位公章后报建设单位。工程质量评估报告应在正式竣工验收前提交给建设单位。**

工程质量评估报告的编制应文字简练、准确、重点突出、内容完整。工程质量评估报告的主要内容包括：工程概况；工程参建单位；工程质量验收情况；工程质量事故及其处理情况；竣工资料审查情况；工程质量评估结论。

5）监理工作总结。当监理工作结束时，项目监理机构应向建设单位和工程监理单位提交监理工作总结。监理工作总结由总监理工程师组织监理人员编写，由总监理工程师审核签字，并加盖工程监理单位公章后报建设单位。

监理工作总结应包括以下内容：工程概况；项目监理机构；建设工程监理合同履行情况；监理工作成效；监理工作中发现的问题及其处理情况；说明与建议。

3. 建设工程监理文件资料归档

建设工程监理文件资料归档内容、组卷方法应根据《建设工程监理规范》（GB/T 50319—2013）、《建设工程文件归档整理规范》（GB/T 50328—2001）以及工程所在地有关部门的规定执行。

（1）**建设工程监理文件资料编制的质量要求**

1）归档的工程文件一般应为原件。

2）工程文件的内容及其深度必须符合国家有关工程勘察、设计、施工、监理等方面的技术规范、标准和规程。

3）**工程文件的内容必须真实、准确，与工程实际相符合。**

4）工程文件应采用耐久性强的书写材料，不得使用易褪色的书写材料。

5）**工程文件应字迹清楚，图样清晰，图表整洁，签字盖章手续完备。**

6）工程文件中文字材料幅面尺寸规格宜为A4幅面。工程文件的纸张应采用能够长期保存的韧力大、耐久性强的纸张。

7）**工程文件的缩微制品，必须按国家缩微标准进行制作**，主要技术指标要符合国家标准，保证质量，以适应长期安全保管。

8）工程文件中的照片及声像档案，要求图像清晰，声音清楚，文字说明或内容准确。

9）工程文件应采用打印形式并使用档案规定用笔，手工签字，在不能使用原件时，应在复印件或抄件上加盖公章并注明原件保存处。

应用计算机辅助管理建设工程监理文件资料时，相关文件和记录经相关负责人员签字确定、正式生效并已存入项目监理机构相关资料夹时，信息管理人员应将储存在计算机中的相应文件和记录的属性改为“只读”，并将保存的目录名记录在书面文件上，以便于进行查阅。在建设工程监理文件资料归档前，不得删除计算机中保存的有效文件和记录。

（2）**建设工程监理文件资料组卷方法及要求**

1）组卷原则。组卷应遵循工程文件的自然形成规律，保持卷内文件的有机联系，便于档案的保管和利用；**一个建设工程由多个单位工程组成时，工程文件应按单位工程组卷。**

2）组卷方法。**监理文件可按单位工程、分部工程、专业、阶段等组卷。**

3）组卷要求。**案卷不宜过厚，一般不超过40mm；案卷内不应有重复文件，不同载体的文件一般应分别组卷。**

4）**卷内文件排列**。具体要求如下：

① **文字材料按事项、专业顺序排列**。同一事项的请示与批复、同一文件的印本与定稿、主件与附件不能分开，**并按批复在前、请示在后，印本在前、定稿在后，主件在前、附件在后的顺序排列。**

② **施工图按专业排列，同专业图按图号顺序排列。**

③ **既有文字材料又有图的案卷，文字材料排前，图排后。**

（3）**建设工程监理文件资料归档范围和保管期限** 建设工程监理文件资料的归档保存应严格遵循保存原件为主、复印件为辅和按照一定顺序归档的原则。《建设工程文件归档整理规范》（GB/T 50328—2001）规定的建设工程监理文件资料归档范围和保管期限见表 3-1。

表 3-1 建设工程监理文件资料归档范围和保管期限

<table>
<tr><th rowspan="2">序号</th><th rowspan="2" colspan="2">文件资料名称</th><th colspan="3">保存单位和保管期限</th></tr>
<tr><th>建设单位</th><th>监理单位</th><th>城建档案管理部门保存</th></tr>
<tr><td>1</td><td colspan="2">项目监理机构及负责人名单</td><td>长期</td><td>长期</td><td>√</td></tr>
<tr><td>2</td><td colspan="2">建设工程监理合同</td><td>长期</td><td>长期</td><td>√</td></tr>
<tr><td rowspan="3">3</td><td rowspan="3">监理规划</td><td>① 监理规划</td><td>长期</td><td>短期</td><td>√</td></tr>
<tr><td>② 监理实施细则</td><td>长期</td><td>短期</td><td>√</td></tr>
<tr><td>③ 项目监理机构总控制计划等</td><td>长期</td><td>短期</td><td>—</td></tr>
<tr><td>4</td><td colspan="2">监理月报中的有关质量问题</td><td>长期</td><td>长期</td><td>√</td></tr>
<tr><td>5</td><td colspan="2">监理会议纪要中的有关质量问题</td><td>长期</td><td>长期</td><td>√</td></tr>
<tr><td rowspan="2">6</td><td rowspan="2">进度控制</td><td>① 工程开工令/复工令</td><td>长期</td><td>长期</td><td>√</td></tr>
<tr><td>② 工程暂停令</td><td>长期</td><td>长期</td><td>√</td></tr>
<tr><td rowspan="2">7</td><td rowspan="2">质量控制</td><td>① 不合格项目通知</td><td>长期</td><td>长期</td><td>√</td></tr>
<tr><td>② 质量事故报告及处理意见</td><td>长期</td><td>长期</td><td>√</td></tr>
<tr><td rowspan="4">8</td><td rowspan="4">投资控制</td><td>① 预付款报审与支付</td><td>短期</td><td>—</td><td>—</td></tr>
<tr><td>② 月付款报审与支付</td><td>短期</td><td>—</td><td>—</td></tr>
<tr><td>③ 设计变更、洽商费用报审与签认</td><td>短期</td><td>—</td><td>—</td></tr>
<tr><td>④ 工程竣工决算审核意见书</td><td>长期</td><td>—</td><td>√</td></tr>
<tr><td rowspan="3">9</td><td rowspan="3">分包资质</td><td>① 分包单位资质材料</td><td>长期</td><td>—</td><td>—</td></tr>
<tr><td>② 供货单位资质材料</td><td>长期</td><td>—</td><td>—</td></tr>
<tr><td>③ 试验等单位资质材料</td><td>长期</td><td>—</td><td>—</td></tr>
<tr><td rowspan="3">10</td><td rowspan="3">监理通知</td><td>① 有关进度控制的监理通知</td><td>长期</td><td>长期</td><td>—</td></tr>
<tr><td>② 有关质量控制的监理通知</td><td>长期</td><td>长期</td><td>—</td></tr>
<tr><td>③ 有关投资控制的监理通知</td><td>长期</td><td>长期</td><td>—</td></tr>
<tr><td rowspan="4">11</td><td rowspan="4">合同及其他事项管理</td><td>① 工程延期报告及审批</td><td>永久</td><td>长期</td><td>√</td></tr>
<tr><td>② 费用索赔报告及审批</td><td>长期</td><td>长期</td><td>—</td></tr>
<tr><td>③ 合同争议、违约报告及处理意见</td><td>永久</td><td>长期</td><td>√</td></tr>
<tr><td>④ 合同变更材料</td><td>长期</td><td>长期</td><td>√</td></tr>
<tr><td rowspan="4">12</td><td rowspan="4">监理工作总结</td><td>① 专题总结</td><td>长期</td><td>短期</td><td>—</td></tr>
<tr><td>② 月报总结</td><td>长期</td><td>短期</td><td>—</td></tr>
<tr><td>③ 工程竣工总结</td><td>长期</td><td>长期</td><td>√</td></tr>
<tr><td>④ 质量评价意见报告</td><td>长期</td><td>长期</td><td>√</td></tr>
</table>

4. 建设工程监理文件档案资料验收与移交

（1）建设工程监理文件档案资料验收 列入城建档案管理部门接收范围的工程，建设单位在组织工程竣工验收前，应提请城建管理部门对工程档案进行验收。城建档案管理部门对需要归档的建设工程监理文件资料验收要求如下：

1）监理文件资料分类齐全，系统完整。

2）监理文件资料的内容真实，准确反映了建设工程监理活动和工程实际状况。

3）监理文件资料已整理组卷，组卷符合《建设工程文件归档整理规范》（GB/T 50328—2001）的规定。

4）监理文件资料的形成、来源符合实际，要求单位或个人签章的文件，签章手续完备。

5）文件材质、幅面、书写、绘图、用墨、托裱等符合要求。

对国家、省市重点工程项目或一些特大型、大型工程项目的预验收和验收，必须有地方城建档案管理部门参加。

（2）建设工程监理文件档案资料移交

1）列入城建档案馆（室）接收范围的工程，建设单位在工程竣工验收后3个月内必须向城建档案馆（室）移交一套符合规定的工程档案。

2）停建、缓建工程的档案暂由建设单位保管。

3）对改建、扩建和维修工程，建设单位应组织设计、施工单位据实修改、补充和完善原工程档案，对改变的部位，应当重新编制工程档案，并在工程竣工验收后3个月内向城建档案馆（室）移交。

4）建设单位向城建档案馆（室）移交工程档案的，应办理移交手续，填写移交目录，双方签字、盖章后交接。

5. 建设工程监理文件资料管理职责

建设工程监理文件资料应以施工及验收规范、工程合同、设计文件、工程施工质量验收标准、建设工程监理规范等为依据填写，并随工程进度及时收集、整理，认真书写，项目齐全、准确、真实，无未了事项。表格应采用统一格式，特殊要求需增加的表格应统一归类，按要求归档。

根据《建设工程监理规范》（GB/T 50319—2013），项目监理机构文件资料管理的基本职责如下：

1）应建立和完善监理文件资料管理制度，宜设专人管理监理文件资料。

2）应及时、准确、完整地收集、整理、编制、传递监理文件资料，宜采用信息技术进行监理文件资料管理。

3）应及时整理、分类汇总监理文件资料，并按规定组卷，形成监理档案。

4）应根据工程特点和有关规定，保存监理档案，并应向有关单位、部门移交需要存档的监理文件资料。

3.4 组织协调

组织协调是实现项目目标必不可少的方法和手段。通过组织协调，能够使影响建设工程监理目标实现各方主体有机配合、协同一致，促进建设工程监理目标的实现。

3.4.1 组织协调概述

1. 组织协调的概念

组织协调是指联结、联合、调和所有的活动及力量，使各方配合得适当。其目的是促使

各方协同一致，以实现预定目标。组织协调工作贯穿于整个建设工程监理的全过程。

建设工程系统是一个由人员、物质、信息等构成的组织系统。项目监理机构的组织协调就是在人员/人员界面、系统/系统界面和系统/环境界面之间，对所有的活动及力量进行联结、联合、调和的工作。

2. 组织协调的范围和层次

从系统方法的角度看，项目监理机构组织协调的范围可分为系统内部的协调和系统外部的协调。系统外部协调又分为近外层协调和远外层协调。

(1) 近外层协调　包括与建设单位、设计单位、总包单位和分包单位等的关系协调，工程监理单位与近外层关联单位一般有合同关系，包括直接的和间接的合同关系。工程项目实施的过程中，与近外层关联单位的联系相当密切，大量的工作需要互相支持和配合协调，能否如期实现项目监理目标，关键在于近外层协调工作做得好不好。可以说，近外层协调是所有协调工作中的重中之重。

(2) 远外层协调　远外层与项目监理单位不存在合同关系，只是通过法律、法规和社会公德来进行约束，相互支持、密切配合、共同服务于项目目标。在处理关系和解决矛盾过程中，应充分发挥中介组织和社会管理机构的作用。一个工程项目的开展还存在政府部门及其他单位的影响，如政府部门、金融组织、社会团体和新闻媒介等，对工程项目起着一定的或决定性的控制、监督、支持和帮助作用，这层关系若协调不好，工程项目实施也可能受到影响。

3.4.2 建设工程组织协调的监理工作内容

1. 项目监理机构内部协调

(1) 内部人际关系的协调　项目监理机构是由工程监理人员组成的工作体系，工作效率在很大程度上取决于人际关系的协调程度。总监理工程师应首先协调好人际关系，激励项目监理机构人员。

1) 在人员安排上要量才录用。要根据项目监理机构中每个人的专长进行安排，做到人尽其才；同时，工程监理人员的搭配应注意能力互补和性格互补，人员配置应尽可能少而精，防止力不胜任和忙闲不均现象。

2) 在工作委任上要职责分明。对项目监理机构中的每一个岗位，都要明确岗位目标和责任，应通过职位分析，使管理职能不重不漏，做到事事有人管，人人有专责，同时明确岗位职权。

3) 在绩效评价上要实事求是。要发挥民主作风，实事求是地评价工程监理人员工作绩效，以免人员无功自傲或有功受屈，使每个人热爱自己的工作，并对工作充满信心和希望。

4) 在矛盾调解上要恰到好处。人员之间的矛盾总是存在的，一旦出现矛盾，就要进行调节，要多听取项目监理机构成员的意见和建议，及时沟通，使工程监理人员始终处于团结、和谐、热情高涨的工作氛围之中。

(2) 内部组织关系的协调　项目监理机构是由若干专业组组成的工作体系。每个专业组都有自己的目标和任务。只有每个专业组都从建设工程整体利益出发，理解和履行自己的职责，整个建设工程才能处于良性状态。为此，项目监理机构内部组织关系的协调应从以下几方面进行：

1）**在目标分解的基础上设置组织机构。**根据工程特点及建设工程监理合同约定的工作内容，设置相应的管理部门。

2）**明确规定每个部门的目标、职责和权限。**最好以规章制度形式做出明确规定。

3）**事先约定各个部门在工作中的相互关系。**工程建设中的许多工作是由多个部门共同完成的，其中有主办、牵头和协作、配合之分，事先约定，可避免误事、脱节等贻误工作现象的发生。

4）**建立信息沟通制度。**如采用工作例会、业务碰头会，发送会议纪要、工作流程图、信息传递卡等来沟通信息，这样有利于从局部了解全局，服从并适应全局需要。

5）**及时消除工作中的矛盾或冲突。**坚持民主作风，注意激励各个成员的工作积极性；实行公开信息政策，让大家了解工程实际情况；经常指导工作，与项目监理机构成员一起商讨遇到的问题，多倾听他们的意见、建议，鼓励大家同舟共济。

（3）内部需求关系的协调　建设工程监理实施中有人员需求、检测试验设备需求等，而资源是有限的，因此内部需求关系的平衡至关重要。内部需求关系的协调应从以下几个环节考虑：

1）对建设工程监理检测试验设备的平衡。建设工程监理开始实施时，要做好监理规划和监理实施细则的编写工作，合理配置建设工程监理资源。

2）对工程监理人员的平衡。要抓住调度环节，注意专业监理工程师的配合。一个工程包括许多分部分项工程，其复杂性和技术要求各不相同，这就存在监理人员配备、衔接和调度的问题。工程监理人员的安排必须考虑到工程进展情况。

2. 项目监理机构近外层协调

（1）项目监理机构与建设单位的协调　项目监理机构与建设单位组织协调关系的好坏，在很大程度上决定了建设工程监理目标能否顺利实现。与建设单位的协调是建设工程监理工作的重点和难点。监理工程师应从以下几方面加强与建设单位的协调：

1）理解建设工程总目标和建设单位的意图。对于未能参加工程项目决策过程的监理工程师，必须了解项目构思的基础、起因、出发点，否则，可能会对建设工程监理目标及任务有不完整、不准确的理解，从而给监理工作造成困难。

2）利用工作之便做好建设工程监理宣传工作，增进建设单位对建设工程监理的理解，特别是对建设工程管理各方职责及监理程序的理解。主动帮助建设单位处理工程建设中的事务性工作，以自己规范化、标准化、制度化的工作去影响和促进双方工作的协调一致。

3）尊重建设单位，让建设单位一起投入工程建设全过程。尽管有预定目标，但建设工程实施必须执行建设单位指令，使建设单位满意。对建设单位提出的某些不适当要求，只要不属于原则问题，都可先执行，然后在适当时机、采取适当方式加以说明或解释；对于原则性问题，可采取书面报告等方式说明原委，尽量避免发生误解，以使建设工程顺利实施。

（2）项目监理机构与施工单位的协调　监理工程师对工程质量、造价、进度目标的控制，以及履行建设工程安全生产管理的法定职责，都是通过施工单位的工作来实现的。因此，做好与施工单位的协调工作是监理工程师组织协调工作的重要内容。与施工单位的协调应注意以下问题：一是坚持原则，实事求是，严格按规范、规程办事，讲究科学态度；二是协调不仅是方法、技术问题，更多的是语言艺术、感情交流和用权适度问题。与施工单位的协调工作内容主要有：

1）**与施工单位项目经理关系的协调。**施工项目工程师最希望监理工程师能够公平、通情达理，指令明确而不含糊，并且能及时答复所询问的问题。监理工程师既要懂得坚持原则，又善于理解施工项目经理的意见，工作方法灵活，能够随时提出或愿意接受变通办法解决问题。

2）**施工进度和质量问题的协调。**由于工程施工进度和质量的影响因素错综复杂，因而施工进度和质量问题的协调工作也十分复杂。监理工程师应采用科学的进度和质量控制方法，设计合理的奖罚机制及组织现场协调会议等协调工程施工进度和质量问题。

3）**对施工单位违约行为的处理。**在工程施工过程中，监理工程师对施工单位的某些违约行为进行处理是一件需要慎重而又难免的事情。当发现施工单位采用不适当的方法进行施工，或采用不符合质量要求的材料时，监理工程师除立即制止外，还需要采取相应的处理措施。遇到这种情况，监理工程师需要在其权限范围内采用恰当的方式及时做出协调处理。

4）**施工合同争议的协调。**对于工程施工合同争议，监理工程师应首先采用协商解决方式，协调建设单位与施工单位的关系。协商不成时，才由合同当事人申请调解，甚至申请仲裁或诉讼。遇到非常棘手的合同争议时，不妨暂时搁置等待时机，另谋良策。

5）**对分包单位的管理。**监理工程师虽然不直接与分包合同发生关系，但可对分包合同中的工程质量、进度进行直接跟踪监控，然后通过总承包单位进行调控、纠偏。分包单位在施工中发生的问题，由总承包单位负责协调处理。分包合同履行中发生的索赔问题，一般应由总承包单位负责，涉及总包合同中建设单位的义务和责任时，由总承包单位通过项目监理机构向建设单位提出索赔，由项目监理机构进行协调。

（3）项目监理机构与设计单位的协调　工程监理单位与设计单位都是受建设单位委托进行工作的，两者之间没有合同关系，因此，项目监理机构要与设计单位做好交流工作，需要建设单位的支持。

1）真诚尊重设计单位的意见，在设计交底和图纸会审时，要理解和掌握设计意图、技术要求、施工难点等，将标准过高、设计遗漏、设计图差错等问题解决在施工之前。进行结构工程验收、专业工程验收、竣工验收等工作，要邀请设计代表参加。发生质量事故时，要认真听取设计单位的处理意见等。

2）施工中发现设计问题，应及时按工作程序通过建设单位向设计单位提出，以免造成更大的直接损失。监理单位掌握比原设计更先进的新技术、新工艺、新材料、新结构、新设备时，主动通过建设单位与设计单位沟通。

3）注意信息传递的及时性和程序性。监理工作联系单、工程变更单等要按规定的程序进行传递。

3. 项目监理机构远外层协调

建设工程实施过程中，政府部门、金融组织、社会团体和新闻媒介等也会起到一定的控制、监督、支持、帮助作用，如果这些关系协调不好，建设工程实施也可能严重受阻。

（1）**与政府部门的协调**　包括与工程质量监督机构的交流和协调；建设工程合同备案；协助建设单位在征地、拆迁、移民等方面的工作争取得到政府有关部门的支持；现场消防设施的配置得到消防部门检查认可；现场环境污染防治得到环保部门认可等。

（2）**与社会团体的协调**　建设单位和项目监理机构应把握机会，争取社会各界对建设工程的关心和支持。这是一种争取良好社会环境的远外层关系的协调，建设单位应起主导作用。如果建设单位确需将部分或全部远外层关系协调工作委托工程监理单位承担，则应在建设工程监理合同中明确委托的工作和相应报酬。

3.4.3 建设工程监理组织协调的方法

1. 会议协调法

会议协调法是建设工程监理中最常用的一种协调方法，包括第一次工地会议、监理例会、专题会议等。

（1）第一次工地会议　第一次工地会议是建设工程尚未全面展开、总监理工程师下达开工令前，建设单位、工程监理单位和施工单位对各自人员及分工、开工准备、监理例会的要求等情况进行沟通和协调的会议，也是检查开工前各项准备工作是否就绪并明确监理程序的会议。**第一次工地会议应由建设单位主持，监理单位、总承包单位授权代表参加，也可邀请分包单位代表参加，必要时可邀请有关设计单位人员参加。第一次工地会议上总监理工程师应介绍监理规划的主要内容，包括监理工作的目标、范围和内容，监理工作的程序、方法和措施等；以及项目监理机构进驻现场的组织结构、人员及其职责分工；并对施工准备情况提出意见和要求。第一次工地会议纪要由项目监理机构负责起草，并经与会各方代表会签。**

（2）监理例会　监理例会是项目监理机构定期组织有关单位研究解决与监理相关问题的会议。**监理例会应由总监理工程师或其授权的专业监理工程师主持召开，宜每周召开一次。**参加人员包括：项目总监理工程师或总监理工程师代表、其他有关监理人员、施工项目经理、施工单位其他有关人员。需要时，也可邀请其他有关单位代表参加。

监理例会主要内容应包括：

1）检查上次例会议定事项的落实情况，分析未完事项原因。

2）检查分析工程项目进度计划完成情况，提出下一阶段进度目标及其落实措施。

3）检查分析工程项目质量、施工安全管理状况，针对存在的问题提出改进措施。

4）检查工程量核定及工程款支付情况。

5）解决需要协调的有关事项。

6）其他有关事宜。

（3）专题会议　**专题会议是由总监理工程师或其授权的专业监理工程师主持或参加的，**为解决建设工程监理过程中的工程专项问题而不定期召开的会议。

2. 交谈协调法

在建设工程监理实践中，并不是所有问题都需要开会来解决，有时可采用“交谈”的方法进行协调。交谈包括面对面的交谈和电话、电子邮件等形式。无论是内部协调还是外部协调，交谈协调法的使用频率是相当高的。由于交谈本身没有合同效力，而且具有方便、及时等特性，因此，工程参建各方之间及项目监理机构内部都愿意采用这一方法进行协调。此外，相对于书面寻求协作而言，人们更难于拒绝面对面的请求。因此，采用交谈方式请求协作和帮助比采用书面方法实现的可能性要大。

3. 书面协调法

当会议或者交谈不方便或不需要时，或者需要精确地表达自己的意见时，就会采用书面协调的方法。**书面协调法的特点是具有合同效力，**一般常用于以下几方面：

1）不需双方直接交流的书面报告、报表、指令和通知等。

2）需要以书面形式向各方提供详细信息和情况通报的报告、信函和备忘录等。

3）事后对会议记录、交谈内容或口头指令的书面确认。

4. 访问协调法

访问协调法主要用于外部协调，有走访和邀访两种形式。走访是指监理工程师在建设工程施工前或施工过程中，对与工程施工有关的各政府部门、公共事业机构、新闻媒介或工程毗邻单位等进行访问，向他们解释工程的情况，了解他们的意见。邀访是指监理工程师邀请上述各单位（包括业主）代表到施工现场对工程进行指导性巡视，了解现场工作。

5. 情况介绍法

情况介绍法通常与其他协调方法是紧密结合在一起的，它可能是在一次会议前，或是一次交谈前，或是一次走访或邀访前，向对方进行情况介绍。形式上主要是口头的，有时也伴有书面的。

3.5 安全生产管理

3.5.1 安全生产管理概述

1. 安全生产管理制度

《建筑法》《安全生产法》《安全生产许可证条例》《建筑施工企业安全生产许可证管理规定》等法律法规对建设工程安全生产管理行为进行了全面的规范，确立了一系列建设工程安全生产管理制度。

（1）建筑施工企业安全生产许可制度　为了严格规范建筑施工企业安全生产条件，进一步加强安全生产监督管理，防止和减少生产安全事故，建设部根据《安全生产许可证条例》《建设工程安全生产管理条例》等有关行政法规，于2004年制定了《建筑施工企业安全生产许可证管理规定》。国家对建筑施工企业实行安全生产许可制度。建筑施工企业未取得安全生产许可证的，不得从事建筑施工活动。

（2）建筑施工企业三类人员考核任职制度　依据《建筑施工企业主要负责人、项目负责人和专职安全生产管理人员安全生产考核管理暂行规定》的通知，为贯彻落实《安全生产法》《建筑工程安全生产管理条例》和《安全生产许可证条例》，提高建筑施工企业主要负责人、项目负责人和专职安全生产管理人员的安全生产知识水平和管理能力，保证建筑施工安全生产，对建筑施工企业上述三类人员进行考核认定，三类人员应当经建设行政主管部门或者其他有关部门考核合格后方可任职，考核内容主要是安全生产知识和安全管理能力。

建筑施工企业主要负责人是指对本企业日常生产经营活动和安全生产工作全面负责有生产经营决策权的人员。包括企业法定代表人、经理、企业分管安全生产工作的副经理等。建筑施工企业项目负责人是指由企业法定代表人授权，负责建设工程项目管理的负责人等。建筑施工企业专职安全生产管理人员是指在企业中专职从事安全生产管理工作的人员。包括企业安全生产管理机构的负责人及其工作人员和施工现场专职安全员。

（3）政府安全生产监督检查制度　依据《建筑安全生产监督管理规定》的内容，建筑安全生产监督管理是指各级人民政府建设行政主管部门及其授权的建筑安全生产监督机构，对于建筑安全生产所实施的行业监督管理。凡从事房屋建筑、土木工程、设备安装、管线敷设等施工和构配件生产活动的单位及个人，都必须接受建设行政主管部门及其授权的建筑安全生产监督机构的行业监督管理，并依法接受国家安全监察。

建筑安全生产监督管理根据“管生产必须管安全”的原则，贯彻“预防为主”的方针，依靠科学管理和技术进步，推动建筑安全生产工作的开展，控制人身伤亡事故的发生。

(4) 安全生产责任制度　安全生产责任制度就是对各级负责人、各职能部门以及各类施工人员在管理和施工过程中，应当承担的责任做出明确的规定。具体来说，就是将安全生产责任分解到施工单位的主要负责人、项目负责人、班组长以及每个岗位的作业人员身上。安全生产责任制度是施工企业最基本的安全管理制度。主要内容如下：

1）安全生产责任制度主要包括施工企业负责人和其他副职的安全责任，项目负责人（项目经理）的安全责任，生产、技术、材料等各职能管理负责人及其工作人员的安全责任，技术负责人（工程师）的安全责任、专职安全生产管理人员的安全责任、施工员的安全责任、班组长的安全责任和岗位人员的安全责任等。

2）项目对各级、各部门安全生产责任制应规定检查和考核办法，并按规定期限进行考核，对考核结果及执行情况应有记录。

3）项目在签订承包合同中必须有安全生产工作的具体指标和要求。工地由多个单位施工时，总分包单位在签订分包合同的同时要签订安全生产合同（协议），签订合同前要检查分包单位的营业执照、企业资质证、安全资格证等。分包队伍的资质应与工程要求相符，在安全合同中应明确总分包单位各自的安全职责。

4）项目的主要工种应有相应的安全技术操作规程。一般应包括砌筑、抹灰、混凝土、木作、钢筋、机械、电气焊、起重、信号指挥、吊装、架子、水暖、油漆等工种，特种作业应另行补充。应将安全技术操作规程列为日常安全活动和安全教育的主要内容，并应悬挂在操作岗位前。

(5) 安全生产教育培训制度　安全生产教育培训工作是实现安全生产的一项重要基础工作。施工单位应当建立健全安全生产教育培训制度，加强对职工安全生产的教育培训管理，从资金、人力、物力和时间等方面给予保证，确保安全教育培训的质量和覆盖面。

(6) 依法批准开工报告的建设工程和拆除工程备案制度

1）建设工程备案制度。依法批准开工报告的建设工程，建设单位应当自开工报告批准之日起15日内，将保证安全施工的措施报送建设工程所在地的县级以上地方人民政府建设行政主管部门或者其他有关部门备案。

2）拆除工程备案制度。建设单位应当将拆除工程发包给具有相应资质等级的施工单位。建设单位应当在拆除工程施工前15日内，将下列资料报送建设工程所在的县级以上地方人民政府建设行政主管部门或者其他有关部门备案。备案需提供资料主要有：施工单位资质等级证明；拟拆除建筑物、构筑物及可能危及毗邻建筑的说明；拆除工程的施工组织方案；堆放、清除废弃物的措施等方面材料。实施爆破作业的，应当遵守国家有关民用爆炸物品管理的规定。

(7) 特种作业人员持证上岗制度　《建设工程安全生产管理条例》规定，垂直运输机械作业人员、起重机械安装拆卸工、爆破作业人员、起重信号工、登高架设作业人员等特种作业人员，必须按照国家有关规定经过专门的安全作业培训，并取得特种作业操作资格证书后，方可上岗作业。

对于未经培训考核即从事特种作业的，《建设工程安全生产管理条例》规定了行政处罚

条例，造成重大安全事故，构成犯罪的，对直接责任人员，依照《刑法》的有关规定追究刑事责任。

（8）专项施工方案专家认证审查制度　依据《建设工程安全生产管理条例》规定，施工单位应当在施工组织设计中编制安全技术措施和施工现场临时用电方案，对下列达到一定规模的危险性较大的分部分项工程编制专项施工方案，并附安全验算结果，经施工单位技术负责人、总监理工程师签字后实施，由专职安全生产管理人员进行现场监督。

1）基坑支护与降水工程。

2）土方开挖工程。

3）模板工程。

4）起重吊装工程。

5）脚手架工程。

6）拆除、爆破工程。

7）国务院建设行政主管部门或者其他有关部门规定的其他危险性较大的工程。

对上述所列工程中涉及深基坑、地下暗挖工程、高大模板工程的专项施工方案，施工单位还应当组织专家进行论证、审查。

（9）施工起重机械使用登记制度　《建设工程安全生产管理条例》规定，施工单位应当自施工起重机械和整体提升脚手架、模板等自升式架设设施验收合格之日起三十日内，向建设行政主管部门或者其他有关部门登记。登记标志应当置于或者附着于该设备的显著位置。

（10）危及施工安全的工艺、设备、材料淘汰制度　《建设工程安全生产管理条例》规定，国家对严重危及施工安全的工艺、设备、材料实行淘汰制度。具体目录由国务院建设行政主营部门会同国务院其他有关部门制定并公布。

对于已经公布的严重危及施工安全的工艺、设备和材料，建设单位和施工单位都应当严格遵守和执行，不得继续使用此类工艺和设备，也不得转让他人使用。

（11）施工现场消防安全责任制度

1）施工现场都要建立、健全防火检查制度。

2）建立义务消防队，人数不少于施工总人员的10%。

3）建立动用明火审批制度，按规定划分级别，审批手续完善，并有监护措施。

（12）生产安全事故报告制度　《建设工程安全生产管理条例》规定，施工单位发生生产安全事故，应当按照国家有关伤亡事故报告和调查处理的规定，及时、如实地向负责安全生产监督管理的部门、建设行政主管部门或者其他有关部门报告；特种设备发生事故的，还应当同时向特种设备安全监督管理部门报告。接到报告的部门应当按照国家有关规定，如实上报。

（13）生产安全事故应急救援制度　《建设工程安全生产管理条例》规定如下：

1）县级以上地方人民政府建设行政主管部门应当根据本级人民政府的要求，制定本行政区域内建设工程特大生产安全事故应急救援预案。

2）施工单位应当制定本单位生产安全事故应急救援预案，建立应急救援组织或者配备应急救援人员，配备必要的应急救援器材、设备，并定期组织演练。

3）施工单位应当根据建设工程施工的特点、范围，对施工现场易发生重大事故的部位、环节进行监控，制定施工现场生产安全事故应急救援预案。

4）工程项目经理部应针对可能发生的事故制定相应的应急救援预案，准备应急救援的物资，并在事故发生时组织实施，防止事故扩大，以减少伤害和环境影响。

（14）意外伤害保险制度 《建筑法》规定，建筑职工意外伤害保险是法定的强制性保险，也是保护建筑业从业人员合法权益，转移企业事故风险，增强企业预防和控制事故能力，促进企业安全生产的重要手段。

《建设部关于加强建筑意外伤害保险工作的指导意见》，从九个方面对加强和规范建筑意外伤害保险工作提出了较详尽的规定，明确了建筑施工企业应当为施工现场从事施工作业和管理的人员，在施工活动过程中发生的人身意外伤亡事故提供保障，办理建筑意外伤害保险、支付保险费，范围应当覆盖工程项目。同时，还对保险期限、金额、保费、投保方式、索赔、安全服务及行业自保等都提出了指导性意见。

2. 安全生产责任体系

《建设工程安全生产管理条例》对建设单位、勘察单位、设计单位、施工单位、工程监理及其他与建设工程安全生产有关的单位所承担的建设工程安全生产责任做出了明确规定。

（1）**建设单位的安全责任** 建设单位在工程建设中居主导地位，对建设工程的安全生产负有重要责任。**建设单位应在工程概算中确定并提供安全作业环境和安全施工措施费用；**不得要求勘察、设计、施工、工程监理等单位违反国家法律、法规和工程建设强制性标准的规定，不得任意压缩合同约定的工期；有义务向施工单位提供工程所需的有关资料；有责任将安全施工措施报送有关主管部门备案；应当将拆除工程发包给有建筑业企业资质的施工单位等。

（2）**工程监理单位的安全责任** 工程监理单位是建设工程安全生产的重要保障。**监理单位应审查施工组织设计中的安全技术措施或专项施工方案是否符合工程建设强制性标准，发现存在安全事故隐患时，应当要求施工单位整改或暂停施工并报告建设单位。施工单位拒不整改或者拒不停止施工的，应当及时向有关主管部门报告。监理单位应当按照法律、法规和工程建设强制性标准实施监理，并对建设工程安全生产承担监理责任。**

（3）勘察、设计单位的安全责任 勘察单位应当按照相关法律法规和工程建设强制性标准进行勘察，提供的勘察文件应当真实、准确，满足建设工程安全生产的需要。在勘察作业时，应当严格执行操作规程，采取措施保证各类管线、设施和周边建筑物、构筑物的安全。

设计单位应当按照相关法律法规和建设工程强制性标准进行设计，应当考虑施工安全操作和防护的需要，对涉及施工安全的重点部位和环节在设计文件中予以注明，并对防范生产安全事故提出指导意见。**对采用新结构、新材料、新工艺的建设工程和特殊结构的建设工程，设计单位应当在设计中提出保障施工作业人员安全和预防生产安全事故的措施建议。**设计单位和注册建筑师等注册执业人员应当对其设计负责。

（4）**施工单位的安全责任** 施工单位在建设工程安全生产中处于核心地位。**施工单位主要负责人依法对本单位的安全生产工作全面负责。施工单位应当设立安全生产管理机构，配备专职安全管理人员，**应当在施工前向作业班组和人员做出安全施工技术要求的详细说明，应当对因施工可能造成损害的毗邻建筑物、构筑物和地下管线采取专项防护措施，应当向作业人员提供安全防护用具和安全防护服装，并书面告知危险岗位操作规程。施工单位应

对施工现场安全警示标志使用、作业和生活环境等进行管理，应在施工起重机械和整体提升脚手架、模板等自升式架设设施验收合格后进行登记。施工单位对列入建设工程概算的安全作业环境及安全施工措施所需费用，应当用于施工安全防护用具及设施的采购和更新、安全施工措施的落实、安全生产条件的改善，不得挪作他用。

建设工程实行施工总承包的，由总承包单位对施工现场的安全生产负总责。总承包单位和分包单位对分包工程的安全生产承担连带责任。分包单位应当服从总承包单位的安全生产管理，分包单位不服从管理导致生产安全事故的，由分包单位承担主要责任。

施工单位在使用施工起重机械和整体提升脚手架、模板等自升式架设设施前，应当组织有关单位进行验收，也可以委托具有相应资质的检验检测机构进行验收；使用承租的机械设备和施工机具及配件的，由施工总承包单位、分包单位、出租单位和安装单位共同进行验收，验收合格的方可使用。

（5）其他参与单位的安全责任

1）提供机械设备和配件的单位应当按照安全施工的要求配备齐全有效的保险、限位等安全设施和装置。

2）出租机械设备和施工机具及配件的单位应当具有生产（制造）许可证、产品合格证；应当对出租的机械设备和施工机具及配件的安全性能进行检测，在签订租赁协议时，应当出具检测合格证明；禁止出租检测不合格的机械设备和施工机具及配件。

3）拆装单位在施工现场安装、拆卸施工起重机械和整体提升脚手架、模板等自升式架设设施必须具有相应等级的资质。安装、拆卸施工起重机械和整体提升脚手架、模板等自升式架设设施，应当编制拆装方案，制定安全施工措施，并由专业技术人员现场监督。

施工起重机械和整体提升脚手架、模板等自升式架设设施安装完毕后，安装单位应当自检，出具自检合格证明，并向施工单位进行安全使用说明，办理签字验收手续。

4）检验检测机构对检测合格的施工起重机械和整体提升脚手架、模板等自升式架设设施，应当出具安全合格证明文件，并对检测结果负责。

3.5.2 建设工程安全生产管理的监理工作内容

项目监理机构应根据法律、法规和工程建设强制性标准，履行建设工程安全生产管理的监理职责，并将安全生产管理的监理工作内容、方法和措施纳入监理规划或监理实施细则。

1. 施工单位安全生产管理体系的审查

《建设工程监理规范》和《关于落实建设工程安全生产监督责任的若干意见》规定，项目监理机构应对施工单位的管理制度、人员资格及验收手续进行监督检查，具体内容包括：

1）审查施工单位现场安全生产规章制度的建立和实施情况。

2）审查施工单位安全生产许可证的符合性和有效性。

3）审查施工单位项目经理，专职安全生产管理人员和特种作业人员的资格。

4）核查包括施工起重机械和整体提升脚手架、模板等自升式架设设施等在内的施工机械和设施的安全许可验收手续。

2. 专项施工方案的审查和监督实施

（1）专项施工方案的审查 《建设工程监理规范》规定，项目监理机构应审查施工单位报审的专项施工方案，符合要求的，应由总监理工程师签认后报建设单位。超过一定规模的危险性较大的分部分项工程的专项施工方案，应检查施工单位组织专家进行论证、审查的情况，以及是否附具安全验算结果。

专项施工方案审查应包括以下基本内容：

1）编审程序应符合相关规定。专项施工方案由施工项目经理组织编制，经施工单位技术负责人签字后，才能报送项目监理机构审查。

2）安全技术措施应符合工程建设强制性标准。审查施工单位提交的施工组织设计，重点审查其中的质量安全技术措施、专项施工方案与工程建设强制性标准的符合性。

（2）专项施工方案的监督实施　《建设工程监理规范》规定，项目监理机构应要求施工单位按已批准的专项施工方案组织施工。专项施工方案需要调整时，施工单位应按程序重新提交项目监理机构审查。

项目监理机构应巡视检查危险性较大的分部分项工程专项施工方案实施情况。发现未按专项施工方案实施时，应签发监理通知单，要求施工单位按专项施工方案实施。

3. 安全事故隐患的处理

《建设工程监理规范》规定，项目监理机构在实施监理过程中，发现工程存在安全事故隐患时，应签发监理通知单，要求施工单位整改；情况严重的，应签发工程暂停令，并应及时报告建设单位。施工单位拒不整改或不停止施工时，项目监理机构应及时向有关主管部门报送监理报告。

3.5.3 建设工程安全事故的处理

1. 安全事故等级划分

《生产安全事故报告和调查处理条例》规定，根据生产安全事故（以下简称事故）造成的人员伤亡或者直接经济损失，事故一般分为以下等级：

1）特别重大事故，是指造成30人以上死亡，或者100人以上重伤（包括急性工业中毒，下同），或者1亿元以上直接经济损失的事故。

2）重大事故，是指造成10人以上30人以下死亡，或者50人以上100人以下重伤，或者5000万元以上1亿元以下直接经济损失的事故。

3）较大事故，是指造成3人以上10人以下死亡，或者10人以上50人以下重伤，或者1000万元以上5000万元以下直接经济损失的事故。

4）一般事故，是指造成3人以下死亡，或者10人以下重伤，或者1000万元以下直接经济损失的事故。

2. 安全事故的报告程序

1）事故发生后，事故现场有关人员应当立即向本单位负责人报告；单位负责人接到报告后，应当于1h内向事故发生地县级以上人民政府安全生产监督管理部门和负有安全生产监督管理职责的有关部门报告。

情况紧急时，事故现场有关人员可以直接向事故发生地县级以上人民政府安全生产监督管理部门和负有安全生产监督管理职责的有关部门报告。

2）安全生产监督管理部门和负有安全生产监督管理职责的有关部门接到事故报告后，应当上报事故情况，并通知公安机关、劳动保障行政部门、工会和人民检察院。

3）安全生产监督管理部门和负有安全生产监督管理职责的有关部门逐级上报事故情况，每级上报的时间不得超过2小时。

4）报告事故应当包括下列内容：

① 事故发生单位概况。

② 事故发生的时间、地点以及事故现场情况。

③ 事故的简要经过。

④ 事故已经造成或者可能造成的伤亡人数（包括下落不明的人数）和初步估计的直接经济损失。

⑤ 已经采取的措施。

⑥ 其他应当报告的情况。

5）事故报告后又出现新情况的，应当及时补报。

3. 安全事故的调查与处理

（1）安全事故的调查　事故调查的目的主要是为了弄清事故的情况，从思想、管理和技术等方面查明事故原因，分清事故责任，提出有效改进措施，从中吸取教训，防止类似事故重复发生。

根据事故的具体情况，事故调查组由有关人民政府、安全生产监督管理部门、负有安全生产监督管理职责的有关部门、监察机关、公安机关以及工会派人组成，并应当邀请人民检察院派人参加。事故调查组可以聘请有关专家参与调查。

事故调查组的职责包括下列内容：

1）查明事故发生的经过、原因、人员伤亡情况及直接经济损失。

2）认定事故的性质和事故责任。

3）提出对事故责任者的处理建议。

4）总结事故教训，提出防范和整改措施。

5）提交事故调查报告。

事故调查报告应当包括下列内容：

1）事故发生单位概况。

2）事故发生经过和事故救援情况。

3）事故造成的人员伤亡和直接经济损失。

4）事故发生的原因和事故性质。

5）事故责任的认定以及对事故责任者的处理建议。

6）事故防范和整改措施。

事故调查报告应当附具有关证据材料。事故调查工作结束后，事故调查的有关资料应当归档保存。

（2）安全事故的处理　建设工程安全事故发生后，监理工程师应当按以下程序进行处理：

1）建设工程安全事故发生后，总监理工程师应签发工程暂停令，并要求施工单位必须立即停止施工。施工单位应立即实行抢救伤员、排除险情，采取必要的措施，防止事故扩大，并做好标识，保护好现场。同时，要求发生安全事故的施工总承包单位迅速按安全事故类别和等级向相应的政府主管部门上报，并及时写出书面报告。

2）监理工程师在事故调查组展开工作后，应积极协助，客观地提供相应证据，若监理方无责任，监理工程师可应邀参加调查组，参与事故调查；若监理方有责任，则应回避，但应配合调查组工作。

3）监理工程师接到安全事故调查组提出的处理意见涉及技术处理时，可组织相关单位研究，并要求相关单位完成技术处理方案。必要时，应征求设计单位意见，技术处理方案必须依据充分，应在安全事故的部位、原因全部查清的基础上进行，必要时组织专家进行论证，以保证技术处理方案可靠、可行，保证施工安全。

4）技术处理方案核签后，监理工程师应要求施工单位制定详细的施工方案。必要时监理工程师应编制监理实施细则，对工程安全事故技术处理的施工过程进行重点监控，对关键部位和关键工序应派专人进行监控。

5）施工单位完成自检后，监理工程师应组织相关各方进行检查验收，必要时进行处理结果鉴定。要求事故单位整理编写安全事故处理报告，并审核签认，进行资料归档。

6）签发工程复工令，恢复正常施工。

安全生产监督管理部门和负有安全生产监督管理职责的有关部门，应当对事故发生单位落实防范和整改措施的情况进行监督检查。

思考题

1. 建设工程三大目标之间的关系是什么？
2. 建设工程三大目标控制的任务和措施有哪些？
3. 项目监理机构在处理工程变更、索赔及施工合同争议等方面的合同管理职责有哪些？
4. 《建设工程监理合同（示范文本）》（GF—2012—0202）规定的双方当事人的责任和义务有哪些？
5. BIM 技术有哪些特点？可在工程项目管理中应用于哪些方面？
6. 建设工程监理基本表式有哪几类？应用时应注意什么？
7. 建设工程监理文件资料的归档要求有哪些？
8. 项目监理机构对监理文件资料的管理职责有哪些？
9. 项目监理机构组织协调的内容和方法有哪些？
10. 安全生产管理的监理工作内容有哪些？

第 4 章　建设工程质量控制

[学习目标]

掌握建设工程质量控制的任务和措施，建设工程质量管理制度，建设工程质量责任体系及建设工程质量缺陷及事故的处理。

熟悉建设工程施工阶段质量控制的具体工作内容、程序及方法，建设工程施工质量验收的规定及检验批、分部工程、分项工程、单位工程质量验收程序。

了解建设工程质量和质量控制的相关理论基础，建设工程勘察设计和保修阶段的质量管理工作内容。

4.1　建设工程质量控制概述

4.1.1　建设工程质量的概念

1. 质量的概念

质量是一组固有特性满足要求的程度。对质量的理解应把握以下几点：

1）质量不仅是产品质量，也可以是某项活动或过程的工作质量。

2）特性是指可区分的性质。特性可以是固有的或赋予的，也可以是定性或定量的。

3）满足要求就是应满足明示的、隐含的或必须履行的需要和期望。

4）顾客或其他相关方对产品、过程或体系的质量要求是动态的、发展的和相对的。

2. 建设工程质量的概念

建设工程质量是指建设工程满足建设单位要求的，符合国家法律、法规、技术规范、标准、设计文件及合同规定的特性总和。

建设工程作为一种特殊的产品，除具有一般产品共有的质量特性外，还具有特定的内涵，主要表现在以下几个方面：

1）适用性。即功能，是指工程满足使用目的的各种性能。包括平面布置的合理性、空间布置的合理性、建筑物理功能（采光、通风、隔声、隔热）、生产和生活使用功能等。

2）耐久性。即寿命，是指工程在规定的条件下，满足规定功能要求使用的年限，也就是工程竣工后的合理使用年限。

3）安全性。是指工程建成后在使用过程中保证结构安全，人身和环境免受危害的程度。建设工程产品的结构安全度、抗震、耐火及防火能力，抗辐射、抗核污染、抗冲击波等能力能否达到特定的要求，都是安全性的重要标志。

4）可靠性。是指工程在规定的时间和条件下完成规定功能的能力。工程不仅要求在竣工验收时要达到规定的指标，而且在一定的使用期限内要保持应有的正常功能。

5）经济性。是指工程从规划、勘察、设计、施工到整个产品使用寿命周期内的成本和消耗的费用。工程经济性具体表现为设计成本、施工成本和运营成本之和。

6）节能性。是指工程在设计与建造过程及运营过程中满足节能减排、降低能耗的标准和有关要求的程度。

7）与环境的协调性。是指工程与其周围生态环境，所在地区经济环境以及周围已建工程相协调，以适应可持续发展的要求。

上述七个方面的质量特性彼此之间是相互依存的。总体而言，适用、耐久、安全、可靠、经济、节能、与环境的协调，都是必须达到的基本要求，缺一不可。但是对于不同门类、不同专业的工程，可根据其所处的特定地域环境条件、技术经济条件，有不同的侧重面。

4.1.2　建设工程质量的特点

建设工程（产品）及其生产的特点：一是产品的固定性，生产的流动性；二是产品多样性，生产的单件性；三是产品形体庞大、高投入、生产周期长、高风险性；四是产品的社会性，生产的外部约束性。正是由于上述建设工程（产品）及其生产的特点而形成了工程质量本身的以下特点。

(1) 影响因素多　建设工程质量受到多种因素影响，如决策、设计、材料、机械、环境、施工工艺、管理制度、人员素质等均直接或间接地影响工程质量。

(2) 质量波动大　不像一般工业产品会制造出相同系列规格和相同功能的产品，建设工程产品都是单件生产。由于影响工程质量的偶然性因素和系统性因素比较多，其中任一因素发生变动，都会使工程质量产生波动。因此，要严防出现系统性因素的质量变异，要把质量波动控制在偶然性因素范围内。

(3) 质量的隐蔽性　建设工程项目施工过程中，由于工序交接多、中间产品多、隐蔽工程多，因此质量存在隐蔽性。若不及时检查并发现其中存在的问题，就可能留下质量隐患。

(4) 终检的局限性　建设工程项目建成后，不可能像一般工业产品通过解体或拆卸来检查内在质量，因此，工程项目终检（竣工验收）无法发现隐蔽的质量缺陷。

(5) 评价方法的特殊性　工程质量的检查评定及验收是按检验批、分项工程、分部工程、单位工程进行的，是在施工单位按合格质量标准自行检查评定的基础上，由建设单位组织有关单位进行确认和验收。这种评价方法体现了“验评分离、强化验收、完善手段、过程控制”的指导思想。

4.1.3　建设工程质量的形成过程与影响因素

1. 建设工程质量的形成过程

工程建设的不同阶段，对建设工程质量的形成有着不同的作用和影响。

(1) 项目可行性研究阶段　主要是通过项目的可行性研究，确定其建设的可行性，并通过多方案比较，从中选择最佳建设方案作为项目决策和设计的依据。在该阶段，需要确定工程项目的质量要求，并与投资目标相协调。因此，项目的可行性研究会直接影响项目的决策质量和设计质量。

(2) 项目决策阶段　主要是通过项目可行性研究和项目评估，使项目的建设充分反映建设单位的意愿，并与环境相适应，做到投资、质量、进度目标的统一协调。因此，**在项目决策阶段，对工程质量的影响主要是确定工程项目应达到的质量目标和水平。**

(3) 工程勘察设计阶段　工程勘察是为工程设计和施工提供地质资料；而工程设计使得质量目标得以具体化，是决定工程质量的关键环节。设计的严密性、合理性决定了工程建设的成败，是建设工程的安全、适用、经济与环境保护等措施得以实现的保证。

(4) 工程施工阶段　工程施工活动决定了设计意图能否体现，它直接关系到工程的安全可靠性，使用功能的实现，以及外表观感能否体现建筑设计的艺术水平。因此，工程施工是形成实体质量的决定性环节。

(5) 工程竣工验收阶段　主要是通过检查评定、试车运转等对项目质量是否达到设计要求，是否符合决策阶段确定的质量目标进行评价，并通过验收确保工程质量。因此，工程竣工验收对质量的影响是为了保证最终产品的质量。

2. 建设工程质量的影响因素

影响建设工程质量的因素很多，但归纳起来主要有五个方面，即人（Man）、材料（Material）、机械（Machine）、方法（Method）和环境（Environment），简称4M1E。

(1) 人员素质　在工程项目中的人员包括决策者、管理者和操作者。人是生产经营活动的主体，对工程质量产生重要影响。为了保证人员素质，建筑业实行企业资质管理和各类从业人员持证上岗制度。

(2) 工程材料　工程材料的选用是否合理、产品是否合格、材质是否经过检验、保管是否得当，将直接影响建设工程的结构特性，影响工程外表及观感，使用功能及使用安全等方面的质量要求。

(3) 机械设备　机械设备包括两类：一类是指组成工程实体及配套的工艺设备和各类机具，这些生产设备在使用过程中会形成完整的使用功能；另一类是指施工过程中使用的各类机械设备，它们是施工生产的手段，其类型是否符合工程施工特点、性能是否先进稳定、操作是否方便安全等，都会影响工程项目的质量。

(4) 工艺方法　在工程施工中，施工方案是否合理、施工工艺是否先进、施工操作是否正确等，都将对工程质量产生重要影响。

(5) 环境条件　对工程质量产生重要影响的因素包括工程技术环境、工程作业环境、工程管理环境和周边环境等。

4.1.4 建设工程质量控制的概念、主体及原则

1. 建设工程质量控制的概念

质量控制是指为达到质量要求所采取的作业技术和活动。

建设工程质量控制是指致力于满足工程项目质量要求，也就是为了保证工程质量满足工程合同、法律、法规、规范、标准和相关文件的要求，所采取的一切措施、方法和手段。

2. 建设工程质量控制的主体

建设工程质量控制贯穿于工程项目实施的全过程。建设工程质量控制按其实施主体不同，分为自控主体和监控主体。具体而言，主要包括以下几个方面。

（1）政府的工程质量控制　政府属于监控主体，它主要是以法律法规为依据，通过抓工程报建、施工图设计文件审查、施工许可、材料和设备准用、工程质量监督、工程竣工验收备案等主要环节实施监控。

（2）建设单位的工程质量控制　建设单位属于监控主体。按工程质量形成过程，建设单位的质量控制贯穿建设全过程的各阶段。

1）决策阶段的质量控制。主要是通过项目的可行性研究，选择最佳建设方案，使项目的质量要求符合建设单位的意图，并与投资目标相协调，与所在地区环境相协调。

2）勘察设计阶段的质量控制。主要是选择勘察设计单位，保证工程设计符合决策阶段确定的质量要求，符合有关技术规范和标准的规定，符合现场施工的实际条件，其深度能满足施工需要。

3）施工阶段的质量控制。一是择优选择能保证工程质量的施工单位；二是择优选择服务质量好的监理单位，委托其严格监督施工单位按图施工，并形成符合合同文件规定质量要求的最终建设产品。

（3）工程监理单位的质量控制　工程监理单位属于监控主体，主要是受建设单位的委托，根据法律法规、工程建设标准、勘察设计文件及合同，制定和实施相应的监理措施，采用旁站、巡视、平行检验和见证取样等检查验收方式，代表建设单位在施工阶段对工程质量进行监督和控制，以满足建设单位对工程质量的要求。

（4）勘察设计单位的质量控制　勘察设计单位属于自控主体，是以法律、法规及合同为依据，对勘察设计的整个过程进行控制，包括工作质量和成果文件质量的控制，确保提交的勘察设计文件所包含的功能和使用价值满足建设单位的要求。

（5）施工单位的质量控制　施工单位属于自控主体，是以工程合同、设计图和技术规范为依据，对施工准备阶段、施工阶段、竣工验收交付阶段等施工全过程的工作质量和工程质量进行控制，以达到施工合同文件规定的质量要求。

3. 建设工程质量控制的原则

监理工程师在建设工程质量控制过程中，应遵循以下原则：

（1）坚持质量第一的原则　建设工程质量不仅关系工程的适用性和项目投资效果，而且关系到人民群众生命财产安全。因此，监理工程师在进行质量、投资、进度三大目标控制时，应坚持“百年大计，质量第一”，在工程建设中始终把“质量第一”作为对工程质量控制的基本原则。

（2）坚持以人为核心的原则　工程建设中各单位、各部门、各岗位人员的工作质量直接和间接地影响工程质量。因此，在工程质量控制中，要以人为核心，重点控制人的素质和行为，充分发挥人的积极性和创造性，以人的工作质量保证工程质量。

（3）坚持以预防为主的原则　工程质量控制应该是积极主动的，应事先对影响质量的各种因素加以控制，而不能等问题出现再进行处理。要重点做好质量的事先控制和事中控制，以预防为主，加强过程和中间产品的质量检查和控制。

（4）以合同为依据，坚持质量标准的原则　质量标准是评价产品质量的尺度，工程质

量是否符合合同规定的质量标准要求，应通过质量检验并与质量标准对照。符合质量标准要求才是合格的，不符合质量标准要求的，必须返工处理。

(5) 坚持科学、公平、守法的职业道德规范 在工程质量控制中，项目监理单位必须坚持科学、公平、守法的职业道德规范，要尊重科学，尊重事实，以数据为依据，客观、公平地进行质量问题的处理。要坚持原则，遵纪守法，秉公监理。

4.1.5 建设工程质量控制的任务和措施

1. 建设工程质量控制任务

1）审查施工单位现场的质量保证体系。包括质量管理组织结构、管理制度及专职管理人员和特种作业人员的资格。

2）审查施工组织设计，(专项) 施工方案。

3）审查工程使用的新材料、新工艺、新技术、新设备的质量认证材料和相关验收标准的适用性。

4）检查、复核施工控制测量成果及保护措施。

5）审查分包单位资格，检查施工单位为工程提供服务的实验室。

6）审查施工单位用于工程的材料、构配件、设备的质量证明文件，并按要求对用于工程的材料进行见证取样、平行检验，对施工质量进行平行检验。

7）审查影响工程质量的计量设备的检查和检定报告。

8）采用旁站、巡视检查、平行检验等方式对施工过程进行检查监督。

9）对隐蔽工程、检验批、分项工程和分部工程进行验收。

10）对质量缺陷、质量问题、质量事故及时进行处置和检查验收。

11）对单位工程进行竣工验收，并组织工程竣工预验收。

12）参加工程竣工验收，签署建设工程监理意见。

2. 建设工程质量控制措施

1）组织措施。建立健全项目监理机构，完善职责分工，制定有关质量监督制度，落实质量控制责任，严格质量控制工作流程，制定质量控制协调程序。

2）技术措施。协助完善质量保证体系；严格事前、事中和事后的质量检查监督。

3）经济措施。达到建设单位特定质量目标要求的，按合同支付工程质量补偿金或奖金。

4）合同措施。严格质量检查和验收，不符合合同规定质量要求的，拒付工程款。

4.2 建设工程质量管理制度

4.2.1 建设工程质量监督制度

建设工程质量必须实行政府监督管理。政府对工程质量的监督管理主要以保证工程使用安全和环境质量为主要目的，以法律、法规和强制性标准为依据，以地基基础、主体结构、环境质量和与此有关的工程建设各方主体的质量行为为主要内容，以施工许可制度和竣工验收备案制度为主要手段。

建设工程质量监督管理的主体是各级政府建设行政主管部门和其他有关部门。具体实施由建设行政主管部门或其他有关部门委托的工程质量监督机构负责。工程质量监督机构的主要任务：

1）根据政府主管部门的委托，受理建设工程项目的质量监督。

2）制定质量监督方案。

3）检查施工现场工程建设各方主体的质量行为；检查施工现场工程建设各方主体及有关人员的资质或资格；检查勘察、设计、施工、监理单位的质量管理体系和质量责任制落实情况；检查有关质量文件、技术资料是否齐全并符合规定。

4）检查建设工程实体质量。按照质量监督工作方案，对建设工程地基基础、主体结构和其他涉及结构安全的关键部位进行现场实地抽查；对用于工程的主要材料、构配件的质量进行抽查。对地基基础、主体结构和其他涉及安全的分部工程的质量验收进行监督。

5）监督工程质量验收。监督建设单位组织的工程竣工验收的组织形式、验收程序以及在验收过程中提供的有关资料和形成的质量评定文件是否符合有关规定，实体质量是否存在严重缺陷，工程质量验收是否符合国家标准。

6）向委托部门报送工程质量监督报告。

7）对预制建筑构件和商品混凝土的质量进行监督。

8）政府主管部门委托的工程质量监督管理的其他工作。

4.2.2　建设工程施工图设计文件审查制度

施工图审查是指国务院建设行政主管部门和省、自治区、直辖市人民政府建设行政主管部门委托依法认定的设计审查机构，根据国家法律法规，对施工图涉及公共利益、公众安全和工程建设强制性标准的内容进行审查。

施工图设计文件审查是政府部门对工程勘察设计质量监督管理的重要环节。根据《房屋建筑和市政基础设施工程施工图设计文件审查管理办法》，施工图审查的主要内容包括：

1）是否符合工程建设强制性标准。

2）地基基础和主体结构的安全性。

3）勘察设计企业和注册执业人员以及相关人员是否按规定在施工图上加盖相应的图章和签字。

4）法律、法规、规章规定必须审查的其他内容。

任何单位或者个人不得擅自修改审查合格的施工图。确需修改的，凡涉及上述审查内容的，建设单位应当将修改后的施工图送原审查机构审查。

4.2.3　建设工程施工许可制度

根据《建筑法》，建设工程开工前，建设单位应当按照国家有关规定向工程所在地县级以上人民政府建设行政主管部门申请领取施工许可证。办理施工许可证应满足的条件有：

1）已经办理该建设工程用地批准手续。

2）在城市规划区的建筑工程，已经取得规划许可证。

3）需要拆迁的，其拆迁进度符合施工要求。

4）已经确定建筑施工企业。

5）有满足施工需要的施工图及技术资料。

6）有保证工程质量和安全的具体措施。

7）建设资金已经落实。

8）法律、行政法规规定的其他条件。

建设单位应当自领取施工许可证之日起三个月内开工。因故不能按期开工的，应当向发证机关申请延期；延期以两次为限，每次不超过三个月。既不开工又不申请延期或者超过延期时限的，施工许可证自行废止。

在建的建筑工程因故中止施工的，建设单位应当自中止施工之日起一个月内，向发证机关报告，并按照规定做好建筑工程的维护管理工作。建筑工程恢复施工时，应当向发证机关报告；中止施工满一年的工程恢复施工前，建设单位应当报发证机关核验施工许可证。

按照国务院有关规定批准开工报告的建筑工程，因故不能按期开工或者中止施工的，应当及时向批准机关报告情况。因故不能按期开工超过六个月的，应当重新办理开工报告的批准手续。

4.2.4 建设工程质量检测制度

工程质量检测工作是对工程质量进行监督管理的重要手段之一。工程质量检测机构是对建设工程、建筑构件、制品及现场所用的有关工程材料、设备质量进行检测的法定单位。工程质量检测机构出具的检验报告需经建设单位或工程监理单位确认后，由施工单位归档。工程质量检测机构在建设行政主管部门和标准化管理部门指导下开展工作，其出具的检测报告具有法定效力。法定的国家级检测机构出具的检测报告，在国内为最终裁定，在国外具有代表国家的性质。

（1）国家级检测机构的主要任务

1）受国务院建设行政主管部门和专业部门委托，对指定的国家重点工程进行检测复核，提出检测复核报告和建议。

2）受国家建设行政主管部门和国家标准部门委托，对建筑构件、制品及有关材料、设备及产品进行抽样检验。

（2）各省级、市（地区）级、县级检测机构的主要任务

1）对本地区正在施工的建设工程所用的材料、混凝土、砂浆和建筑构件等进行随机抽样检测，向本地建设工程质量主管部门和质量监督部门提出抽样报告和建议。

2）受同级建设行政主管部门委托，对本省、市、县的建筑构件、制品进行抽样检测。对违反技术标准、失去质量控制的产品，检测单位有权提供主管部门停止其生产的证明，不合格产品不准出厂，已出厂的产品不得使用。

4.2.5 建设工程竣工验收与备案制度

项目建成后必须按国家有关规定进行竣工验收，并由验收人员签字负责。建设单位收到建设工程竣工报告后，应当组织设计、施工、工程监理等有关单位进行竣工验收。建设工程竣工验收应当具备下列条件：

1）完成建设工程设计和合同约定的各项内容。

2）有完整的技术档案和施工管理资料。

3）有工程使用的主要材料、构配件和设备进场试验报告。

4）有勘察、设计、施工、监理等单位分别签署的质量合格文件。

5）有施工单位签署的工程保修书。

建设工程竣工验收备案是指建设单位在建设工程竣工验收后，将建设工程竣工验收报告和规划、公安消防、环保等部门出具的认可文件或者准许使用文件报建设行政主管部门审核的行为。

《建设工程质量管理条例》规定，建设单位应当自建设工程竣工验收合格之日起15日内，将建设工程竣工验收报告和规划、公安消防、环保等部门出具的认可文件或者准许使用文件报建设行政主管部门或者其他有关部门备案。建设行政主管部门或者其他有关部门发现建设单位在竣工验收过程中有违反国家有关建设工程质量管理规定行为的，责令停止使用，重新组织竣工验收。

《房屋建筑和市政基础设施工程竣工验收备案管理办法》规定，建设单位应当自工程竣工验收合格之日起15日内，向工程所在地的县级以上地方人民政府建设主管部门备案。

建设工程竣工验收备案需提交如下材料：

1）工程竣工验收备案表。

2）工程竣工验收报告。

3）法律、行政法规规定应当由规划、环保等部门出具的认可文件或者准许使用文件。

4）法律规定应当由公安消防部门出具的对大型的人员密集场所和其他特殊建设工程验收合格的证明文件。

5）施工单位签署的工程质量保修书。

6）法规、规章规定必须提供的其他文件。

4.2.6　建设工程质量保修制度

建设工程质量保修制度是指建设工程在办理竣工验收手续后，在规定的保修期限内，因勘察、设计、施工、材料等原因造成的质量缺陷，要由施工单位负责维修、更换，由责任单位负责赔偿损失。

建设工程实行质量保修制度是落实建设工程质量责任的重要措施。《建筑法》《建设工程质量管理条例》《房屋建筑工程质量保修办法》对建设工程质量保修制度的规定主要有以下几个方面内容。

1）建设工程承包单位在向建设单位提交工程验收报告时，应当向建设单位出具质量保修书。质量保修书中应明确建设工程的保修范围、保修期限和保修责任等。

2）在正常使用条件下，建设工程的最低保修期限为：

① 基础设施工程、房屋建筑的地基基础工程和主体结构工程，为设计文件规定的该工程的合理使用年限。

② 屋面防水工程、有防水要求的卫生间、房间和外墙面的防渗漏，为5年。

③ 供热与供冷系统，为2个供暖期、供冷期。

④ 电气管线、给水排水管道、设备安装和装修工程，为2年。

⑤ 其他项目的保修期限由发包方与承包方约定。

此外，根据《民用建筑节能条例》，保温工程的最低保修期限为5年。

建设工程的保修期，自竣工验收合格之日起计算。

3）建设工程在保修范围和保修期限内发生的质量问题，施工单位应当履行保修义务，并对造成的损失承担赔偿责任。保修义务和经济责任的承担应按下列原则处理：

① 施工单位未按国家有关标准、规范和设计要求施工，造成的质量问题，由施工单位负责返修并承担经济责任。

② 由于设计方面的原因造成的质量问题，先由施工单位负责维修，其经济责任按有关规定通过建设单位向设计单位索赔。

③ 因工程材料、构配件和设备质量不合格引起的质量问题，先由施工单位负责维修，其经济责任属于施工单位采购的，由施工单位承担经济责任；属于建设单位采购的，由建设单位承担经济责任。

④ 因建设单位（含监理单位）错误管理造成的质量问题，先由施工单位负责维修，其经济责任由建设单位承担，如属监理单位责任，则由建设单位向监理单位索赔。

⑤ 因使用单位使用不当造成的损坏问题，先由施工单位负责维修，其经济责任由使用单位自行负责。

⑥ 因地震、洪水、台风等不可抗拒原因造成的损坏问题，先由施工单位负责维修，建设参与各方根据国家具体政策分担经济责任。

4.3 建设工程质量责任体系

在工程项目建设中，参与工程建设的各方，应根据国家颁布的《建设工程质量管理条例》以及合同、协议及有关文件的规定承担相应的质量责任。

4.3.1 建设单位的质量责任

1）建设单位要根据工程的特点和技术要求，按有关规定选择相应资质等级的勘察设计和施工单位。建设单位对其自行选择的勘察设计、施工单位发生的质量问题承担相应责任。

2）实行监理的建设工程，建设单位应委托具有相应资质等级的工程监理单位进行监理。

3）**建设工程发包单位不得迫使承包方以低于成本的价格竞标，不得任意压缩合理工期。建设单位不得明示或者暗示设计单位或者施工单位违反工程建设强制性标准，降低建设工程质量。**

4）**建设单位在工程开工前，负责办理有关施工图设计文件审查、工程施工许可证和工程质量监督手续，组织设计和施工单位认真进行设计交底；工程项目竣工后，应当组织设计、施工、工程监理等有关单位进行竣工验收，建设工程经验收合格的，方可交付使用。**

5）建设单位按照合同约定负责采购工程材料、构配件和设备，应当符合设计文件和合同要求，对发生的质量问题，应承担相应的责任。

4.3.2 勘察设计单位的质量责任

1）勘察设计单位应在其资质等级许可的范围内承揽工程。禁止勘察设计单位超越其资质等级许可的范围或者以其他勘察设计单位的名义承揽工程。禁止勘察设计单位允许其他单位或个人以本单位的名义承揽工程。勘察设计单位不得转包或者违法发包所承揽的工程。

2）勘察设计单位必须按照工程建设强制性标准进行勘察设计，并对其勘察设计的质量负责。

4.3.3 施工单位的质量责任

1）**施工单位应当在其资质等级许可的范围内承揽工程。**禁止施工单位超越本单位资质等级许可的业务范围或者以其他施工单位的名义承揽工程。禁止施工单位允许其他单位或者个人以本单位的名义承揽工程。施工单位不得转包或者违法分包工程。

2）施工单位对建设工程的施工质量负责。施工单位应当建立质量责任制，确定工程项目的项目经理、技术负责人和施工管理负责人。**建设工程实行总承包的，总承包单位应当对全部建设工程质量负责；**建设工程勘察、设计、施工、设备采购的一项或多项实行总承包的，总承包单位应当对其承包的建设工程或者采购设备的质量负责。**总承包单位依法将建设工程分包给其他单位的，分包单位应当按照分包合同的约定对其分包工程的质量向总承包单位负责，总承包单位与分包单位对分包工程的质量承担连带责任。**

3）施工单位必须按照工程设计图和施工技术标准施工。不得擅自修改工程设计，不得偷工减料。**施工单位在施工过程中发现设计文件和施工图有差错的，应当及时提出意见和建议。**施工单位必须按照工程设计要求、施工技术规范标准和合同约定，对工程材料、构配件、设备和商品混凝土进行检验，检验应当有书面记录和专人签字；未经检验或者检验不合格的，不得使用。

4）施工单位必须建立、健全施工质量检验制度。严格工序管理，做好隐蔽工程的质量检查和记录。隐蔽工程在隐蔽前，施工单位应当通知建设单位和建设工程质量监督机构。

5）施工单位对施工中出现质量问题的建设工程或者竣工验收不合格的建设工程，应当负责返修。

6）施工单位应当建立、健全教育培训制度。加强对职工的教育培训，未经教育培训或者考核不合格的人员，不得上岗作业。

4.3.4 工程监理单位的质量责任

1）工程监理单位应当在其资质等级许可的范围内承揽工程监理业务。禁止工程监理单位超越本单位资质等级许可的范围或者以其他工程监理单位的名义承担工程监理业务。禁止工程监理单位允许其他单位或个人以本单位的名义承揽工程监理业务。工程监理单位不得转让工程监理业务。

2）工程监理单位应当依照法律法规以及有关技术标准、设计文件和建设工程承包合同，代表建设单位对施工质量实施监理，并对施工质量承担监理责任。

4.3.5 工程材料、构配件及设备生产或供应单位的质量责任

工程材料、构配件及设备生产或供应单位对其生产或供应的产品质量负责。生产厂或供应商必须具备相应的生产条件、技术装备和质量管理体系，所生产或供应的工程材料、构配件及设备的质量应符合国家和行业现行的技术规定的合格标准和设计要求，并与说明书和包装上的质量标准相符，且应有相应的产品检验合格证，设备应有详细的使用说明等。

4.4 建设工程施工阶段质量控制

4.4.1 施工质量控制概述

1. 施工质量控制的分类

（1）按工程实体质量形成过程的时间段划分

1）施工准备控制。指在各工程对象正式施工活动开始前，对各项准备工作及影响质量的各因素进行控制。施工准备控制是确保施工质量的先决、基础条件。

2）施工过程控制。指在施工过程中对实际投入的生产要素质量及作业技术活动的实施状态和结果进行控制，包括作业者发挥技术能力过程的自控行为和管理者的监控行为。

3）竣工验收控制。指对于通过施工过程所完成的具有独立功能和使用价值的最终产品及有关方面的质量进行控制。

（2）按工程实体形成过程中物质形态转化的阶段划分

1）对投入的物质资源的质量控制。

2）施工过程质量控制。

3）对完成的工程产出品质量的控制与验收。

（3）按工程项目施工层次划分

1）单位工程。

2）分部工程。

3）分项工程。

4）检验批。

施工作业过程的质量控制是最基本的，它决定有关检验批的质量；而检验批的质量又决定了分项工程质量，依次类推，直到单位工程。

2. 施工质量控制的依据

项目监理机构施工质量控制的依据，主要包括以下几方面。

（1）工程合同文件　工程施工承包合同、设计合同和监理合同分别规定了参与建设的各方在质量控制方面的权利和义务。项目监理机构既要履行建设工程监理合同条款，又要监督建设单位、施工单位、材料设备供应单位履行有关工程质量控制条款。因此，项目监理机构监理人员应熟悉这些相应条款，据以进行质量控制。

（2）工程勘察设计文件　工程勘察包括工程测量、工程地质和水文地质勘察等内容。工程勘察成果文件为工程选址、工程设计和施工提供了科学可靠的依据，是项目监理机构审批工程施工组织设计或施工方案、工程地基基础验收等工程质量控制的重要依据。

经过批准的设计图和技术说明书等设计文件，施工图审查报告和审查批准书，以及施工过程中设计单位出具的工程变更设计等都是项目监理机构进行质量控制的重要依据。

（3）有关质量管理方面的法律法规、部门规章与规范性文件

1）法律。包括《建筑法》《刑法》《防震减灾法》《节约能源法》和《消防法》等。

2）行政法规。包括《建设工程质量管理条例》和《民用建筑节能条例》等。

3）部门规章。包括《建筑工程施工许可管理办法》《实施工程建设强制性标准监督规定》和《房屋建筑和市政基础设施工程质量监督管理规定》等。

4）规范性文件。包括《房屋建筑工程施工旁站监理管理办法（试行）》《建设工程质量责任主体和有关机构不良记录管理办法（试行）》和《关于建设行政主管部门对工程监理企业履行质量责任加强监督的若干意见》等。

此外，其他各行业如交通、能源、水利、冶金、化工等政府主管部门和省、市、自治区有关主管部门，也均根据本行业及地方的特点，制定和颁发了有关的法规性文件，这些文件分别适用于本行业或地区工程建设质量管理和控制。

（4）质量标准与技术规范（规程）　质量标准与技术规范（规程）是针对不同行业、不同的质量控制对象而制定的。项目监理机构在质量控制过程中，依据的质量标准与技术规范（规程）主要有以下几类：

1）工程项目施工质量验收标准。

2）有关建筑材料、半成品和构配件质量控制方面的专门技术法规性依据。

3）控制施工作业活动质量的技术规程。

凡采用新工艺、新技术、新方法的工程，事先应进行试验，并应有权威性的技术部门的技术鉴定书及有关的质量数据、指标，在此基础上制定有关的质量标准和施工工艺规程，以此作为判断与控制的依据。

4.4.2　施工准备阶段的质量控制

1. 图纸会审与设计交底

（1）图纸会审　图纸会审是建设单位、监理单位、施工单位等相关单位，在收到施工

图审查机构审查合格的施工图设计文件后，在设计交底前进行的全面、细致的熟悉和审查施工图的活动。监理人员应熟悉工程设计文件，并参加建设单位主持的图纸会审会议。建设单位应及时主持召开会议，组织工程参与各方有关人员进行图纸会审，并整理成会审问题清单，由建设单位在设计交底前约定的时间内提交设计单位。**图纸会审由施工单位整理会议纪要，与会各方会签。**

(2) **设计交底** 设计交底是设计单位交付设计文件后，按法律规定的义务就工程设计文件的内容向建设单位、施工单位和监理单位做出详细说明的活动。**工程开工前，建设单位应组织并主持召开工程设计交底会。**先由设计单位进行设计交底，后转入图纸会审问题解释，设计单位对图纸会审问题清单予以解答。通过建设单位、设计单位、监理单位、施工单位及其他有关单位研究协商，确定施工图存在的各种技术问题的解决方案。设计交底会议纪要由设计单位整理，与会各方会签。

2. **施工组织设计审查**

施工组织设计是指导施工单位进行施工的实施性文件。**项目监理机构应审查施工单位报审的施工组织设计，符合要求时，应由总监理工程师签认后报建设单位。**项目监理机构应要求施工单位按已批准的施工组织设计组织施工。施工组织设计需要调整时，项目监理机构应按程序重新审查。

(1) **施工组织设计审查的基本内容**

1) 编审程序应符合相关规定。

2) **施工进度、施工方案及工程质量保证措施应符合施工合同要求。**

3) 资金、劳动力、材料、设备等资源供应计划应满足工程施工需要。

4) 安全技术措施应符合工程建设强制性标准。

5) **施工总平面布置应科学合理。**

(2) **施工组织设计审查程序**

1) **施工单位编制的施工组织设计经施工单位技术负责人审核签认后，与施工组织设计报审表，一并报送项目监理机构。**

2) **总监理工程师应及时组织专业监理工程师进行审查，需要修改的，由总监理工程师签发书面意见退回修改；符合要求的，由总监理工程师签认。**

3) **已签认的施工组织设计由项目监理机构报送建设单位。**

4) 施工组织设计在实施过程中，施工单位如需做较大的变更，应经总监理工程师审查同意。

3. **施工方案审查**

总监理工程师应组织专业监理工程师审查施工单位报审的施工方案，符合要求后应予以签认。施工方案审查的内容包括程序性审查和内容性审查。

(1) 程序性审查 应重点审查施工方案的编制人、审批人是否符合有关权限规定的要求。**通常情况下，施工方案应由项目技术负责人组织编制，并经施工单位技术负责人审批签字后提交项目监理机构。**项目监理机构在审批施工方案时，应检查施工单位的内部审批程序是否完善、签章是否齐全，重点核对审批人是否为施工单位技术负责人。

(2) 内容性审查 应重点审查施工方案是否具有针对性、指导性、可操作性；现场施工管理机构是否建立了完善的质量保证体系，是否明确工程质量要求及目标，是否健全了质

量保证体系组织机构及岗位职责，是否配备了相应的质量管理人员；是否建立了质量管理制度和质量管理程序，施工质量保证措施是否符合现行的规范、标准等，特别是与工程建设强制性标准的符合性。

4. 现场施工准备的质量控制

（1）施工现场质量管理检查　工程开工前，项目监理机构应审查施工单位现场的质量管理组织机构、管理制度及专职管理人员和特种作业人员的资格，主要内容包括：

1）项目部质量管理体系。

2）现场质量责任制。

3）主要专业工种操作岗位证书。

4）分包单位管理制度。

5）图纸会审记录。

6）地质勘察资料。

7）施工技术标准。

8）施工组织设计编制及审批。

9）物资采购管理制度。

10）施工设施和机械设备管理制度。

11）计量设备配备。

12）检测试验管理制度。

13）工程质量检查验收制度等。

（2）分包单位资质的审核确认　分包工程开工前，项目监理机构应审核施工单位报送的分包单位资格报审表及有关资料，专业监理工程师进行审核并提出审查意见。符合要求后，应由总监理工程师审批并签署意见。分包单位资格审核应包括如下基本内容：

1）营业执照、企业资质等级证书。

2）安全生产许可文件。

3）类似工程业绩。

4）专职管理人员和特种作业人员的资格。

（3）查验施工控制测量成果及保护措施　专业监理工程师应检查、复核施工单位报送的施工质量控制测量成果及保护措施，签署意见，并应对施工单位在施工过程中报送的施工测量放线成果进行查验。施工控制测量成果及保护措施的检查、复核包括以下内容：

1）施工单位测量人员的资格证书及测量设备检定证书。

2）施工平面控制网、高程控制网和临时水准点的测量成果及控制桩的保护措施。

（4）施工实验室的检查　专业监理工程师应检查施工单位为工程提供服务的实验室（包括施工单位自有实验室或委托的实验室）。实验室的检查应包括下列内容：

1）实验室的资质等级及试验范围。

2）法定计量部门对试验设备出具的计量检定证明。

3）实验室管理制度。

4）试验人员资格证书。

（5）工程材料、构配件、设备的质量控制　项目监理机构收到施工单位报送的工程材料、构配件、设备报审表后，应审查施工单位报送的用于工程的材料、构配件、设备的质量证明文件，并应按有关规定、建设工程监理合同约定，对用于工程的材料进行见证取样、平行检验。用于工程的材料、构配件、设备的质量证明文件包括出厂合格证、质量检验报告、性能检测报告以及施工单位的质量抽检报告等。对于工程设备应同时附有设备出厂合格证、技术说明书、质量检验证明、有关设计图、配件清单及技术资料等。对已进场经检验不合格的工程材料、构配件、设备，应要求施工单位限期将其撤出施工现场。

(6) 工程开工条件审查与开工令的签发 总监理工程师应组织专业监理工程师审查施工单位报送的工程开工报审表及相关资料，同时具备下列条件时，应由总监理工程师签署审查意见，并应报建设单位批准后，总监理工程师签发工程开工令：

1) 设计交底和图纸会审已完成。

2) 施工组织设计已由总监理工程师签认。

3) 施工单位现场质量、安全生产管理体系已建立，管理及施工人员已到位，施工机械具备使用条件，主要工程材料已落实。

4) 进场道路及水、电、通信等已满足开工要求。

总监理工程师应在开工日期7天前向施工单位发出工程开工令。工期自总监理工程师发出的工程开工令中载明的开工日期起计算。施工单位应在开工日期后尽快施工。

4.4.3 施工过程的质量控制

1. 现场质量监督的方式

(1) 巡视 巡视是指项目监理机构对施工现场进行的定期或不定期的检查活动，是项目监理机构对工程实施建设监理的重要方式之一，是监理人员针对施工现场进行的日常检查。

1) 巡视的作用。巡视对于实现建设工程目标，加强安全生产管理等起着重要作用。具体体现在以下几个方面：观察、检查施工单位的施工准备情况；观察、检查包括施工工序、施工工艺、施工人员、施工材料、施工机械、周边环境等在内的施工情况；观察、检查施工过程中的质量问题、质量缺陷并及时采取相应措施；观察、检查施工现场存在的各类生产安全事故隐患并及时采取相应措施；观察、检查并解决其他相关问题。

2) 巡视工作内容和职责。总监理工程师应根据经审核批准的监理规划和监理实施细则对现场监理人员进行交底，明确巡视检查要点、巡视频率和采取措施及采用的巡视检查记录表；合理安排监理人员进行巡视检查工作，督促监理人员按照监理规划及监理实施细则的要求开展巡视检查工作；总监理工程师应检查监理人员巡视的工作成果，与监理人员就当日巡视检查工作进行沟通，对发现的问题及时采取相应处理措施。

监理人员在巡视检查时，应主要关注施工质量、安全生产两个方面的情况。监理人员在巡视检查中发现问题，应及时采取相应处理措施；巡视监理人员认为发现的问题自己无法解决或无法判断是否能够解决时，应立即向总监理工程师汇报；在监理巡视检查记录表中及时、准确、真实地记录巡视检查情况；对已采取相应处理措施的质量问题、生产安全事故隐患，检查施工单位的整改落实情况，并反映在巡视检查记录表中。

监理文件资料管理人员应及时将巡视检查记录表归档，同时，注意巡视检查记录与监理日志、监理通知单等其他监理资料的呼应关系。

(2) 平行检验 平行检验是项目监理机构在施工单位自检的同时，按照有关规定、建

设工程监理合同约定对同一检验项目进行的检测试验活动。平行检验的内容包括工程实体量测（检查、试验、检测）和材料检验等内容。

1）平行检验的作用。平行检验是项目监理机构在施工阶段质量控制的重要工作之一，也是工程质量预验收和工程竣工验收的重要依据之一。监理人员不应只根据施工单位自己的检查、验收情况填写验收结论，而应该在施工单位检查、验收的基础之上进行“平行检验”，这样的质量验收结论才更具有说服力。同样，对于原材料、设备、构配件以及工程实体质量等，也应在见证取样或施工单位委托检验的基础上进行“平行检验”，以使检验、检测结论更加真实、可靠。

2）平行检验监理人员的工作内容和职责。项目监理机构首先应依据建设工程监理合同编制符合工程特点的平行检验方案，明确平行检验的方法、范围、内容、频率等，并设计各平行检验记录表式。建设工程监理实施过程中，应根据平行检验方案的规定和要求，开展平行检验工作。对平行检验不符合规范、标准的检验项目，应分析原因后按照相关规定进行处理。负责平行检验的监理人员应根据经审批的平行检验方案，对工程实体、原材料等进行平行检验。平行检验的方法包括量测、检测、试验等，在平行检验的同时，记录相关数据，分析平行检验结果、检测报告结论等，提出相应的建议和措施。

监理文件资料管理人员应将平行检验方面的文件资料等单独整理、归档。平行检验的资料是竣工验收资料的重要组成部分。

（3）**旁站** 旁站是指项目监理机构对工程的关键部位或关键工序的施工质量进行的监督活动。

1）旁站的作用。每一项建设工程施工过程中都存在对结构安全、重要使用功能起着重要作用的关键部位和关键工序，对这些关键部位和关键工序的施工质量进行重点控制，直接关系到建设工程整体质量能否达到设计标准要求以及建设单位的期望。

旁站是建设工程监理工作中用以监督工程质量的一种手段，可以起到及时发现问题、第一时间采取措施、防止偷工减料、确保施工工艺工序按施工方案进行、避免其他干扰正常施工的因素发生等作用。旁站与监理工作其他方法手段结合使用，成为工程质量控制工作中相当重要和必不可少的工作方式。

2）旁站监理人员的工作内容。项目监理机构在编制监理规划时，应制定旁站方案，明确旁站的范围、内容、程序和旁站人员职责等。现场监理人员必须按此执行并根据方案的要求，有针对性地进行检查，将可能发生的工程质量问题和隐患加以消除。

根据《建设工程监理规范》，工程项目质量控制的重点部位、关键工序应由项目监理机构与承包单位协商后共同确认。根据《房屋建筑施工旁站监理管理办法（试行）》，施工单位在需要实施旁站监理的关键部位、关键工序进行施工前24小时，书面通知项目监理机构。项目监理机构应按照确定的关键部位、关键工序实施旁站。旁站应在总监理工程师的指导下，由现场监理人员负责具体实施。在旁站实施前，项目监理机构应根据旁站方案和相关的施工验收规范，对旁站人员进行技术交底。

监理人员实施旁站时，发现施工单位有违反工程建设强制性标准行为的，有权责令施工单位立即整改；发现其施工活动已经或者可能危及工程质量的，应当及时向监理工程师或者总监理工程师报告，由总监理工程师下达局部暂停施工指令或者采取其他应急措施。

旁站记录是监理工程师或者总监理工程师依法行使有关签字权的重要依据。在工程竣工验收后，工程监理单位应当将旁站记录存档备查。

3）旁站监理人员的工作职责。旁站人员的主要工作职责包括但不限于以下内容：检查施工单位现场质量管理人员到岗、特殊工种人员持证上岗以及施工机械、工程材料准备情况；在现场跟班监督关键部位、关键工序的施工单位执行施工方案以及工程建设强制性标准情况；核查进场的工程材料、构配件、设备和商品混凝土的质量检验报告等，并在现场监督施工单位进行检验或者委托具有资格的第三方进行复验；做好旁站记录和监理日记，保存旁站原始资料。

总监理工程师应及时掌握旁站工作情况，并采取相应措施解决旁站过程中发现的问题。监理文件资料管理人员应妥善保管旁站方案、旁站记录等相关资料。

（4）见证取样　**见证取样是指项目监理机构对施工单位进行的涉及结构安全的试块、试件及工程材料现场取样、封样、送检工作的监督活动。**

1）见证取样的程序和要求。根据建设部《关于印发<房屋建筑工程和市政基础设施工程实行见证取样和送检制度的规定>的通知》（2000年）要求，在建设工程质量检测中实行见证取样和送检制度，即在建设单位和工程监理单位人员见证下，由施工人员在现场取样，送至实验室进行试验。

见证取样通常的要求和程序如下。

① 一般规定。**见证取样通常涉及施工方、见证方和试验方三方行为。**

实验室的资质资格管理。各级工程质量监督检测机构（有CMA章，即计量认证，1年审查一次）；建筑企业实验室应逐步转为企业内控机构（4年审查一次）；第三方实验室（有计量认证书，CMA章；检查附件、备案证书）。

CMA（中国计量认证/认可）是依据《中华人民共和国计量法》为社会提供公正数据的产品质量检验机构。

计量认证分为两级实施：一级为国家级，由国家认证认可监督管理委员会组织实施；一级为省级，实施效力均完全一致。

见证人员必须取得见证员证书，且通过建设单位授权。授权后只能承担所授权工程的见证工作。对进入施工现场的工程材料，必须按规范要求实行见证取样和送检试验，试验报告纳入质保资料。

② 授权。建设单位或工程监理单位应向施工单位、工程质监站和工程检测单位递交“见证单位和见证人员授权书”。授权书应写明工程见证人姓名、证号，见证人不得少于2人。

③ 取样。施工单位取样人员在现场抽取和制作试样时，见证人必须在旁见证，且应对试样进行监护，并和委托送检的送检人员一起采取有效的封样措施或将试样送至检测单位。

④ 送检。**检测单位在接受委托检验任务时，须有送检单位填写的委托单**，见证人应出示见证员证书，并在检验委托单上签名。检测单位均须实施密码管理制度。

⑤ 试验报告。**检测单位应在检验报告上加盖“见证取样送检”印章。**发生试样不合格情况，应在24小时内上报质监站，并建立不合格台账。

2）见证监理人员工作内容和职责。总监理工程师应督促专业监理工程师制定见证取样实施细则。总监理工程师还应检查监理人员见证取样工作的实施情况。

见证取样监理人员应根据见证取样实施细则要求、程序实施见证取样工作，包括在现场进行见证，监督施工单位取样人员按随机取样方法和试件制作方法进行取样；对试样进行监

护、封样加锁；在检验委托单签字，并出示“见证员证书”；协助建立包括见证取样送检计划、台账等在内的见证取样档案等。

监理文件资料管理人员应全面、完善、真实记录试块、试件及工程材料的见证取样台账以及材料监督台账。

2. 现场质量检验的方法

1）目测法。即凭借感官进行检查。这类方法主要是根据质量要求，采用看、摸、敲、照等手法对检查对象进行检查。

2）量测法。就是利用量测工具或计量仪表，通过实际量测结果与规定的质量标准或规范的要求相对照，从而判断质量是否符合要求。量测的手法可归纳为：靠、吊、量、套。

3）试验法。通过进行现场试验或实验室试验等理化试验手段，取得数据，分析判断质量情况。包括理化试验，无损测试或检验。

3. 监理通知单、工程暂停令、工程复工令的签发

（1）监理通知单的签发　在工程质量控制方面，项目监理机构发现施工存在质量问题的，或施工单位采用不适当的施工工艺或施工不当，造成工程质量不合格的，应及时签发监理通知单，要求施工单位整改。监理通知单由专业监理工程师或总监理工程师签发。

项目监理机构签发监理通知单时，应要求施工单位在发文本上签字，并注明签收时间。施工单位应按监理通知单的要求进行整改。整改完毕后，向项目监理机构提交监理通知回复单。项目监理机构应根据施工单位报送的监理通知回复单对整改情况进行复查，并提出复查意见。

（2）工程暂停令的签发　监理人员发现可能造成质量事故的重大隐患或已发生质量事故的，总监理工程师应签发工程暂停令。

项目监理机构发现下列情形之一时，总监理工程师应及时签发工程暂停令：

1）建设单位要求暂停施工且工程需要暂停施工的。

2）施工单位未经批准擅自施工或拒绝项目监理机构管理的。

3）施工单位未按审查通过的工程设计文件施工的。

4）施工单位违反工程建设强制性标准的。

5）施工存在重大质量、安全事故隐患或发生质量、安全事故的。

对于建设单位要求停工的，总监理工程师经过独立判断，认为有必要暂停施工的，可签发工程暂停令。施工单位拒绝执行项目监理机构的要求和指令时，总监理工程师应视情况签发工程暂停令。对于施工单位未经批准擅自施工或分别出现上述3）、4）、5）三种情况时，总监理工程师应签发工程暂停令。总监理工程师在签发工程暂停令时，可根据停工原因的影响范围和影响程度，确定停工范围。

总监理工程师签发工程暂停令，应事先征得建设单位同意。在紧急情况下，未能事先征得建设单位同意的，应在事后及时向建设单位书面报告。施工单位未按要求停工，项目监理机构应及时报告建设单位，必要时应向有关主管部门报送监理报告。

暂停施工事件发生时，项目监理机构应如实记录所发生的情况。总监理工程师应会同有关各方按施工合同约定，处理因工程暂停引起的与工期、费用有关的问题。因施工单位原因暂停施工时，项目监理机构应检查、验收施工单位的停工整改过程、结果。

（3）工程复工令的签发　因建设单位原因或非施工单位原因引起工程暂停的，当暂停施工原因消失、具备复工条件时，应及时签发工程复工令，指令施工单位复工。

1）审核工程复工报审表。因施工单位原因引起工程暂停的，施工单位在复工前应向项目监理机构提交工程复工报审表申请复工。工程复工报审时，应附有能够证明已具备复工条件的相关文件资料，包括相关检查记录、有针对性的整改措施及其落实情况、会议纪要、影像资料等。当导致暂停的原因危及结构安全或使用功能时，整改完成后，应有建设单位、设计单位、监理单位各方共同认可的整改完成文件，其中涉及建设工程鉴定的文件必须由有资质的检测单位出具。

对需要返工处理或加固补强的质量缺陷，项目监理机构应要求施工单位报送经设计等相关单位认可的处理方案，并应对质量缺陷的处理过程进行跟踪检查，同时应对处理结果进行验收。

对需要返工处理或加固补强的质量事故，项目监理机构应要求施工单位报送质量事故调查报告和经设计等相关单位认可的处理方案，并对质量事故的处理过程进行跟踪检查，对处理结果进行验收。项目监理机构应及时向建设单位提交质量事故书面报告，并应将完整的质量事故处理记录整理归档。

2）签发工程复工令。施工单位提出复工申请的，项目监理机构收到施工单位报送的工程复工报审表及有关材料后，应对施工单位的整改过程、结果进行检查、验收。符合要求的，总监理工程师应及时签署审查意见，并应报建设单位批准后签发工程复工令，施工单位接到工程复工令后组织复工；施工单位未提出工程复工申请的，总监理工程师应根据工程实际情况指令施工单位恢复施工。

4. 质量记录资料的管理

质量资料是施工单位进行工程施工或安装期间，实施质量控制活动的记录，它详细地记录了工程施工阶段质量控制活动的全过程。因此，它不仅在工程施工期间对工程质量的控制有重要作用，而且在工程竣工和投入运行后，对于查询和了解工程建设的质量情况以及工程维修和管理提供大量有用的资料和信息。

质量记录资料包括以下三个方面的内容：

1）施工现场质量管理检查记录。

2）工程材料质量记录。

3）施工过程作业活动质量记录。

施工质量记录资料应真实、齐全、完整，相关各方人员的签字齐备、字迹清楚、结论明确，与施工过程的进展同步。在对作业活动效果的验收中，如缺少资料和资料不全，项目监理机构应拒绝验收。

监理资料的管理应由总监理工程师负责，并指定专人具体实施。总监理工程师作为项目监理机构的负责人应根据合同要求，结合监理项目的大小、工程复杂程度配置一至多名专职熟练的资料管理人员具体实施资料的管理工作。对于建设规模较小、资料不多的监理项目，可以结合工程实际，指定一名受过资料管理业务培训，懂得资料管理的监理人员兼职完成资料管理工作。

4.5 建设工程施工质量验收

4.5.1 建设工程施工质量验收的基本规定

建设工程施工质量验收工作应按照《建筑工程施工质量验收统一标准》（GB 50300—

2013）所规定的验收方法、质量标准和程序进行。建设工程施工质量验收基本规定如下：

1）施工现场应具有健全的质量管理体系、相应的施工技术标准、施工质量检验制度和综合施工质量水平评定考核制度。

施工现场质量管理检查记录应由施工单位填写，总监理工程师检查，并做出检查结论。

2）当工程未实行监理时，建设单位相关人员应履行有关验收规范涉及的监理职责。

3）建筑工程的施工质量控制应符合下列规定：

① 建筑工程采用的主要材料、半成品、成品、建筑构配件、器具和设备应进行进场检验。凡涉及安全、节能、环境保护和主要使用功能的重要材料、产品，应按各专业工程施工规范、验收程序和设计文件等规定进行复验，并应经专业监理工程师检查认可。

② 各施工工序应按施工技术标准进行质量控制，每道施工工序完成后，经施工单位自检符合规定后，才能进行下道工序施工。各专业工种之间的相关工序应进行交接检验，并应记录。

③ 对于项目监理机构提出检查要求的重要工序，应经专业监理工程师检查认可，才能进行下道工序施工。

4）当专业验收规范对工程中的验收项目未作出相应规定时，应由建设单位组织监理、设计、施工等相关单位制定专项验收要求。涉及结构安全、节能、环境保护等项目的专项验收要求应由建设单位组织专家论证。

5）建筑工程施工质量应按下列要求进行验收：

① 工程施工质量验收均应在施工单位自检合格的基础上进行。

② 参加工程施工质量验收的各方人员应具备相应的资格。

③ 检验批的质量应按主控项目和一般项目验收。

④ 对涉及结构安全、节能、环境保护和主要使用功能的试块、试件及材料，应在进场时或施工中按规定进行见证检验。

⑤ 隐蔽工程在隐蔽前应由施工单位通知项目监理机构进行验收，并应形成验收文件，验收合格后方可继续施工。

⑥ 对涉及结构安全、节能、环境保护等的重要分部工程应在验收前按规定进行抽样检验。

⑦ 工程的观感质量应由验收人员现场检查，并应共同确认。

6）建筑工程施工质量验收合格应符合下列规定：

① 符合工程勘察、设计文件的规定。

② 符合《建筑工程施工质量验收统一标准》和相关专业验收规范的规定。

7）工程施工质量不符合要求时的处理。一般情况下，不合格现象在检验批验收时就应发现并及时处理，但实际工程中不能完全避免不合格情况的出现，因此工程施工质量验收不符合要求的项目，应按以下原则进行处理：

① 经返工或返修的检验批，应重新进行验收。在检验批验收时，对于主控项目不能满足验收规范或一般项目超过偏差限值时，应及时进行处理。其中，对于严重的质量缺陷应重新施工；一般的质量缺陷可通过返修或更换予以解决，允许施工单位在采取相应的措施后重新验收。如能符合相应的专业验收规范要求，则应认为该检验批合格。

② 经有资质的检测单位检测鉴定能够达到设计要求的检验批，应予以验收。当个别检

验批发现问题，难以确定是否可验收时，应请具有资质的法定检测单位进行检测鉴定。当鉴定结果认为能够达到设计要求时，该检验批可以通过验收。

③ 经有资质的检测单位检测鉴定达不到设计要求，但经原设计单位核算认可能够满足结构安全和使用功能的检验批，可予以验收。一般情况下，规范、标准规定的是满足安全和功能的最低要求，而设计往往在此基础上留有一些余量。在一定范围内，会出现不满足设计要求而符合相应规范要求的情况，两者并不矛盾。

④ **经返修或加固处理的分项、分部工程，满足安全及使用功能要求时，可按技术处理方案和协商文件的要求予以验收。**经法定检测单位检测鉴定后认为达不到规范的要求，即不能满足最低限度的完全储备和使用功能时，则必须按一定的技术处理方案进行加固处理。

⑤ 经返修或加固处理仍不能满足安全或重要使用要求的分部工程及单位（子单位）工程，严禁验收。分部工程及单位工程如存在影响安全和使用功能的严重缺陷，经返修或加固处理仍不能满足安全使用要求的，严禁通过验收。

⑥ 工程质量控制资料应齐全完整。当部分资料缺失时，应委托有资质的检测单位按有关标准进行相应的实体检测或抽样试验。实际工程中偶尔会遇到因遗漏检验或资料丢失而导致施工验收资料不全的情况，使工程无法正常验收。对此可有针对性地进行工程质量检验，采取实体检测或抽样试验的方法确定质量状况。

4.5.2 检验批的质量验收

检验批是工程施工验收的最小单位，是分项工程乃至整体建筑工程质量验收的基础。检验批是施工过程中条件相同并有一定数量的材料、构配件或安装项目，由于其质量基本均匀一致，因此可以作为检验的基础单位，并按批验收。

（1）检验批质量验收程序　检验批质量验收应由专业监理工程师组织施工单位专业质量检查员、专业工长等进行。验收前，施工单位应先对施工完成的检验批进行自检，合格后由专业质量检查员填写检验批质量验收记录及检验批报审、报验表，并报送项目监理机构申请验收。对验收不合格的检验批，专业监理工程师应要求施工单位进行整改，并自检合格后予以复验；对验收合格的检验批，专业监理工程师应签认检验批报审、报验表及质量验收记录，准许进行下道工序施工。

（2）检验批合格质量的规定　检验批合格质量应符合下列规定：

1）主控项目经抽样检验均应合格。主控项目是指建筑工程中对安全、节能、环境保护和主要使用功能起决定性作用的检验项目。主控项目是对检验批的基本质量起决定性影响的检验项目，是保证工程安全和使用功能的重要检验项目，因此必须全部符合有关专业验收规范的规定。

为了使检验批的质量符合工程安全和使用功能的基本要求，达到保证工程质量的目的，各专业工程质量验收规范对各检验批的主控项目的合格质量给予明确规定。

主控项目包括的主要内容：工程材料、构配件和设备的技术性能等；涉及结构安全、节能、环境保护和主要使用功能的检测项目；一些重要的允许偏差项目，必须控制在允许偏差限值内。

2）一般项目的质量经抽样检验合格。当采用技术抽样时，合格点率应符合有关专业验收规范的规定，且不得存在严重缺陷。

一般项目是指主控项目以外的检验项目。为了使检验批的质量符合工程安全和使用功能的基本要求，达到保证工程质量的目的，各专业工程质量验收规范对各检验批的一般项目的合格质量给予明确规定。

一般项目包括的主要内容：允许有一定偏差的项目，除有专门要求外，80%及以上的抽查点应控制在规定的允许偏差内，最大偏差不得大于规定允许偏差的1.5倍；对不能确定偏差值而又允许出现一定缺陷的项目，则以缺陷的数量来区分；无法定量而采用定性方法确定的项目。

3）具有完整的施工操作依据、质量验收记录。质量控制资料反映了检验批从原材料到最终验收的各施工工序的操作依据，检查情况以及保证质量所必需的管理制度等。对其完整性的检查，实际是对过程控制的确认，这是检验批质量验收合格的前提。质量控制资料主要为：图纸会审记录、设计变更通知单、工程洽商记录、竣工图；工程定位测量、放线记录；原材料出厂合格证书及进场检验、试验报告；施工试验报告及见证检测报告；隐蔽工程验收记录；施工记录；按专业质量验收规范规定的抽样检验、试验记录；分项、分部工程质量验收记录；工程质量事故调查处理资料；新技术论证、备案及施工记录。

4.5.3 分项工程的质量验收

（1）分项工程质量验收程序　分项工程质量验收应由专业监理工程师组织施工单位项目技术负责人等进行。

验收前，施工单位应先对施工完成的分项工程进行自检，合格后填写分项工程质量验收记录及分项工程报审、报验表，并报送项目监理机构申请验收。专业监理工程师对施工单位所报资料逐项进行审查，符合要求后签认分项工程报审、报验表及质量验收记录。

（2）分项工程质量验收合格的规定　分项工程质量验收合格应符合下列规定：

1）分项工程所含检验批的质量均应验收合格。

2）分项工程所含检验批的质量验收记录应完整。

分项工程的质量验收在检验批的基础上进行。一般情况下，检验批和分项工程具有相同或相近的性质，只是批量的大小不同而已。因此，分项工程是检验批的汇集。只要构成分项工程的各检验批的质量验收资料完整，并且均已验收合格，则分项工程质量验收合格。

4.5.4 分部工程的质量验收

分部工程质量验收是在其所含各分项工程质量验收的基础上进行。首先，分部工程所含各分项工程必须已验收合格且相应的质量控制资料齐全、完整，这是验收的基本条件。此外，由于各分项工程的性质不尽相同，因此作为分部工程不能简单地组合而加以验收。

（1）分部（子分部）工程质量验收程序　**分部（子分部）工程质量验收应由总监理工程师组织施工单位项目负责人和项目技术、质量负责人等进行**。由于地基与基础、主体结构工程要求严格，技术性强，关系到整个工程的安全，为严把质量关，规定**勘察、设计单位项目负责人和施工单位技术、质量负责人应参加地基与基础分部工程的验收**。设计单位项目负责人和施工单位技术、质量负责人应参加主体结构、节能分部工程的验收。

验收前，施工单位应先对施工完成的分部工程进行自检，合格后填写分部工程质量验收记录及工程报验表，并报送项目监理机构申请验收。总监理工程师应组织相关人员进行检查、验收，对验收不合格的分部工程，应要求施工单位进行整改，自检合格后予以复查。对验收合格的分部工程，应签认分部工程报验表及验收记录。

（2）**分部（子分部）工程质量验收合格的规定** 分部（子分部）工程质量验收合格应符合下列规定：

1）**分部（子分部）工程所含分项工程的质量均应验收合格。**

2）**质量控制资料应完整。**

3）**地基与基础、主体结构和设备安装等分部工程有关安全、节能、环境保护和主要使用功能的抽样检验结果应符合相应规定。**涉及安全、节能、环境保护和主要使用功能的地基与基础、主体结构和设备安装等分部工程应进行见证检验或抽样检验。总监理工程师应组织相关人员，检查各专业验收规范中规定检测的项目是否都进行了检测；查阅各项检测报告（记录），核查有关检测方法、内容、程序、检测结果等是否符合有关标准规定；核查有关检测单位的资质，见证取样与送样人员资格，检测报告出具单位负责人的签署情况是否符合要求。

4）**观感质量验收应符合要求。**观感质量验收往往难以定量，只能以观察、触摸或简单量测的方式进行，并由验收人的主观判断，检查结果并不给出“合格”或“不合格”的结论，而是综合给出“好”“一般”“差”的质量评价结果。所谓“一般”是指观感质量检验能符合验收规范的要求；所谓“好”是指在质量符合验收规范的基础上，能达到精致、流畅的要求，细部处理到位、精度控制好；所谓“差”是指勉强达到验收规范要求，或有明显的缺陷，但不影响安全或使用功能的。不能返修的只要不影响结构安全和使用功能的可通过验收。有影响安全和使用功能的项目，不能评价，应返修后再进行评价。

4.5.5 单位工程的质量验收

单位工程质量验收也称质量竣工验收，是建设工程投入使用前的最后一次验收，也是最重要的一次验收。参建各方责任主体和有关单位及人员，应加以重视，认真做好单位工程质量竣工验收，把好工程质量关。

（1）单位（子单位）工程质量验收程序

1）**预验收。**当单位（子单位）工程完成后，施工单位应依据验收规范、设计图等组织有关人员进行自检，对检查结果进行评定，符合要求后填写单位工程竣工验收报审表，以及质量竣工验收记录、质量控制资料核查记录、安全和功能检验资料核查及观感质量检查记录等，并将单位工程竣工验收报审表及有关竣工资料报送项目监理机构申请验收。

总监理工程师应组织专业监理工程师审查施工单位提交的单位工程竣工验收报审表及有关竣工资料，并对工程质量进行预验收。存在质量问题时，应由施工单位及时整改，整改完毕且合格后，总监理工程师应签认单位工程竣工验收报审表及有关资料，并向建设单位提交工程质量评估报告。施工单位向建设单位提交工程竣工报告，申请工程竣工验收。

对需要进行功能试验的项目（包括单机试车和无负荷试车），专业监理工程师应督促施工单位及时进行试验，并对重要项目进行现场监督、检查，必要时请建设单位和设计单位参加；专业监理工程师应认真审查试验报告单并督促施工单位做好成品保护和现场清理。

单位工程中的分包工程完工后，分包单位应对所施工的建设工程进行自检，并应按规定的程序进行预验收。预验收时，总包单位应派人参加。预验收合格后，分包单位应将所分包工程的质量控制资料整理完整后，移交给总包单位。

2）验收。建设单位收到施工单位提交的工程竣工报告和完整的质量控制资料，及项目监理机构提交的工程质量评估报告后，应由建设单位项目负责人组织勘察、设计、施工、监理等单位项目负责人进行单位工程验收。建设单位组织单位工程质量验收时，分包单位负责人应参加验收。**经单位工程竣工验收质量符合要求的工程，总监理工程应在工程竣工验收报告中签署验收意见。建设工程经验收合格，方可交付使用。**

《建设工程质量管理条例》规定，建设工程竣工验收应当具备下列条件：完成建设工程设计和合同约定的各项内容；有完整的技术档案和施工管理资料；有工程使用的主要工程材料、构配件和设备的进场试验报告；有勘察、设计、施工、监理等单位分别签署的质量合格文件；有施工单位签署的工程保修书。

在一个单位工程中，对满足生产要求或具备使用条件，施工单位经自行检验，专业监理工程师已预验收通过的子单位工程，建设单位可组织验收。在整个单位工程进行全部验收时，已验收的子单位工程验收资料应作为单位工程验收的附件。

单位工程验收时，如有因季节影响需后期调试的项目，单位工程可先行验收。后期调试项目可约定具体时间另行验收。

（2）单位（子单位）工程质量验收合格的规定　单位（子单位）工程质量验收合格应符合下列规定：

1）单位（子单位）工程所含分部（子分部）工程的质量均应验收合格。施工单位事前应认真做好验收准备，将所有分部工程的质量验收记录表及相关资料，及时进行收集整理，并列出目次表，依序将其装订成册。在核查和整理过程中，应注意以下三点：核查各分部工程中所含的子分部工程是否齐全；核查各分部工程质量验收记录表及相关资料的质量评价是否完善；核查各分部工程质量验收记录表及相关资料的验收人员是否是规定的有相应资质的技术人员，并进行了评价和签认。

2）质量控制资料应完整。质量控制资料完整是指所收集到的资料，能反映工程所采用的工程材料、构配件和设备的质量技术性能，施工质量控制和技术管理状况，涉及结构安全和使用功能的施工试验和抽样检测结果，以及工程参建各方质量验收的原始依据、客观记录、真实数据和见证取样等资料，能确保工程结构安全和使用功能，满足设计要求。它是客观评价工程质量的主要依据。

尽管质量控制资料在分部工程质量验收时已经检查过，但某些资料由于受试验龄期的影响，或是系统测试的需要等，难以在分部工程验收时到位。因此应对所有分部工程质量控制资料的系统性和完整性进行一次全面的核查，在全面梳理的基础上，重点检查资料是否齐全、有无遗漏，从而达到完整无缺的要求。

3）单位（子单位）工程所含分部工程中有安全、节能、环境保护和主要使用功能等的检验资料应完整。对涉及安全、节能、环境保护和主要使用功能的分部工程的检验资料应复查合格。不仅要全面检查完整性，而且对分部工程验收时的见证取样检验报告也要进行复核。

4）主要使用功能的抽查结果应符合专业质量验收规范的规定。对主要使用功能也应进行抽查。使用功能的检查是对建筑和设备安装工程最终质量的综合检验。在分项、分部工程验收合格的基础上，竣工验收时再做全面的抽查。至于主要使用功能抽查项目是在检查资料文件的基础上由参加验收的各方商定，并用计量、计数的抽样方法确定检查部位。

5）观感质量验收应符合要求。观感质量验收不单纯是对工程外表质量进行检查，同时也是对部分使用功能和使用安全所做的一次全面检查。观感质量验收须由参加验收的各方人员共同进行。

4.5.6 隐蔽工程的质量验收

隐蔽工程是指在下道工序施工后将被覆盖或掩盖，不易进行质量检查的工程，如钢筋混凝土工程中的钢筋工程，地基与基础工程中的混凝土基础和桩基础等。因此隐蔽工程完成后，在被覆盖或掩盖前必须进行隐蔽工程质量验收。

（1）隐蔽工程质量验收程序　隐蔽工程可能是一个检验批，也可能是一个分项工程或子分部工程，因此可按检验批或分项工程、子分部工程进行验收。如隐蔽工程为检验批时，其质量验收应由专业监理工程师组织施工单位专业质量检查员、专业工长等进行。

施工单位应对隐蔽工程质量进行自检，合格后填写隐蔽工程质量验收记录及隐蔽工程报审、报验表，并报送项目监理机构申请验收；专业监理工程师对施工单位所报资料进行审查，并组织相关人员到验收现场进行实体检查、验收，同时应留有照片等影像资料。

（2）隐蔽工程质量验收（不）合格的规定　对验收不合格的工程，专业监理工程师应要求施工单位进行整改，自检合格后予以复查；对验收合格的工程，专业监理工程师应签认隐蔽工程报审、报验表及质量验收记录，准予进行下一道工序施工。

4.6 建设工程质量缺陷及事故的处理

4.6.1 工程质量缺陷的处理

工程施工过程中，由于种种主观和客观原因，出现质量缺陷往往难以避免。工程质量缺陷是指工程不符合国家或行业的有关技术标准、设计文件及合同中对质量的要求。在发生工程质量缺陷时，项目监理机构应当按以下程序进行处理，如图4-1所示。

1）发生工程质量缺陷后，应由专业监理工程师签发监理通知单，责成施工单位进行处理。

2）施工单位进行质量缺陷调查，分析质量缺陷产生的原因，并提出经设计等相关单位认可的处理方案。

3）由专业监理工程师审查施工单位报送的处理方案，并签署意见。

4）施工单位按审查合格的处理方案实施处理，项目监理机构对处理过程进行跟踪检查，对处理结果进行验收。

5）质量缺陷处理完毕后，项目监理机构应根据施工单位报送的监理通知回复单，对质量缺陷处理情况进行复查，并提出复查意见。

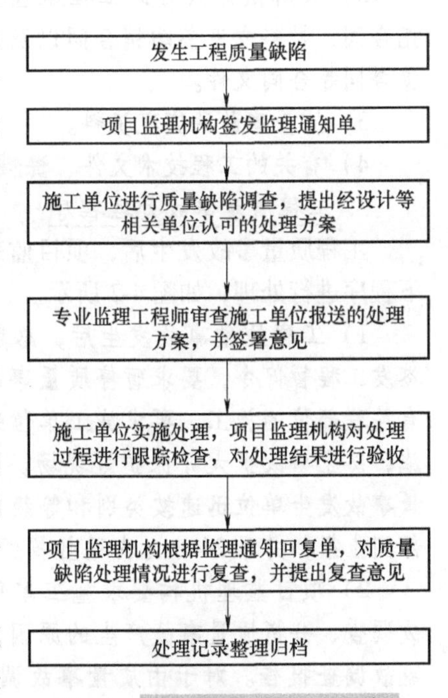

图4-1　工程质量缺陷处理程序

6）处理记录整理归档。

4.6.2 工程质量事故的处理

1. 工程质量事故等级划分

《关于做好房屋建筑和市政基础设施工程质量事故报告和调查处理工作的通知》（2010年）规定，工程质量事故是指由于建设、勘察、设计、施工、监理等单位违反工程质量有关法律法规和工程建设标准，使工程产生结构安全、重要使用功能等方面的质量缺陷，造成人身伤亡或者重大经济损失的事故。根据工程质量事故造成的人员伤亡或者直接经济损失，工程质量事故分为四个等级：

1）一般质量事故是指造成3人以下死亡，或者10人以下重伤，或者100万元以上1000万元以下直接经济损失的事故。

2）较大质量事故是指造成3人以上10人以下死亡，或者10人以上50人以下重伤，或者1000万元以上5000万元以下直接经济损失的事故。

3）重大质量事故是指造成10人以上30人以下死亡，或者50人以上100人以下重伤，或者5000万元以上1亿元以下直接经济损失的事故。

4）特别重大质量事故是指造成30人以上死亡，或者100人以上重伤，或者1亿元以上直接经济损的事故。

2. 工程质量事故处理的依据

进行工程质量事故处理的主要依据有四个方面：

1）相关的法律法规。

2）具有法律效力的工程承包合同、设计委托合同、材料或设备购销合同以及监理合同或分包合同等合同文件。

3）质量事故的实况资料。

4）有关的工程技术文件、资料、档案。

3. 工程质量事故处理程序

工程质量事故发生后，项目监理机构应按以下程序进行处理，如图4-2所示。

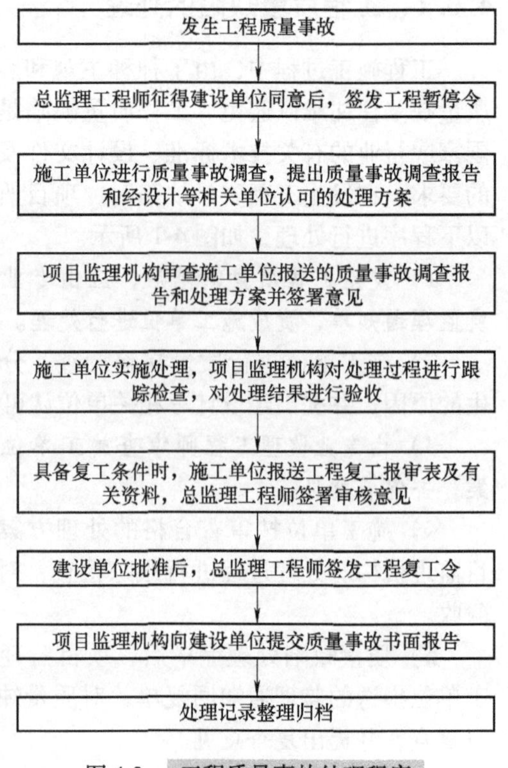

图4-2 工程质量事故处理程序

1）工程质量事故发生后，总监理工程师应签发工程暂停令，要求暂停质量事故部位和与其有关联部位的施工，要求施工单位采取必要的措施，防止事故扩大并保护好现场。同时，要求质量事故发生单位迅速按类别和等级向相应的主管部门上报，并于24小时内写出书面报告。

2）项目监理机构要求施工单位进行质量事故调查、分析质量事故产生的原因，并提交质量事故调查报告。对于由质量事故调查组处理的，项目监理机构应积极配合，客观地提供相应证据，若监理方无责任，监理工程师可应邀参加调

查组，参与事故调查；若监理方有责任，则应予以回避，但应配合调查组工作。

3）根据施工单位的质量调查报告或质量事故调查组提出的处理意见，项目监理机构要求相关单位完成技术处理方案。质量事故技术处理方案一般由施工单位提出，经原设计单位同意签认，并报建设单位批准。对于涉及结构安全和加固处理等的重大技术处理方案，一般由原设计单位提出。必要时，应要求相关单位组织专家论证，以确保处理方案可靠、可行、保证结构安全和使用功能。

4）技术处理方案经相关各方签认后，项目监理机构要求施工单位制定详细的施工方案，必要时应编制监理实施细则。对处理过程进行跟踪检查，对处理结果进行验收。必要时应组织有关单位对处理结果进行鉴定。

5）质量事故处理完毕后，具备工程复工条件时，施工单位提出复工申请，项目监理机构应审查施工单位报送的工程复工报审表及有关资料，符合要求后，总监理工程师签署审核意见，报建设单位批准后，签发工程复工令。

6）项目监理机构应及时向建设单位提交质量事故书面报告，并应将完整的质量事故处理记录整理归档。

根据《生产安全事故报告和调查处理条例》，质量事故书面报告应包括如下内容：

1）工程及各参建单位名称。

2）质量事故发生的时间、地点、工程部位。

3）事故发生的简要经过、造成的工程损伤状况、伤亡人数和直接经济损失的初步估计。

4）事故发生原因的初步判断。

5）事故发生后采取的措施及处理方案。

6）事故处理的过程及结果。

4. 工程质量事故处理的基本方法

（1）工程质量事故处理方案的确定　工程质量事故处理方案有很多种类型：

1）修补处理。这是最常用的一类处理方案。通常当工程的某个检验批、分项或分部工程的质量虽未达到规定的规范、标准或设计要求，存在一定缺陷，但通过修补或更换构配件、设备后还可达到要求的标准，又不影响使用功能和外观要求，在此情况下，可以进行修补处理。对较严重的质量缺陷，可能影响结构的安全性和使用功能，必须按一定的技术方案进行加固补强处理，这样往往会造成一些永久性缺陷。

2）返工处理。当工程质量未达到规定的标准和要求，存在严重质量缺陷，对结构的使用和安全构成重大影响，且又无法通过修补处理的情况下，可对检验批、分项、分部工程甚至整个工程返工处理。对某些存在严重质量缺陷，且无法采用加固补强等修补处理或修补处理费用比原工程造价还高的工程，应进行整体拆除，全面返工。

3）不做处理。某些工程质量缺陷虽然不符合规定的要求和标准构成质量事故，但视其严重情况，经过分析、论证、法定检测单位鉴定和设计等有关单位认可，对工程或结构使用及安全影响不大，也可不做专门处理。通常不用专门处理的情况有：不影响结构安全和正常使用；有些质量缺陷，经过后续工序可以弥补；经法定检测单位鉴定合格；出现的质量缺陷，经检测鉴定达不到设计要求，但经原设计单位核算，仍能满足结构安全和使用功能等。

选择工程质量事故处理方案，是复杂而重要的工作，常用的工程质量事故处理方案的辅

助决策方法有：

1）试验验证。即对某些有严重质量缺陷的项目，可采取合同规定的常规试验以外的试验方法进一步进行验证，以便确定缺陷的严重程度。

2）定期观测。有些工程在发现其质量缺陷时，其状态可能尚未达到稳定仍会继续发展。在这种情况下一般不宜过早做出决定，可以对其进行一段时间的观测，然后再根据情况做出决定。

3）专家论证。对于某些工程质量缺陷，可能涉及的技术领域比较广泛，或问题很复杂，有时仅根据合同规定难以决策，这时可提请专家论证。

4）方案比较。这是比较常用的一种方法。同类型和同一性质的事故可先设计多种处理方案，然后结合当地的资源情况、施工条件等逐项给出权重，做出对比，从而选择具有较高处理效果又便于施工的处理方案。

（2）工程质量事故处理的鉴定验收　质量事故的技术处理是否达到了预期目的，消除了工程质量不合格和工程质量缺陷，是否仍留有隐患，项目监理机构应通过组织检查和必要的鉴定，对此进行验收并予以最终确认。

1）检查验收。工程质量事故处理完成后，项目监理机构在施工单位自检合格的基础上，应严格按施工验收标准及有关规范的规定进行检查，依据质量事故技术处理方案设计要求，通过实际量测，检查各种资料数据进行验收，并应办理验收手续，组织各有关单位会签。

2）必要的鉴定。为确保工程质量事故的处理效果，凡涉及结构承载力等使用安全和其他重要性能的处理工作，常需做必要的试验和检验鉴定工作。检验鉴定必须委托具有资质的法定检测单位进行。

3）验收结论。对所有质量事故无论是否经过技术处理，通过检查鉴定验收还是不需专门处理的，均应有明确的书面结论。验收结论通常有以下几种：事故已排除，可以继续施工；隐患已消除，结构安全有保证；经修补处理后，完全能够满足使用要求；基本上满足使用要求，但使用时应有附加限制条件；对耐久性的结论；对建筑物外观影响的结论；对短期内难以做出结论的，可提出进一步观测检验意见。

对于处理后符合《建筑工程施工质量验收统一标准》规定的，监理人员应予以验收、确认，并应注明责任方承担的经济责任。对经加固补强或返工处理仍不能满足安全使用要求的分部工程、单位（子单位）工程，应拒绝验收。

4.7　建设工程勘察设计、保修阶段的质量管理

建设工程勘察设计、保修阶段质量管理是工程监理单位相关服务工作的主要内容，监理人员应掌握勘察设计管理的工作内容以及工程保修阶段的主要工作内容。

4.7.1　工程勘察阶段的质量管理

1. 工程勘察质量管理的主要工作内容

1）协助建设单位编制工程勘察任务书和选择工程勘察单位，并协助签订工程勘察合同。

2）审查勘察单位提交的勘察方案，提出审查意见，并报建设单位。变更勘察方案时，应按原程序重新审查。

3）检查勘察现场及室内试验主要岗位操作人员的资格、所使用的设备、仪器计量的检定情况。

4）检查勘察单位执行勘察方案的情况，对重要点的勘探与测试应进行现场检查。

5）审查勘察单位提交的勘察成果报告，必要时对于各阶段的勘察成果报告组织专家论证或专家审查，并向建设单位提交勘察成果评估报告，同时应参与勘察成果验收。经验收合格后，勘察成果报告才能正式使用。

勘察成果评估报告应包括下列内容：勘察工作概况；勘察报告编制深度与勘察标准的符合情况；勘察任务书的完成情况；存在问题及建议；评估结论。

2. 工程勘察方案的审查要点

工程勘察方案审查的重点内容包括：**勘察技术方案中工作内容与勘察合同及设计要求是否相符**，是否有漏项或冗余；**勘察点的布置是否合理**，其数量、深度是否满足规范和设计要求；各类相应的工程地质勘察手段、方法和程序是否合理，是否符合有关规范的要求；勘察重点是否符合勘察项目特点，技术与质量保证措施是否还需要细化，以确保勘察成果的有效性；勘察方案中配备的勘察设备是否满足本工程勘察技术要求；**勘察单位现场勘察组织及人员安排是否合理**，是否与勘察进度计划相匹配；**勘察进度计划是否满足工程总进度计划**。

3. 工程勘察成果的审查要点

监理工程师对勘察成果的审核与评定是勘察阶段质量管理最重要的工作。审核与评定包括程序性审查和技术性审查。

（1）程序性审查　包括工程勘察资料、图表、报告等文件要依据工程类别按有关规定执行各级审核、审批程序，并由负责人签字；工程勘察成果应齐全、可靠，满足国家有关法律法规及技术标准和合同规定的要求；工程勘察成果必须严格按照质量管理有关程序进行检查和验收，质量合格方能提供使用。对工程勘察成果的检查验收和质量评定应当执行国家、行业和地方有关工程勘察成果检查验收评定的规定。

（2）技术性审查　包括报告中不仅要提出勘察场地的工程地质条件和存在的地质问题，更重要的是结合工程设计、施工条件，以及地基处理、开挖、支护、降水等工程的具体要求，进行技术论证和评价，提出岩土工程问题及解决问题的决策性具体建议，并提出基础、边坡等工程的设计准则和岩土工程施工的指导性意见，为设计、施工提供依据，服务于工程建设全过程。另外，应针对不同勘察阶段，对工程勘察报告的内容和深度进行检查，看其是否满足勘察任务书和相应设计阶段的要求。

4.7.2　工程设计阶段的质量管理

1. 工程设计质量管理的依据

1）有关工程建设及质量管理方面的法律、法规，城市规划，国家规定的建设工程设计深度要求。铁路、交通、水利等专业建设工程，还应当依据专业规划的要求。

2）有关工程建设的技术标准，如设计的工程建设强制性标准规范及规程、设计参数、定额、指标等。

3）项目批准文件，如项目可行性研究报告、项目评估报告及选址报告。

4）体现建设单位建设意图的设计规划大纲、纲要和合同文件。

5）反映项目建设过程中和建成后所需要的有关技术、资源、经济、社会协作等方面的协议、数据和资料。

2. 工程设计质量管理的主要工作内容

（1）设计单位选择　可以通过招标投标、设计方案竞赛、建设单位直接委托等方式选择和委托设计单位。组织设计招标是用竞争机制优选设计方案和设计单位。采用公开招标方式的，招标人应当按国家规定发布招标公告；采用邀请招标方式的，招标人应当向三个以上设计单位发出招标邀请书。设计招标的目的是选择最适合项目需要的设计单位，设计单位的社会信誉、所选派的主要设计人员的能力和业绩等是主要的考察内容。

（2）**起草设计任务书**　设计任务书是设计依据之一，是建设单位意图的体现。起草设计任务书的过程，是各方就项目的功能、标准、区域划分、特殊要求等涉及项目的具体事宜不断沟通和深化交流，最终达成一致并形成文字资料的过程，这对于建设单位意图的把握非常重要，可以互相启发，互相提醒，使设计工作少走弯路。

（3）**起草设计合同**　设计质量目标主要通过项目描述和设计合同反映出来。设计描述和设计合同综合起来，确立设计的内容、深度、依据和质量标准。设计质量目标要尽量避免出现语义模糊和矛盾。设计合同应注意重点写明设计进度要求、主要设计人员、优化设计要求、限额设计要求、施工现场配合以及专业深化图配合等内容。

（4）**分阶段设计成果评审**　由建设单位组织有关专家或机构进行工程设计评审，目的是控制设计成果质量，优化工程设计，提高效益。设计评审包括设计方案评审、初步设计评审和施工图设计评审。

1）设计方案评审。包括总体方案评审、专业设计方案评审和设计方案审核。**总体方案评审重点审核设计依据、设计规模、产品方案、工艺流程、项目组成及布局、设备配套、占地面积、建筑面积、建筑造型、协作条件、环保设施、防震防灾、建设期限、投资概算等的可靠性、合理性、经济性、先进性和协调性**；专业设计方案评审重点审核专业设计方案的设计参数、设计标准、设备选型和结构造型、功能和使用价值等；设计方案审核要结合投资概算资料进行技术经济比较和多方案论证，确保工程质量、投资和进度目标的实现。

2）初步设计评审。依据建设单位提出的工程设计委托任务和设计原则，逐条对照，审核设计是否均已满足要求。审核设计项目的完整性，项目是否齐全、有无遗漏项；设计基础资料可靠性，以及设计标准、装备标准是否符合预定要求；重点审查总平面布置、工艺流程、施工进度能否实现；总平面布置是否充分考虑方向、风向、采光、通风等要素；设计方案是否全面，经济评价是否合理。

3）施工图设计评审。施工图设计评审的内容包括对工程对象物的尺寸、布置、选材、构造、相互关系、施工及安装质量要求的详细设计图和说明，这也是设计阶段质量管理的一个要点。评审的重点是使用功能是否满足质量目标和标准，设计文件是否齐全、完整，设计深度是否符合规定。具体而言，施工图评审包括如下内容。

① 总体审核。首先，审核施工图的完整性及各级的签字盖章；其次，要重点审核工艺和总图布置的合理性，项目是否齐全，有无遗漏项，总图在平面和空间布置上是否有交叉和矛盾；工艺流程及装置、设备是否满足标准、规程、规范等要求。

② 设计总说明审查。重点审查所采用设计依据、参数、标准是否满足质量要求，各项

工程做法是否合理，选用设备、材料等是否先进、合理，采用的技术标准是否满足工程需要。

③ 施工设计图审查。重点审查施工图是否符合现行标准、规程、规范、规定的要求；设计图是否符合现场和施工的实际条件，深度是否达到施工和安装的要求，是否达到工程质量的标准；选型、选材、造型、尺寸、节点等设计图是否满足质量要求。

④ 施工图预算和总投资预算审查。审查预算编制是否符合预算编制要求，工程量计算是否正确，定额标准是否合理，各项收费是否符合规定，总投资预算是否在总概算控制范围内。

⑤ 其他要求审查。审核是否符合勘察提供的建设条件，是否满足环境保护措施，是否满足施工安全、卫生、劳动保护的要求。

（5）**审查设计单位提交的设计成果，并提出评估报告**　评估报告应包括下列主要内容：设计工作概况；设计深度与设计标准的符合情况；设计任务书的完成情况；有关部门审查意见的落实情况；存在的问题及建议。

（6）**审查工程设计“四新”的备案**　审查设计单位提出的新材料、新工艺、新技术、新设备在相关部门的备案情况，必要时应协助建设单位组织专家评审。

（7）**深化设计的协调管理**　设计管理对于总体设计单位和施工图设计单位的横向管理很重要。设计质量横向管理的一项重要措施是建立联席会议制度。所谓联席会议是指各专业设计人员全部出席会议，共同研究和探讨设计过程中出现的矛盾，集思广益，提出对矛盾的解决方法，根据项目的具体特性和处于主导地位的专业要求进行综合分析，使矛盾得到合理的处理。联席会议可以定期召开，也可根据设计进展情况不定期召开。设计质量横向管理的另一重要措施是明确各专业互提要求。各专业互相提供资料是进行正常建筑设计工作的客观要求，只有各专业设计配合协调，避免出现相互碰壁的问题，才能保证设计质量。

4.7.3　工程保修阶段的质量管理

在工程保修阶段，工程监理单位应完成下列工作。

（1）**定期回访**　承担工程保修阶段的服务工作时，工程监理单位应定期回访，及时征求建设单位或使用单位的意见，及时发现使用中存在的问题。

（2）**工程质量缺陷处理**

1）协调联系。对建设单位或使用单位提出的工程质量缺陷，工程监理单位应安排监理人员进行检查和记录，并应向施工单位发出保修通知，要求施工单位予以修复。施工单位接到保修通知后，应当到现场核查情况，在保修书约定的时间内予以保修。发生涉及结构安全或者严重影响使用功能的紧急抢修事故，监理单位应单独或通过建设单位向政府管理部门报告，并立即通知施工单位到达现场抢修。

2）界定责任。工程监理单位应组织相关单位对于质量缺陷责任进行界定。首先应界定是否是使用不当的责任，如果是使用者的责任，施工单位修复的费用应由使用者承担；如果不是使用者的责任，应界定是施工责任还是材料缺陷，该缺陷部位的施工方的具体情况。分清情况，按施工合同的约定合理界定责任方。对非施工单位原因造成的工程质量缺陷，应核实施工单位申报的修复工程费用，并应签认工程款支付证书，同时应报建设单位。

3）督促维修。施工单位对于质量缺陷的维修过程，工程监理单位应予监督，合格后应

予以签认。

4）检查验收。施工单位保修义务完成后，经工程监理单位验收合格，由建设单位或者工程所有人组织验收。涉及结构安全的，应当报当地建设行政主管部门备案。

由于保修工作千差万别，监理单位应根据具体项目的工作量决定保修期间的具体工作计划，并根据与建设单位的合同约定具体决定工作方式和资料留存。

1. 何谓建设工程质量？建设工程质量有何特点？
2. 影响建设工程质量的因素有哪些？
3. 何谓建设工程质量控制？建设工程质量控制有哪些原则？
4. 建设工程质量管理制度有哪些？
5. 建设工程各参与单位分别有哪些质量责任？
6. 建设工程施工准备阶段的质量控制包含哪些工作？
7. 现场质量监督的方式有哪些？
8. 建设工程施工质量验收有哪些基本规定？
9. 简述建设工程施工质量的验收程序。
10. 简述建设工程质量事故的分类。
11. 简述建设工程质量事故处理的程序。
12. 简述建设工程勘察设计、保修阶段的质量管理工作内容。

第 5 章　建设工程进度控制

[学习目标]

掌握建设工程进度控制的任务和措施，建设工程进度计划的编制，建设工程进度计划实施中的监测与调整系统与方法。

熟悉施工阶段进度控制的内容与方法。

了解建设工程进度控制的概念，由建设单位、工程监理单位、设计单位、施工单位构成的建设工程进度计划体系，建设工程设计阶段进度控制的内容和方法。

5.1 建设工程进度控制概述

5.1.1 建设工程进度控制的概念

建设工程进度控制是指对工程项目建设各阶段的工作内容、工作程序、持续时间和衔接关系根据进度总目标及资源优化配置的原则编制计划并付诸实施，然后在进度计划的实施过程中经常检查实际进度是否按计划进度要求进行，对出现的偏差情况进行分析，采取补救措施或调整、修改原计划后再付诸实施，如此循环，直到建设工程竣工验收交付使用。具体来讲，其内涵可以从以下两方面理解：

1）建设工程进度控制的总目标是使建设项目按要求的计划时间动用。

2）建设工程进度控制是贯穿于工程建设的全过程、全方位的系统控制。

5.1.2 建设工程进度控制的任务和措施

1. 建设工程进度控制任务

建设工程进度控制的主要任务包括：

1）编制施工进度控制方案。

2）审核施工总进度计划。

3）审核年、季和月施工进度计划。

4）下达工程开工令。

5）协助施工单位实施进度计划。

6）监督施工进度计划的实施。

7）组织现场协调会。

8）签发工程进度款支付凭证。

9）审批工程延期。

10）向建设单位提供进度报告。

11）督促施工单位整理技术资料。

12）签署工程竣工报验单，提交质量评估报告。

13）整理工程进度资料。

14）工程移交。

2. 建设工程进度控制措施

1）组织措施：落实进度控制责任，建立进度控制协调制度。

2）技术措施：建立多级网络计划体系，监控施工单位实施作业计划。

3）经济措施：对工期提前者实行奖励；对应急工程实行较高的计价单价，确保资金的及时供应。

4）合同措施：按合同要求及时协调有关各方的进度，以确保建设工程的形象进度。

5.1.3 建设工程进度计划的编制

1. 建设工程进度计划的表示方法

建设工程进度计划的表示方法有多种，一般可采用横道图或网络计划图表示。

（1）**横道图** 横道图也称甘特图，是美国人甘特在20世纪初提出的一种进度计划表示方法。由于其形象、直观，且易于编制和理解，因而长期以来广泛应用于工程进度控制中。

横道图以横向线条结合时间坐标来表示项目各项工作的开始时间和先后顺序，整个计划由一系列横道组成。用横道图表示的建设工程进度计划，一般包括两个部分，左侧部分表示工作名称及工作的持续时间等基本数据；右侧部分表示横道线。图5-1所示为某基础工程施工的进度计划。横道图表示的建设工程进度计划可以明确各项工作的划分、工作的开始时间和完成时间、工作的持续时间、工作之间的相互搭接关系，以及整个工程项目的开工时间和完工时间。

工序名称	持续时间	进度/周															
		1	2	3	4	5	6	7	8	9	10	11	12	13	14	15	16
挖土Ⅰ	2																
挖土Ⅱ	6																
混凝土Ⅰ	3																
混凝土Ⅱ	3																
防水	6																
回填	2																

图5-1 某基础工程施工的进度计划

用横道图表示建设工程进度计划，存在以下缺点：

1）不能明确反映各项工作相互之间错综复杂的相互关系，因而在计划执行过程中，当某些工作的进度由于某种原因提前或拖延时，不便于分析其对其他工作及总工期的影响程

度，不利于建设工程进度的动态控制。

2）不能明确反映影响工期的关键工作和关键线路，也就无法反映整个工程项目的关键所在，因而不便于进度控制人员抓住主要矛盾。

3）不能反映工作所具有的机动时间，看不到计划的潜力所在，无法进行最合理的组织和指挥。

4）不能反映工程费用与工期之间的关系，因而不便于缩短工期和降低工程成本。

（2）**网络计划图**　建设工程进度计划用网络图来表示，可以使建设工程进度得到有效控制。网络计划图是根据项目工作顺序及相互间的逻辑关系绘制的网络图，它以箭线和节点组成的网状图来表示项目进度的计划，如图5-2所示。

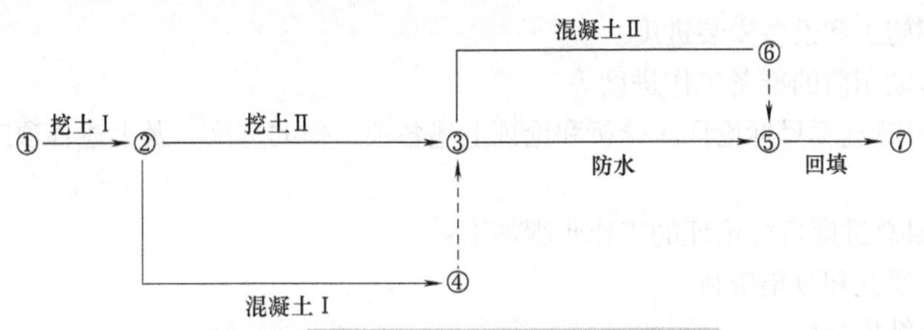

图5-2　某基础工程施工进度网络计划图

网络计划自20世纪50年代末出现，已得到迅速发展和广泛应用，其种类也越来越多。除了普通的单代号图和双代号网络图以外，还派生出其他几种网络计划，如时标网络计划图、搭接网络计划图、有时限的网络计划图和多级网络计划图。

利用网络计划图控制建设工程进度，可以弥补横道图的许多不足。与横道图相比，网络计划图的优点主要体现在以下几个方面：

1）网络计划图能够明确表达各项工作之间的逻辑关系，即各项工作之间的先后顺序关系。这对于分析各项工作之间的相互制约和相互依赖的关系具有重要意义。这是网络计划图最明显的特征之一。

2）**通过网络计划时间参数的计算，可以找出影响工程项目进度的关键线路和关键工作**。也就明确了工程进度控制中的工作重点，这对提高进度控制的效果具有重要作用。

3）**通过网络计划时间参数的计算，可以明确各项工作的机动时间**。所谓工作的机动时间，是指执行进度计划时除完成任务所必需的时间外尚剩余的、可供利用的富余时间，也称"时差"。利用网络计划反映出来的时差，可以更好地配备各种资源，达到节省人力、物力和降低成本的目的。

4）网络计划可以利用电子计算机进行计算、优化和调整。对进度计划进行优化和调整是工程进度控制工作中的一项重要内容。如果仅靠手工进行是非常困难的，而网络计划图能使进度控制人员方便地利用电子计算机进行。正是因为网络计划图的这一特点，使其成为最有效的进度控制方法。

当然，网络计划图也有其不足，如不像横道图那么直观明了等，但这可以通过绘制时标网络计划图得到弥补。

2. 建设工程进度计划的编制程序

（1）总进度目标的论证　建设项目总进度目标指的是整个项目的进度目标，它是在项

目决策阶段确定的。项目管理的主要任务是在项目的实施阶段对项目的目标进行控制。建设项目总进度目标的控制是建设单位项目管理的任务。在进行建设项目总进度目标控制前，首先应分析和论证目标实现的可能性。若项目总进度目标不可能实现，则项目管理方应提出调整项目总进度目标的建议，提请项目决策者审议。

在项目实施阶段，项目总进度包括：

1）设计前准备阶段的工作进度。

2）设计工作进度。

3）招标工作进度。

4）施工前准备工作进度。

5）工程施工和设备安装进度。

6）项目动用前的准备工作进度等。

建设项目总进度目标论证应分析和论证上述各项工作的进度，及上述各项工作进展的相互关系。

建设项目总进度目标论证的工作步骤如下：

1）调查研究和收集资料。

2）项目结构分析。

3）进度计划系统的结构分析。

4）项目的工作编码。

5）编制各层进度计划。

6）协调各层进度计划的关系，编制总进度计划。

7）若所编制的总进度计划不符合项目的进度目标，则设法调整。

8）若经过多次调整，进度目标无法实现，则报告项目决策者。

（2）进度计划编制前的调查研究　调查研究的目的是为了掌握足够充分、准确的资料，从而为确定合理的进度目标、编制科学的进度计划提供可靠依据。调查研究的内容包括：

1）工程任务情况。

2）实施条件。

3）设计资料。

4）有关标准、定额、规程、制度。

5）资源需求与供应情况。

6）资金需求与供应情况。

7）有关统计资料、经验总结及历史资料等。

（3）目标工期的设定　进度控制目标主要分为项目的建设周期、设计周期和施工工期。

1）建设周期。可根据国家基本建设统计资料确定。

2）设计周期。可根据设计周期定额确定。

3）施工工期。可参考国家颁布的施工工期定额，并综合考虑工程特点及合同要求等确定。

（4）**进度计划的编制**　当应用网络计划技术编制建设工程进度计划时，其编制程序一般包括四个阶段十个步骤，见表5-1。

表5-1 建设工程进度计划编制程序

编制阶段	编制步骤	编制阶段	编制步骤
Ⅰ. 计划准备阶段	1. 调查研究 2. 确定网络计划目标 3. 进行项目分解	Ⅲ. 计算时间参数及确定关键线路阶段	6. 计算工期持续时间 7. 计算网络计划时间参数 8. 确定关键线路和关键工作
Ⅱ. 绘制网络图阶段	4. 分析逻辑关系 5. 绘制网络图	Ⅳ. 编制正式网络计划阶段	9. 优化网络计划 10. 编制正式网络计划

5.2 建设工程进度计划体系

建设工程进度计划体系是由多个相互关联的进度计划组成的系统，它是工程进度控制的依据。为了确保建设工程进度控制目标的实现，参与工程项目建设的各有关单位都要编制进度计划，并且控制这些计划的实施。建设工程进度计划体系主要包括建设单位的计划系统、工程监理单位的计划系统、设计单位的计划系统和施工单位的计划系统。

5.2.1 建设单位的计划系统

建设单位编制（也可委托工程监理单位编制）的进度计划包括：工程项目前期工作计划、工程项目建设总进度计划和工程项目年度计划。

1. 工程项目前期工作计划

工程项目前期工作计划是指对工程项目可行性研究、项目评估及初步设计的工作进度安排。它可使工程项目前期决策阶段各项工作的时间得到控制。工程项目前期工作计划需要在预测的基础上编制。

2. 工程项目建设总进度计划

工程项目建设总进度计划是指初步设计被批准后，在编报工程项目年度计划之前，根据初步设计，对工程项目从开始建设（设计、施工准备）到竣工投产（动用）全过程的统一部署。其主要目的是安排各单位工程的建设进度、合理分配年度投资、组织各方面的协作，保证初步设计所确定的各项建设任务的完成。工程项目建设总进度计划是编报工程项目年度计划的依据，其主要内容包括文字和表格两部分。

（1）文字部分　说明工程项目的概况和特点，安排建设总进度的原则和依据，建设投资来源和资金年度安排情况，技术设计、施工图设计、设备交付和施工力量进场时间的安排，道路、供电、供水等方面的协作配合及进度的衔接，计划中存在的主要问题及采取的措施，需要上级有关部门解决的重大问题等。

（2）表格部分

1）工程项目一览表：将初步设计中确定的建设内容，按照单位工程归类并编号，明确其建设内容和投资额，以便各部门按统一的口径确定工程项目投资额，并以此为依据对其进行管理。

2）工程项目总进度计划：是根据初步设计中确定的建设工期和工艺流程，具体安排单位工程的开工日期和竣工日期。

3）投资计划年度分配表：是根据工程项目总进度计划安排各个年度的投资，以便预测

各个年度的投资规模，为筹集建设资金或银行签订借款合同及制定分年用款计划提供依据。

4）工程项目进度平衡表：用来明确各种设计文件交付日期、主要设备交货日期、施工单位进场日期、水电及道路接通日期等，以保证工程建设中各个环节相互衔接，确保工程项目按期投产或交付使用。

3. 工程项目年度计划

工程项目年度计划是依据工程项目建设总进度计划和批准的设计文件进行编制的。该计划既要满足工程项目建设总进度计划的要求，又要与当年可能获得的资金、设备、材料、施工力量相适应。应根据分批配套投产或交付使用的要求，合理安排本年度建设的工程项目。工程项目年度计划主要包括文字和表格两部分内容。

（1）文字部分　说明编制年度计划的依据和原则，建设进度、本年计划投资额及计划建造的建筑面积，施工图、设备、材料、施工力量等建设条件的落实情况，动力资源情况，对外部协作配合项目建设进度的安排或要求，需要上级主管部门协助解决的问题，计划中存在的其他问题，以及为完成计划而采取的各项措施等。

（2）表格部分

1）年度计划项目表：将确定年度施工项目的投资额和年末形象进度，并阐明建设条件的落实情况。

2）年度竣工投产交付使用计划表：将阐明各单位工程的建筑面积、投资额、新增固定资产、新增生产能力等建筑总规模及本年计划完成情况，并阐明其竣工日期。

3）年度建设资金平衡表：本年度用。

4）年度设备平衡表：本年度用。

5.2.2 工程监理单位的计划系统

工程监理单位除对被监理单位的进度计划进行监控外，自己也应编制有关进度计划，以便更有效地控制建设工程实施进度。

1. 工程监理总进度计划

在对建设工程实施全过程监理的情况下，工程监理总进度计划是依据工程项目可行性研究报告、工程项目前期工作计划和工程项目建设总进度计划编制的，其目的是对建设工程进度控制总目标进行规划，明确建设工程前期准备、设计、施工、动用前准备及项目动用等各个阶段的进度安排。

2. 工程监理总进度分解计划

1）按工程进展阶段分解。包括设计准备阶段进度计划，设计阶段进度计划，施工阶段进度计划，动用前准备阶段进度计划。

2）按时间分解。包括年度进度计划，季度进度计划，月度进度计划。

5.2.3 设计单位的计划系统

设计单位的进度计划包括设计总进度计划，阶段性设计进度计划，设计作业进度计划。

1. 设计总进度计划

设计总进度计划主要用于安排自设计准备开始到施工图设计完成的总设计时间内所包含的各阶段工作的开始时间和完成时间，从而确保设计进度控制总目标的实现。

2. 阶段性设计进度计划

阶段性设计进度计划主要用于控制设计准备、初步设计（扩大初步设计）、施工图设计等阶段的设计进度，从而实现阶段性设计进度目标。在编制阶段性设计进度计划时，必须考虑设计总进度计划对各个设计阶段的时间要求。

3. 设计作业进度计划

设计作业进度计划主要用于控制建筑、结构、水、暖、电气、设备、产品生产工艺等各专业的设计进度及时间要求。

5.2.4　施工单位的计划系统

施工单位的进度计划包括施工准备工作计划、施工总进度计划、单位工程施工进度计划和分部分项工程进度计划。

1. 施工准备工作计划

施工准备工作的主要任务是为建设工程的施工创造必要的技术和物资条件，统筹安排施工力量和施工现场。

2. 施工总进度计划

施工总进度计划是根据施工部署中施工方案和工程项目的开展程序，对全工地的所有单位工程做出时间上的安排。其目的是确定各单位工程及全工地所有工程的施工期限及开竣工日期，进而确定施工现场劳动力、材料、成品、半成品、施工机械的需要数量和调配情况，以及现场临时设施的数量、水电供应量和能源、交通需求量。

3. 单位工程施工进度计划

单位工程施工进度计划是在既定施工方案、工期与各种资源供应条件的基础上，遵循合理的施工顺序对单位工程中的各施工过程做出时间和空间上的安排，并以此为依据，确定施工作业所必需的劳动力、施工机具和材料供应计划。因此，合理安排单位工程施工进度，是保证在规定工期内完成符合质量要求的工程任务的重要前提。同时，为编制各种资源需要量计划和施工准备工作计划提供依据。

4. 分部分项工程进度计划

分部分项工程进度计划是针对工程量较大或施工技术比较复杂的分部分项工程，在依据工程具体情况所制定的施工方案基础上，对其各施工过程所做出的时间安排。

此外，为了有效地控制建设工程施工进度，施工单位还应编制年度施工计划、季度施工计划和月（旬）作业计划，将施工进度计划逐层细化。

5.3　建设工程进度计划实施中的监测与调整

确定建设工程进度目标，编制一个科学、合理的进度计划是监理工程师实现进度控制的首要前提。但只有进度计划的编制是不够的，工程项目的进度控制可以概括为三大系统的相互作用，即由进度计划系统、进度监测系统及进度调整系统共同构成了进度控制的基本过程。在进度计划的执行中，必须采取有效的监测手段，才能及时发现问题，并运用有效的进度调整方法来解决问题。

5.3.1 实际进度监测与调整的系统过程

1. 进度监测的系统过程

在建设工程实施过程中，监理工程师应经常地、定期地对进度计划的执行情况进行跟踪检查，发现问题后，及时采取措施加以解决。监测系统过程如图 5-3 所示。

（1）进度计划执行中的跟踪检查　对进度计划的执行情况进行跟踪检查是计划执行信息的主要来源，是进度分析和调整的依据，也是进度控制的关键步骤。跟踪检查的主要工作是定期收集反映工程实际进度的有关数据，收集的数据应当全面、真实、可靠，不完整或不正确的进度数据将导致判断不准确或决策失误。为了全面、准确地掌握进度计划的执行情况，监理工程师应认真做好以下三方面的工作：

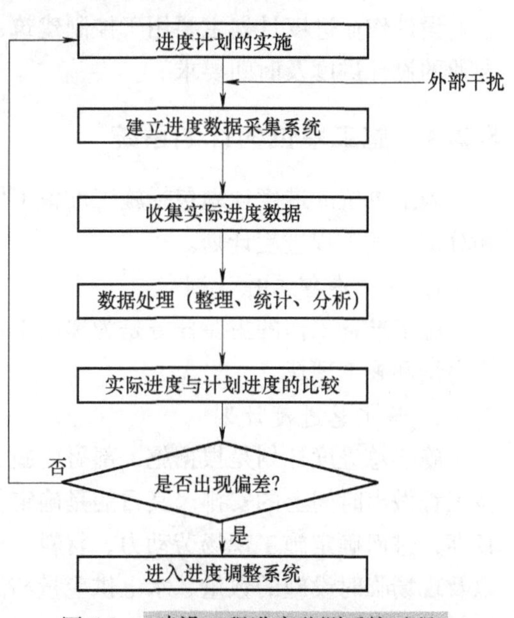

图 5-3　建设工程进度监测系统过程

1）定期收集进度报表资料。进度报表是反映工程实际进度的主要方式之一。进度执行单位应按照监理制度规定的时间和报表内容，定期填写进度报表。监理工程师通过收集进度报表资料掌握工程实际进展情况。

2）现场实地检查工程进展情况。派监理人员常驻现场，随时检查进度计划的实际执行情况，这样可以加强进度监测工作，掌握工程实际进度的第一手资料，使获取的数据更加及时、准确。

3）定期召开现场会议。监理工程师通过与进度计划执行单位有关人员面对面的交谈，既可以了解工程实际进度状况，也可以协调有关方面的进度关系。

（2）实际进度数据的加工处理　为了进行实际进度与计划进度的比较，必须对收集到的实际进度数据进行加工处理，形成与计划进度具有可比性的数据。

（3）实际进度与计划进度的对比分析　将实际进度数据与计划进度数据进行比较，可以确定建设工程实际执行状况与计划目标之间的差距。

2. 进度调整的系统过程

在建设工程实施进度监测过程中，一旦发现实际进度偏离计划进度，必须认真分析产生偏差的原因及其对后续工作和总工期的影响，必要时采取合理、有效的进度计划调整措施，确保进度总目标的实现。进度调整系统过程如图 5-4 所示。

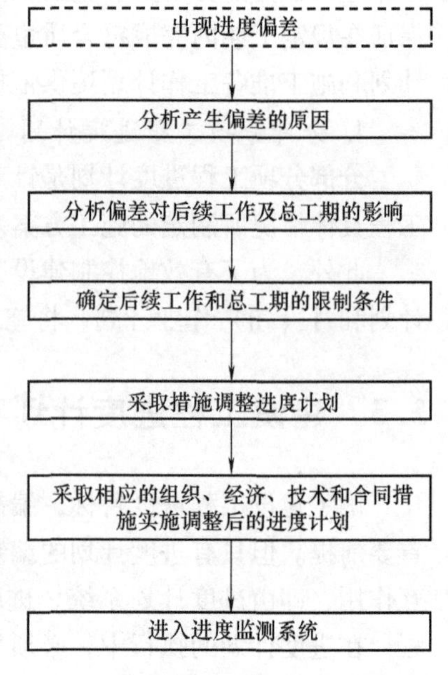

图 5-4　建设工程进度调整系统过程

（1）分析进度偏差产生的原因　通过实际进度与计划

进度的比较，发现进度偏差时，为了采取有效措施调整进度计划，必须深入现场进行调查，分析产生进度偏差的原因。

（2）分析进度偏差对后续工作及总工期的影响　当查明进度偏差产生的原因之后，要分析进度偏差对后续工作和总工期的影响程度，以确定是否应采取措施调整进度计划。

（3）确定后续工作和总工期的限制条件　当出现的偏差影响到后续工作或总工期而需要采取进度调整措施时，应当首先确定可调整进度的范围，主要是指关键节点、后续工作的限制条件以及总工期允许变化的范围。这些限制条件往往与合同条件有关，需要认真分析后确定。

（4）采取措施调整进度计划　采取进度计划调整措施，应以后续工作和总工期的限制条件为依据，确保要求的进度目标得到实现。

（5）实施调整后的进度计划　进度计划调整后，应采取相应的组织、经济、技术及合同措施来保证执行，并继续监测其执行情况。

5.3.2　实际进度与计划进度的比较方法

实际进度与计划进度的比较是建设工程进度监测的主要环节。常用的进度比较方法有横道图、S形曲线、香蕉曲线、前锋线和列表比较法等。

1. 横道图比较法

横道图比较法是指将项目实施过程中检查实际进度收集到的数据，经加工整理后直接用横道线平行绘制于原计划的横道线外，进行实际进度与计划进度的比较方法。采用横道图比较法，可以形象、直观地反映实际进度与计划进度的比较情况。

例如，某基础工程的进度计划和截至第8周末的实际进度如图5-5所示。其中，细线表示该工程的计划进度，粗线表示该工程的实际进度。从图中实际进度与计划进度的比较可以看出，到第8周末进行实际进度检查时，挖土Ⅰ和混凝土Ⅰ两项工作已经完成；挖土Ⅱ也应该完成，但实际只完成2/3，任务量拖欠1/3。

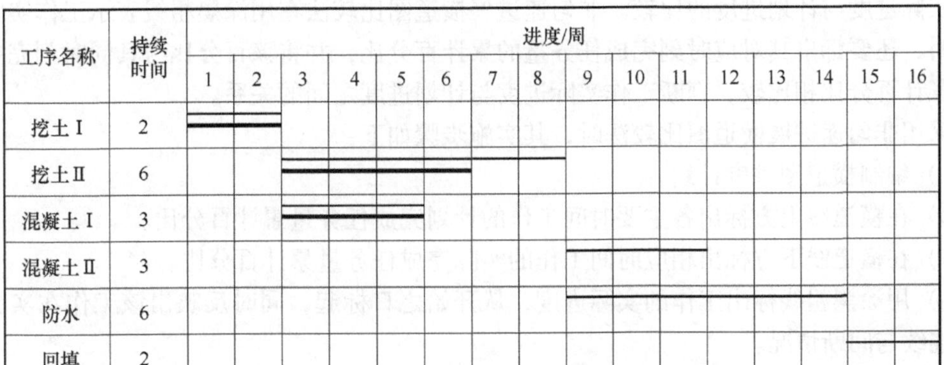

工序名称	持续时间	进度/周															
		1	2	3	4	5	6	7	8	9	10	11	12	13	14	15	16
挖土Ⅰ	2																
挖土Ⅱ	6																
混凝土Ⅰ	3																
混凝土Ⅱ	3																
防水	6																
回填	2																

——— 工程计划进度
━━━ 工程实际进度
▲检查日期

图5-5　某基础工程实际进度与计划进度比较图

图5-5所表达的比较方法仅适用于工程项目中的各项工作都是均匀进展的情况。事实上，工程项目中各项工作的进展不一定是匀速的。根据工程项目中的各项工作的进展是否匀

速，可采用以下两种方法进行实际进度与计划进度的比较。

(1) 匀速进展横道图比较法　匀速进展是指在工程项目中，每项工作在单位时间内完成的任务量都是相等的，即工作的进展速度是均匀的。

此时，每项工作累计完成的任务量与时间呈线性关系。完成的任务量可以用实物工程量、劳动消耗量或费用支出表示。为了便于比较，通常用上述物理量的百分比表示。

采用匀速进展横道图比较法时，其步骤如下：

1）编制横道图进度计划。

2）在进度计划上标出检查日期。

3）将检查收集到的实际进度数据经加工整理后按比例用涂黑的粗线标于计划进度的下方，如图 5-6 所示。

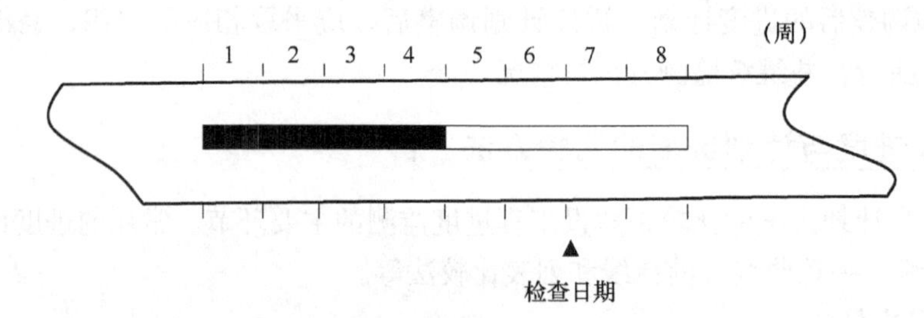

图 5-6　匀速进展横道图比较法

4）对比分析实际进度与计划进度：

① 如果涂黑的粗线右端落在检查日期左侧，表明实际进度拖后。

② 如果涂黑的粗线右端落在检查日期右侧，表明实际进度超前。

③ 如果涂黑的粗线右端与检查日期重合，表明实际进度与计划进度一致。

(2) 非匀速进展横道图比较法　当工作在不同单位时间内的进展速度不等时，累计完成的任务量与时间的关系就不可能是线性关系。此时，应采用非匀速进展横道图比较法进行工作实际进度与计划进度的比较。非匀速进展横道图比较法在用涂黑粗线表示工作实际进度的同时，还要标出其对应时刻完成任务量的累计百分比，并将该百分比与其同时刻完成任务量的累计百分比相比较，判断工作实际进度与计划进度之间的关系。

采用非匀速进展横道图比较法时，其实施步骤如下：

1）编制横道图进度计划。

2）在横道线上方标出各主要时间工作的计划完成任务量累计百分比。

3）在横道线下方标出相应时间工作的实际完成任务量累计百分比。

4）用涂黑粗线标出工作的实际进度，从开始之日标起，同时反映出该工作在实施过程中的连续与间断情况。

5）通过比较同一时刻实际完成任务量累计百分比和计划完成任务量累计百分比，判断工作实际进度与计划进度之间的关系，如图 5-7 所示。

① 如果同一时刻横道线上方累计百分比大于横道线下方累计百分比，表明实际进度拖后，拖欠的任务量为二者之差。

② 如果同一时刻横道线上方累计百分比小于横道线下方累计百分比，表明实际进度超前，超前的任务量为二者之差。

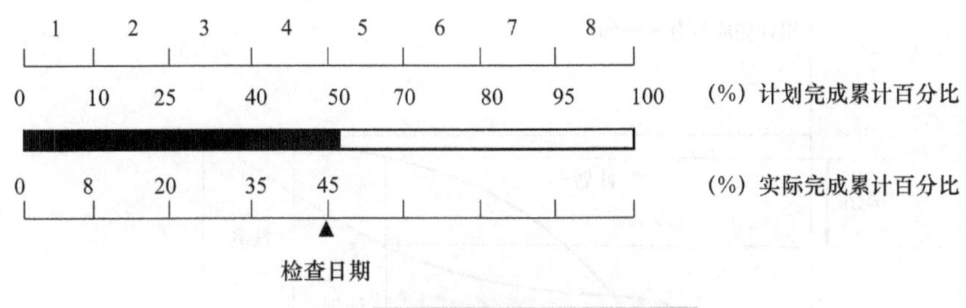

图 5-7　非匀速进展横道图比较法

③ 如果同一时刻横道线上下方两个累计百分比相等，表明实际进度与计划进度一致。

由于工作进展速度是变化的，因此，在图中的横道线，无论是计划的还是实际的，只能表示工作的开始时间、完成时间和持续时间，并不表示计划完成的任务量和实际完成的任务量。

横道图比较法虽有记录和比较简单、形象直观、易于掌握、使用方便等优点，但由于其以横道计划为基础，因而主要用于工程项目中某些工作实际进度与计划进度的局部比较。

2. S 曲线比较法

S 曲线比较法是以横坐标表示时间，纵坐标表示累计完成任务量，绘制一条按计划时间累计完成任务量的 S 曲线；然后将工程项目实施过程中各检查时间实际累计完成任务量的 S 曲线也绘制在同一坐标系中，进行实际进度与计划进度比较的一种方法。

从整个工程项目实际进展全过程看，单位时间投入的资源量一般是开始和结束时较少，中间阶段较多。与其相对应，单位时间完成的任务量也呈同样的变化规律，如图 5-8a 所示。而随工程进展累计完成的任务量则应呈 S 形变化，如图 5-8b 所示。由于其形似英文字母“S”，S 曲线因此而得名。

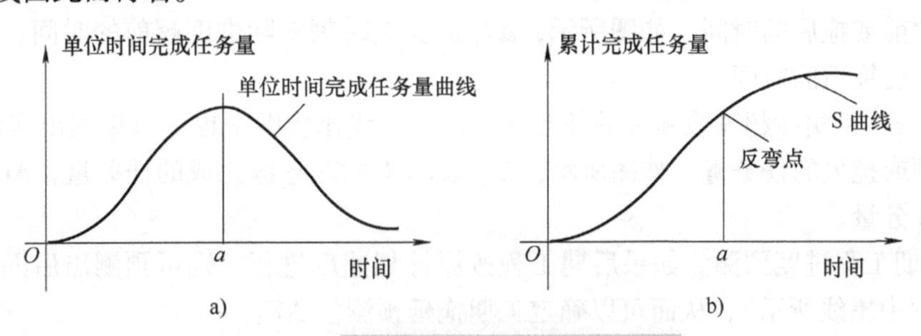

图 5-8　时间与完成任务量关系曲线

（1）S 曲线的绘制方法　S 曲线的绘制方法如下：

1）确定单位时间计划和实际完成的任务量。

2）确定单位时间计划和实际累计完成的任务量。

3）确定单位实际计划和实际累计完成任务量的百分比。

4）绘制计划和实际的 S 形曲线。

5）分析比较 S 形曲线。

（2）S 曲线的比较分析　S 曲线比较法对实际进度与计划进度的比较同横道图比较法一样，也是在图上进行工程项目实际进度与计划进度的直观比较。在工程项目实施过程中，按照规定时间将检查收集到的实际累计完成任务量绘制在原计划 S 曲线图上，即可得到实际进度 S 曲线，如图 5-9 所示。

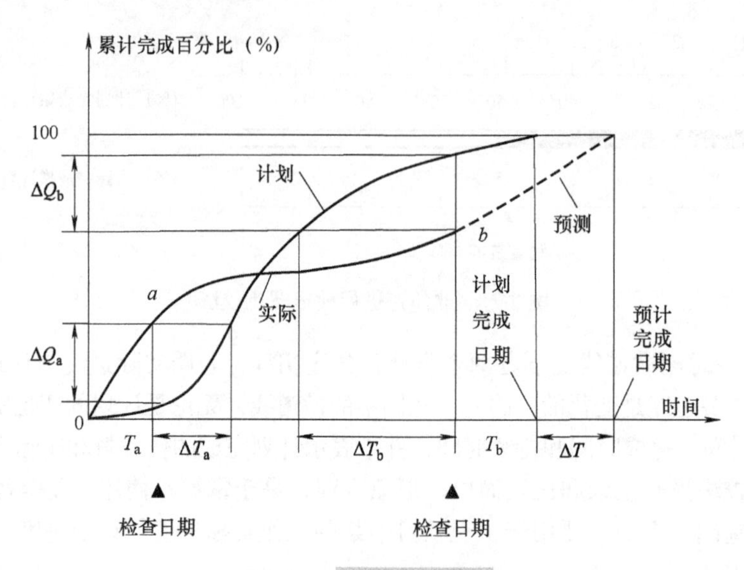

图 5-9　S 曲线比较图

通过比较实际进度 S 曲线和计划进度 S 曲线，可以获得如下信息：

1）工程项目实际进展状况。如果工程实际进展点落在计划 S 曲线左侧，表明此时实际进度比计划进度超前，如图中的 *a* 点；如果工程实际进展点落在计划 S 曲线右侧，表明此时实际进度拖后，如图中的 *b* 点；如果工程实际进展点正好落在计划 S 曲线上，则表示此时实际进度与计划进度一致。

2）工程项目实际进度超前或拖后的时间。在 S 曲线比较图中可以直接读出实际进度比计划进度超前或拖后的时间。如图所示，ΔT_a表示 T_a时刻实际进度超前的时间；ΔT_b表示 T_b时刻实际进度拖后的时间。

3）工程项目实际超额或拖欠的任务量。在 S 曲线比较图中也可直接读出实际进度比计划进度超额或拖欠的任务量。如图所示，ΔQ_a表示 T_a时刻超额完成的任务量，ΔQ_b表示 T_b时刻拖欠的任务量。

4）后期工程进度预测。如果后期工程按原计划速度进行，则可预测出后期工程进度 S 曲线（如图中虚线所示），从而可以确定工期拖延预测值 ΔT。

3. 香蕉曲线比较法

香蕉曲线是由两条 S 曲线组合而成的闭合曲线。由 S 曲线比较法可知，工程项目累计完成的任务量与计划时间的关系，可以用一条 S 曲线表示。对于一个工程项目的网络计划来说，如果以其中各项工作的最早开始时间安排进度而绘制 S 曲线，称为 ES 曲线；如果以其中各项工作的最迟开始时间安排进度而绘制 S 曲线，称为 LS 曲线。两条 S 曲线具有相同的起点和终点，因此，两条曲线是闭合的。在一般情况下，ES 曲线上的其余各点均落在 LS 曲线的相应点的左侧。由于该闭合线形似“香蕉”，故称为香蕉曲线，如图 5-10 所示。

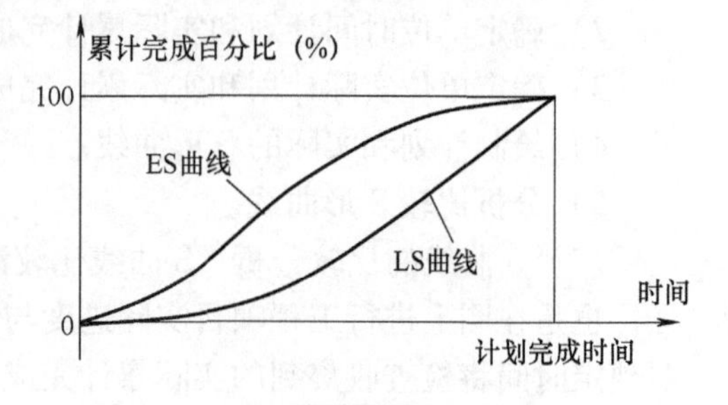

图 5-10　香蕉曲线比较图

(1) 香蕉曲线比较法的作用　香蕉曲线比较法能直观地反映工程项目的实际进展情况，并可以获得比S曲线更多的信息。其主要作用有：

1) 合理安排工程项目进度计划。如果工程项目中的各项工作均按其最早开始时间安排进度，将导致项目的投资加大；而如果各项工程都按其最迟开始时间安排进度，则一旦受到进度影响因素的干扰，又将导致工期延误，使工程进度风险加大。因此，一个科学合理的进度计划优化曲线应处于香蕉曲线所包括的区域之内。

2) 定期比较工程项目的实际进度与计划进度。在工程项目的实施过程中，根据每次检查收集到的实际完成任务量，绘制出实际进度S曲线，便可以与计划进度进行比较。工程项目实施进度的理想状态是任一时刻工程实际进展点应落在香蕉曲线图的范围之内。如果工程实际进展点落在ES曲线左侧，表明此时实际进度比各项工作按其最早开始时间安排的计划进度超前；如果工程实际进展点落在LS曲线右侧，表明此时实际进度比各项工作按其最迟开始时间安排的计划进度拖后。

3) 预测后期工程进展趋势。利用香蕉曲线可以对后期工程的进展情况进行预测。例如在图5-11中，该工程项目在检查日实际进度超前。检查日期之后的后期工程进度安排如图中虚线所示，预计该工程项目将提前完成。

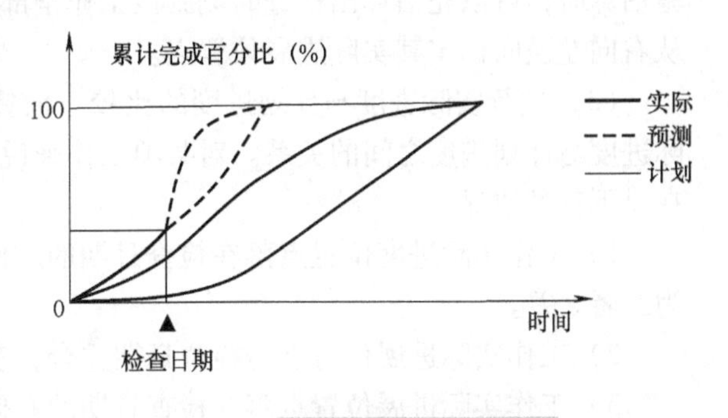

图5-11　工程进展趋势预测图

(2) 香蕉曲线的绘制方法　香蕉曲线与S曲线的绘制方法基本相同，所不同的是香蕉曲线是以工作按最早开始时间安排进度和按最迟时间安排进度分别绘制的两条S曲线组合而成。其绘制步骤如下：

1) 以工程项目的网络计划为基础，计算各项工作的最早开始时间和最迟开始时间。

2) 确定各项工作在各单位时间的计划完成任务量，分别按以下两种情况考虑：

① 按最早开始时间安排进度计划，确定各项工作在各单位时间的计划完成任务量。

② 按最迟开始时间安排进度计划，确定各项工作在各单位时间的计划完成任务量。

3) 计算工程项目总任务量，即对所有工作在各单位时间计划完成的任务量累加求和。

4) 分别根据各项工作按最早开始时间和最迟开始时间安排的进度计划，确定工程项目在各单位时间计划完成的任务量，即将各项工作在某一单位时间内计划完成的任务量求和。

5) 分别根据各项工作按最早开始时间和最迟开始时间安排的进度计划，确定不同时间累计完成的任务量或任务量百分比。

6) 绘制香蕉曲线。分别根据各项工作按最早开始时间和最迟开始时间安排的进度计划而确定的累计完成任务量或任务量百分比描绘各点，并连接各点得到ES曲线和LS曲线，由ES曲线和LS曲线组成香蕉曲线。

4. 前锋线比较法

前锋线比较法是通过绘制某检查时刻工程项目实际进度前锋线，进行工程实际进度与计划进度比较的方法。它主要适用于时标网络计划。所谓前锋线是指在原时标网络计划上，从检查时刻的时标点出发，用点画线将各项工作实际进展位置点连接而成的折线。

前锋线比较法是通过实际进度前锋线与原进度计划中各工作箭线交点的位置来判断工作实际进度与计划进度的偏差，进而判定该偏差对后续工作及总工期影响程度的一种方法。

采用前锋线比较法进行实际进度与计划进度的比较，其步骤如下。

（1）绘制时标网络计划图　工程项目实际进度前锋线是在时标网络计划图上标示，为清楚起见，可在时标网络计划图的上方和下方各设一时间坐标。

（2）绘制实际进度前锋线　一般从时标网络图上方时间坐标的检查日期开始绘制，依次连接相邻工作的实际进展位置点，最后与时标网络图下方坐标的检查日期相连接。

工作实际进展位置点的标定方法有以下两种。

1）按该工作已完任务量比例进行标定。假设工程项目中各项工作均为匀速进展，根据实际进度检查时刻该工作已完任务量占其计划完成总任务量的比例，在工作箭线上从左至右按相同比例标定其实际进展位置点。

2）按尚需作业时间进行标定。当某些工作的持续时间难以按实物量来计算而只能凭经验估算时，可以先估算出检查时刻到该工作全部完成尚需作业的时间，然后在该工作箭线上从右向左逆向标定其实际进展位置点。

（3）进行实际进度与计划进度的比较　前锋线可以直观地反映出检查日期有关工作实际进度与计划进度之间的关系。对某项工作来说，其实际进度与计划进度之间的关系可能存在以下三种情况：

1）工作实际进度位置点落在检查日期的左侧，表明该工作实际进度拖后，拖后的时间为二者之差。

2）工作实际进展位置点与检查日期重合，表明该工作实际进度与计划进度一致。

3）工作实际进展位置点落在检查日期的右侧，表明该工作实际进度超前，超前的时间为二者之差。

（4）预测进度偏差对后续工作及总工期的影响　通过实际进度与计划进度的比较确定进度偏差后，还可根据工作的自由时差和总时差预测该进度偏差对后续工作及项目总工期的影响。由此可见，前锋线比较法既适用于工作实际进度与计划进度的局部比较，又可用来分析和预测工程项目整体进度状况，如图 5-12 所示。

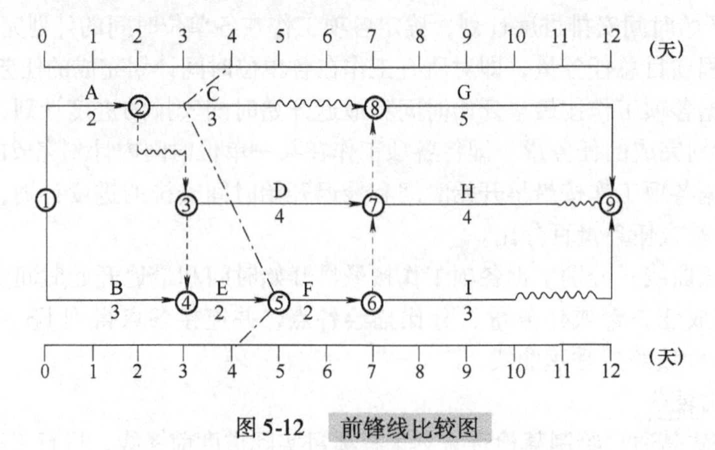

图 5-12　前锋线比较图

从图 5-12 可以看出，工作 C 实际进度拖后 1 天，既不影响总工期，也不影响后续工作的正常进行；工作D实际进度与计划进度一致；工作E超前1天，将使其后续工作F、I最早开始时间超前1天，但不影响总工期。

5. 列表比较法

当工程进度计划用非时标网络图表示时，可以采用列表比较法进行实际进度与计划进度的比较。列表比较法是记录检查日期应该进行的工作名称及其已经作业的时间，然后列表计算有关时间参数，并根据工作总时差进行实际进度与计划进度比较的方法。

采用列表比较法进行实际进度与计划进度的比较步骤如下。

1）对于实际进度检查日期应进行的工作，根据已作业的时间，确定其尚需作业时间。

2）根据原进度计划，计算检查日期应该进行的工作从检查日期开始至原计划最迟完成时的尚余时间。

3）计算工作尚有总时差，其值等于工作从检查日期到原计划最迟完成时间尚余时间与该工作尚需作业时间之差。

4）比较实际进度与计划进度，可能有以下几种情况：

① 如果尚有总时差与原有总时差相等，说明该工作实际进度与计划进度一致。

② 如果尚有总时差大于原有总时差，说明该工作实际进度超前，超前时间为二者之差。

③ 如果尚有总时差小于原有总时差，且仍为非负值，说明该工作实际进度拖后，拖后时间为二者之差，但不影响总工期。

④ 如果尚有总时差小于原有总时差，且为负值，说明该工作实际进度拖后，拖后时间为二者之差，此时工作实际进度偏差将影响总工期。

5.3.3　进度计划实施中的调整方法

1. 分析进度偏差对后续工作及总工期的影响

在工程项目实施过程中，当通过实际进度与计划进度的比较，发现有进度偏差时，需要分析该偏差对后续工作及总工期的影响，从而采取相应的调整措施对原进度计划进行调整，以确保工期目标的顺利实现。进度偏差的大小及其所处的位置不同，对后续工作和总工期的影响程度是不同的，分析时需要利用网络计划中工作总时差和自由时差的概念进行判断。

分析步骤如下。

（1）**分析出现进度偏差的工作是否为关键工作**　如果出现进度偏差的工作位于关键线路上，即该工作为关键工作，则无论其偏差有多大，都将对后续工作和总工期产生影响，必须采取相应的调整措施；如果出现偏差的工作是非关键工作，则需要根据进度偏差值与总时差和自由时差的关系做进一步分析。

（2）**分析进度偏差是否超过总时差**　如果工作的进度偏差大于该工作的总时差，则必将影响其后续工作和总工期，必须采取相应的调整措施；如果工作的进度偏差未超过该工作的总时差，则此进度偏差不影响总工期。至于对后续工作的影响程度，还需要根据偏差值与其自由时差的关系做进一步分析。

（3）**分析进度偏差是否超过自由时差**　如果工作的进度偏差大于该工作的自由时差，则必将对其后续工作产生影响，此时应根据后续工作的限制条件确定调整方法；如果工作的进度偏差未超过该工作的自由时差，则此进度偏差不影响后续工作，因此原进度计划可以不做调整。

进度偏差的分析判断过程如图5-13所示。进度控制人员可以根据进度偏差的影响程度，制定相应的纠偏措施进行调整，以获得符合实际进度情况和计划目标的新进度计划。

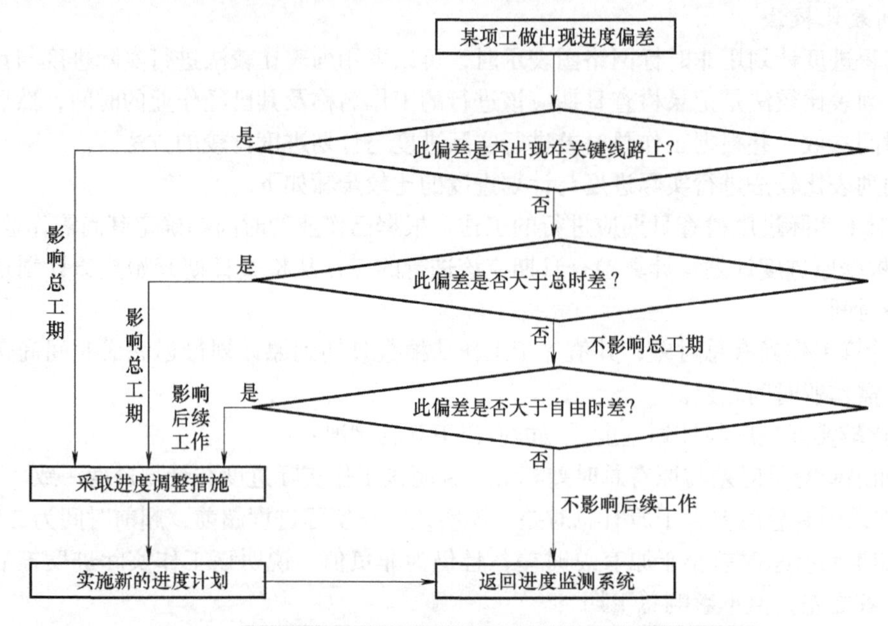

图5-13 进度偏差对后续工作及总工期的影响分析过程图

2. 进度计划的调整方法

当实际进度偏差影响到后续工作、总工期需要调整进度计划时，其调整方法主要有以下几种。

(1) **改变某些后续工作之间的逻辑关系** 当工程项目实施过程中产生的进度偏差影响到后续工作，且有关后续工作之间的逻辑关系允许改变，此时可以改变关键线路和超过计划工期的非关键线路上的有关后续工作之间的逻辑关系，如将顺序进行的工作改为平行作业、搭接作业以及分段组织流水作业等，均可以达到缩短工期的目的。

(2) **缩短某些后续工作的持续时间** 当进度偏差已影响到计划工期，进度计划调整的另一种方法是在不改变网络计划中各项工作之间逻辑关系的前提下，通过压缩某些后续工作的持续时间来达到优化目标。缩短某些后续工作的持续时间，其调整方法视限制条件及其对后续工作的影响程度，分为以下两种情况：

1) **网络计划中某项工作进度拖延的时间已超过其自由时差但未超过其总时差。**此时该工作的实际进度不会影响总工期，只会对其后续工作产生影响。因此，在进行调整前，需要确定其后续工作允许拖延的时间限制。

① **后续工作拖延的时间无限制。**可将拖延后的时间参数带入原计划，并化简网络图（去掉已执行部分，以进度检查日为起点，将实际数据带入，绘制出未实施部分的进度计划），即可得到调整方案。

② **后续工作拖延时间有限制。**需要根据限制条件对网络计划进行调整，寻求最优方案。

2) **网络计划中某项工作进度拖延的时间超过其总时差。**网络计划中某项工作进度拖延的时间超过其总时差，则无论该工作是否为关键工作，其实际进度都将对后续工作和总工期产生影响。此时，进度计划的调整方法可分为三种情况：

① **项目总工期不允许拖延。**只能采取缩短关键线路上后续工作持续时间的方法来达到调整计划的目的。

② **项目总工期允许拖延，且拖延时间无限制。**只需以实际数据取代原计划数据，并重新绘制实际进度检查日期之后的简化网络计划即可。

③ **项目总工期允许拖延，但拖延的时间有限。**当实际进度拖延的时间超过此限制时，也需要对网络计划进行调整，即通过缩短关键线路上后续工作持续时间的方法来使总工期满足规定工期的要求。

5.4 建设工程设计阶段进度控制

建设工程设计阶段是工程项目建设过程中的一个重要阶段，同时也是影响工程项目建设工期的关键阶段之一。在实施设计阶段监控中，监理工程师必须采取有效措施对建设工程设计进度进行控制。设计进度控制是施工进度控制，设备和材料供应进度控制的前提。

5.4.1 设计阶段进度控制目标的确定

建设工程设计阶段进度控制的最终目标是按质、按量、按时间要求提供施工图设计文件。确定建设工程设计进度控制总目标时，其主要依据有：建设工程总进度目标对设计周期的要求；设计工期定额、类似工程项目的设计进度、工程项目的技术先进程度等。

为了有效地控制设计进度，还需要将建设工程设计进度控制总目标按设计进展阶段和专业进行分解，从而形成设计阶段进度控制目标体系。

1. 设计进度控制分阶段目标

建设工程设计主要包括设计准备、初步设计、技术设计、施工图设计等阶段，为了确保设计进度控制总目标的实现，应明确每一阶段的进度控制目标。

(1) 设计准备工作时间目标　设计准备工作阶段主要包括：规划设计条件的确定、设计基础资料的提供以及委托设计等工作，它们都应有明确的时间目标。

1) 确定规划设计条件。规划设计条件是指在城市建设中，由城市规划管理部门根据国家有关规定，从城市总体规划的角度出发，对拟建项目在规划设计方面所提出的要求。规划设计条件的确定按下列程序进行：

① 由建设单位持建设项目的批准文件和确定的建设用地通知书，向城市规划管理部门申请确定拟建项目的规划设计条件。

② 城市规划管理部门提出规划设计条件征询意见表，以了解有关部门是否有能力承担该项目的配套建设，以及存在的问题和要求等。建设单位按照城市规划管理部门的要求，分别向有关单位征询意见，由各有关单位签注意见和要求，必要时由建设单位与有关单位签订配套项目协议。

③ 将征询意见表返回城市规划管理部门，经整理确定后，再向建设单位发出规划设计条件通知书。

2) 提供设计基础资料。建设单位必须向设计单位提供完整、可靠的设计基础资料，它是设计单位进行工程设计的主要依据。设计基础资料一般包括下列内容：经批准的可行性研究报告，城市规划管理部门发给的规划设计条件通知书和地形图，建筑总平面布置图，原有

的上下水管道图、道路图、动力和照明线路图，建设单位与有关部门签订的供电、供气、供热、供水、雨污水排放方案或协议书，环保部门批准的建设工程环境影响审批表和城市节水部门批准的节水措施批件，当地的气象、风向、风荷、雪荷及地震级别，水文地质和工程地质勘察报告，对建筑物的采光、照明、供电、供气、供热、给水排水、空调及电梯的要求，建筑构配件的适用要求，各类设备的选型、生产厂家及设备构造安装图，建筑物的装饰标准及要求，对“三废”处理的要求，建设项目所在地区其他方面的要求和限制。

3）选定设计单位、商签设计合同。设计单位的选定可以采用直接指定、设计招标及设计方案竞赛等方式。当选定设计单位之后，建设单位和设计单位应就设计费用及委托设计合同中的一些细节进行谈判、磋商，双方取得一致意见后即可签订工程设计合同。在合同中，要明确设计进度及设计图提交时间。

（2）初步设计、技术设计工作时间目标　为了确保工程建设进度总目标的实现，应根据建设工程的具体情况，确定出合理的初步设计和技术设计周期。该时间目标中，除了要考虑设计工作本身及进行设计分析和评审所花的时间外，还应考虑设计文件的报批时间。

（3）施工图设计工作时间目标　施工图设计是工程设计的最后一个阶段，其工作进度将直接影响建设工程的施工进度，进而影响建设工程进度总目标的实现。因此，必须确定合理的施工图设计交付时间，确保建设工程设计进度总目标的实现，从而为工程施工的正常进行创造良好的条件。

2. 设计进度控制分专业目标

为了有效地控制建设工程设计进度，还可以将各阶段设计进度目标具体化，进行进一步分解，将设计进度控制目标构成一个从总目标到分目标的完整的目标体系。

5.4.2 影响设计进度的因素

在工程设计过程中，影响其进度的因素有很多，归纳起来主要有以下几个方面：

（1）建设意图及要求改变的影响　建设工程设计是本着业主的建设意图和要求而进行的，所有的工程设计必然是业主意图的体现。因此，在设计过程中，如果业主改变其建设意图和要求，就会引起设计单位的设计变更，必然会对设计进度造成影响。

（2）设计审批时间的影响　建设工程设计是分阶段进行的，如果前一阶段的设计文件不能顺利得到批准，必然会影响到下一阶段的设计进度。因此，设计审批时间的长短，在一定条件下将影响到设计进度。

（3）设计各专业之间协调配合的影响　建设工程设计是一个多专业、多方面协调合作的复杂过程，如果业主、设计单位、监理单位等各单位之间，以及土建、电气、通信等各专业之间没有良好的协作关系，必然会影响建设工程设计工作的顺利实施。

（4）工程变更的影响　当建设工程采用CM法实行分段设计、分段施工时，如果在已施工的部分发现一些问题而必须进行工程变更的情况下，也会影响设计工作进度。

（5）材料代用、设备选用失误的影响　材料代用、设备选用的失误将会导致原有工程设计失效而重新进行设计，这也会影响设计工作进度。

5.4.3 工程监理单位的进度监控

建设工程设计阶段进度控制的主要任务是出图控制，也就是通过采取有效措施使工程设计者如期完成初步设计、技术设计、施工图设计等各阶段的设计工作，并提交相应的设计图及说明。

为此，工程监理单位受建设单位的委托进行工程设计监控时，应落实项目监理组织中负责设计进度控制的专职人员，并按合同要求对设计进度实施动态控制。在设计工作开始之前，首先应由监理工程师审查设计单位所编制的进度计划和各专业的出图计划的合理性和可行性。在进度计划实施过程中，监理工程师应跟踪检查这些计划的执行情况，**定期将实际进度与计划进度进行比较**，进而纠正或修订进度计划。若发现进度拖后，监理工程师应督促设计单位采取有效措施加快进度。

5.5 建设工程施工阶段进度控制

施工阶段是建设工程实体的形成阶段，对其进度实施控制是建设工程进度控制的重点。做好施工进度计划与项目建设总进度计划的衔接，并跟踪检查施工进度计划的执行情况，在必要时对施工进度计划进行调整对于建设工程进度控制总目标的实现具有十分重要的意义。

监理工程师受业主的委托在建设工程施工阶段实施监理时，其进度控制的总任务就是在满足工程项目建设总进度计划要求的基础上，编制或审核施工进度计划，并对其执行情况加以动态控制，以保证工程项目按期竣工交付使用。

5.5.1 施工阶段进度控制目标的确定

1. *施工进度控制目标体系*

建设工程不但要有项目建成交付使用的确切日期这个总目标，还要有各单位工程交工动用的分目标以及按承包单位、施工阶段和不同计划期划分的分目标。各目标之间相互联系，共同构成建设工程施工进度控制目标体系。

（1）按项目组成分解，确定各单位工程开工及动用日期　各单位工程的进度目标在工程项目建设总进度计划及建设工程年度计划中都有体现。在施工阶段应进一步明确各单位工程的开工和交工动用日期，以确保施工总进度目标的实现。

（2）按承包单位分解，明确分工条件和承包责任　在一个单位工程中有多个承包单位参加施工时，应按承包单位将单位工程的进度目标分解，确定出各分包单位的进度目标，列入分包合同，以便落实分包责任，并根据各专业工程交叉施工方案和前后衔接条件，明确不同承包单位工作面交接的条件和时间。

（3）按施工阶段分解，划定进度控制分界点　根据工程项目的特点，应将其施工分成几个阶段。每一阶段的起止时间都要有明确的标志，特别是不同单位承包的不同施工段之间，更要明确划定时间分界点，以此作为形象进度的控制标志，从而使单位工程动用目标具体化。

（4）按计划期分解，组织综合施工　将工程项目的施工进度控制目标按年度、季度、月（或旬）进行分解，并用实物工程量、货币工作量及形象进度表示，将更有利于监理工程师明确对各承包单位的进度要求。同时，还可以据此监督其实施，检查其完成情况。

2. *施工进度控制目标的确定依据*

确定施工进度控制目标的主要依据有：建设工程总进度目标对施工工期的要求；工期定

额、类似工程项目的实际进度；工程难易程度和工程条件的落实情况等。此外，在确定施工进度分解目标时，还要考虑以下各个方面：

1）对于大型建设工程项目，应根据尽早提供可动用单元的原则，集中力量分期分批建设，以便尽早投入使用，尽快发挥投资效益。

2）合理安排土建与设备的综合施工。

3）结合本工程的特点，参考同类建设工程的经验来确定施工进度目标。

4）做好资金供应能力、施工力量配备、物资供应能力与施工进度的平衡工作，确保工程进度目标的要求而不使其落空。

5）考虑外部协作条件的配合情况。

6）考虑工程项目所在地区地形、地质、水文、气象等方面的限制条件。

5.5.2 影响施工进度的因素

为了对工程项目的施工进度有效地控制，必须在施工进度计划实施之前对影响工程进度的因素进行分析，进而提出保证施工进度计划实施成功的措施，以实现对工程项目施工进度的主动控制。影响工程项目施工进度的因素有很多，归纳起来，主要有以下几个方面。

(1) 工程建设相关单位的影响　影响施工进度的单位不只是施工承包单位。事实上，只要是与工程建设有关的单位，其工作进度的拖后必将对施工进度产生影响。因此，必须充分发挥工程监理的作用，协调各相关单位之间的进度关系。而对于那些无法进行协调控制的进度关系，在进度计划的安排中应留有足够的机动时间。

(2) 物资供应进度的影响　施工过程中需要的材料、构配件、机具和设备等如果不能按期运抵施工现场或者运抵施工现场后发现其质量不符合有关标准的要求，都会对施工进度产生影响。因此，项目进度控制人员应严格把关，采取有效措施控制好物资供应进度。

(3) 资金的影响　工程施工的顺利进行必须有足够的资金做保障。一般来说，资金的影响主要来自建设单位，或者是由于没有及时给足工程预付款，或者是由于拖欠了工程进度款，这些都会影响到承包单位流动资金的周转，进而殃及施工进度。项目进度控制人员应根据建设单位的资金供应能力，安排好施工进度计划，并督促建设单位及时拨付工程预付款和工程进度款，以免因资金供应不足而拖延进度，导致工期索赔。

(4) 设计变更的影响　在施工过程中，出现设计变更是难免的，或者是由于原设计有问题需要修改，或者是由于建设单位提出了新的要求。项目进度控制人员应加强施工图审查，严格控制工程变更，特别对建设单位的变更要求应引起重视。

(5) 施工条件的影响　在施工过程中，一旦遇到气候、水文、地质及周围环境等方面的不利因素，必然会影响到施工进度。此时，承包单位应利用自身的技术组织能力予以克服。而监理工程师则应积极疏通关系，协助承包单位解决那些自身不能解决的问题。

(6) 各种风险因素的影响　风险因素包括政治、经济、技术及自然等方面的各种不可预见的因素。政治方面的有战争、内乱、罢工、拒付债务、制裁等；经济方面的有延迟付款、汇率浮动、换汇控制、通货膨胀、分包单位违约等；技术方面的有工程事故、试验失败、标准变化等；自然方面的有地震、洪水等。

(7) 承包单位管理水平的影响　施工现场的情况千变万化，如果承包单位的施工方案不当，计划不周，管理不善，解决问题不及时等，都会影响工程项目的施工进度。

5.5.3 施工进度计划的编制与审查

施工进度计划是表示各项工程（单位工程、分部工程或分项工程）的施工顺序、开始和结束时间以及相互衔接关系的计划。它既是承包单位进行现场施工管理的核心指导文件，也是监理工程师实施进度控制的依据。施工进度计划通常按工程对象编制。

1. 施工总进度计划的编制

施工总进度计划用来确定建设工程项目中所包含的各单位工程的施工顺序、施工时间及相互衔接关系的计划。施工总进度计划的编制步骤如下：

1）计算工程量。

2）确定各单位工程的施工期限。

3）确定各单位工程的开竣工时间和相互搭接关系。

4）初步编制施工总进度计划。

5）正式编制施工总进度计划。

2. 单位工程施工进度计划的编制

单位工程施工进度计划是在既定施工方案的基础上，根据规定的工期和各种资源供应条件，对单位工程中的各分部分项工程的施工顺序、施工起止时间及衔接关系进行合理安排的计划。单位工程施工进度计划的编制步骤如下：

1）收集编制依据。

2）划分工作项目。

3）确定施工顺序。

4）计算工程量。

5）计算劳动量和机械台班数。

6）确定工作项目的持续时间。

7）绘制施工进度计划图。

8）施工进度计划的检查与调整。

3. 项目监理机构对施工进度计划的审查

在工程项目开工前，项目监理机构应审查施工单位报审的施工总进度计划和阶段性施工进度计划，提出审查意见，并应由总监理工程师审核后报建设单位。

施工进度计划审查应包括下列基本内容：

1）施工进度计划是否符合施工合同中工期的约定。

2）施工进度计划中主要工程项目有无遗漏，是否满足分批投入试运，分批动用的需要，阶段性施工进度计划是否满足总进度控制目标的要求。

3）施工顺序的安排是否符合施工工艺要求。

4）施工人员、工程材料、施工机械等资源供应计划是否满足施工进度计划的需要。

5）施工进度计划是否符合建设单位提供资金、施工图、施工场地、物资等施工条件。

5.5.4 施工进度计划实施中的检查与调整

承包单位在执行施工进度计划的过程中，应接受监理工程师的监督与检查。而监理工程师应定期向建设单位报告工程进展状况。

1. 施工进度的动态检查

在施工进度计划的实施过程中，由于各种因素的影响，监理工程师必须对施工进度计划的执行情况进行动态检查。监理工程师可以通过以下方式获得其实际进展情况：

1）定期地、经常地收集由承包单位提交的有关进度报表资料。

2）由驻地监理人员现场跟踪检查建设工程的实际进展情况。

在获得了实际进展情况之后，施工进度检查的主要方法是对比法，即将经过整理的实际进度数据与计划进度数据进行比较，从中发现是否出现进度偏差以及进度偏差的大小。

2. 施工进度计划的调整

通过检查分析，如果发现原有进度计划已不能适应实际情况时，为了确保进度控制目标的实现或需要确定新的计划目标，就必须对原有进度计划进行调整，以形成新的进度计划，作为进度控制的新依据。施工进度计划的调整方法主要有两种：一是通过缩短某些工作的持续时间来缩短工期；一是通过改变某些工作间的逻辑关系来缩短工期。

5.5.5 工程延期

工期的延长分为工程延误和工程延期。虽然都是使工程拖期，但由于性质不同，建设单位与承包单位所承担的责任也就不同。如果属于工程延误，则由此造成的损失由承包单位承担。同时，建设单位还有权对承包单位实行误期违约罚款。如果属于工程延期，则承包单位不仅有权要求延长工期，而且有权向建设单位提出赔偿费用的要求以弥补额外损失。因此，监理工程师是否将施工中工期的延长批准为工程延期，对建设单位和承包单位都十分重要。

1. 工程延期的申报与审批

(1) 申报工程延期的条件　由于以下原因导致工程拖期，承包单位有权提出延长工期的申请，监理工程师应按合同规定，批准工程延期。

1）监理工程师发出工程变更指令而导致工程量增加。

2）合同所涉及的任何可能造成工程延期的原因，如延期交图、工程暂停、对合格工程的剥离检查及不利的外界条件等。

3）异常恶劣的气候条件。

4）由建设单位造成的任何延误、干扰或障碍，如未及时提供施工场地、未及时付款等。

5）除承包单位自身以外的其他任何原因。

(2) 工程延期的审批程序　**当工程延期事件发生后，承包单位应在合同规定的有效期内以书面形式通知监理工程师（即工程延期索赔意向通知）**，以便监理工程师尽早了解所发生的事件，及时做出减少延期损失的决定。随后，**承包单位应在合同规定的有效期内向监理工程师提交详细的索赔报告（延期理由及依据）**。监理工程师收到该报告后应及时进行调查核实，准确地确定出工程延期时间。当延期事件具有持续性，承包单位在合同规定的有效期内不能提交最终详细的申述报告时，应先向监理工程师提交阶段性的详情报告。监理工程师应在调查核实阶段性报告的基础上，尽快做出延长工期的临时决定。临时决定的延期时间不宜太长，一般不超过最终批准的延期时间。

待延期事件结束后，承包单位应在合同规定的期限内向监理工程师提交最终的详情报告。监理工程师应复查详情报告的全部内容，然后确定该延期事件所需要的延期时间。

(3) 工程延期的审批原则　监理工程师在审批工程延期时应遵循下列原则：

1) 合同条件。监理工程师批准的工程延期必须符合合同条件。也就是说，导致工期拖延的原因确实属于承包单位自身以外的，否则不能批准为工程延期。

2) 影响工期。延期事件的工程部位，无论其是否处在施工进度计划的关键线路上，只有当所延长的时间超过其相应的总时差而影响工期时，才能批准工程延期。如果延期事件发生在非关键线路上，且延长的时间并未超过总时差时，即使符合批准为工程延期的合同条件，也不能批准工程延期。

应当说明，建设工程施工进度计划中的关键线路并非固定不变，它会随着工程的进展和情况的变化而转移。监理工程师应以承包单位提交的、经自己审核后的施工进度计划（不断调整后）为依据来决定是否批准工程延期。

3) 实际情况。批准的工程延期必须符合实际情况。为此，承包单位应对延期事件发生后的各类有关细节进行详细记载，并及时向监理工程师提交详细报告。与此同时，监理工程师也应对施工现场进行详细考察和分析，并做好有关记录，以便为合理确定工程延期时间提供可靠依据。

2. 工程延期的控制

发生工程延期事件，不仅影响工程的进展，而且会给建设单位带来损失。因此，监理工程师应做好以下工作，以减少或避免工程延期事件的发生。

1) 选择合适的时机下达工程开工令。

2) 提醒建设单位履行施工承包合同中所规定的职责。

3) 妥善处理工程延期事件。

此外，建设单位在施工过程中应尽量减少干预、多协调，以避免由于建设单位的干扰和阻碍而导致延期事件的发生。

3. 工程延误的处理

如果由于承包单位自身的原因造成工期拖延，而承包单位又未按照监理工程师的指令改变延期状态时，通常可以采用下列手段进行处理：

1) 拒绝签署付款凭证。

2) 误期损失赔偿。

3) 取消承包资格。

5.5.6 物资供应进度控制

建设工程物资供应是实现工程进度控制的物质基础。完善合理的物资供应计划是实现进度目标的根本保证。因此，保证工程物资及时而合理供应，乃是监理工程师必须重视的问题。

1. 物资供应进度控制概述

(1) 物资供应进度控制的概念　建设工程物资供应进度控制是指在一定的资源条件下，为实现工程项目一次性特定目标而对物资的需求进行计划、组织、协调和控制的过程。

根据建设工程项目的特点，在物资供应进度控制中应注意以下几个问题：

1) 由于建设工程的特殊性和复杂性，使物资的供应存在一定的风险性。因此，要求编制周密的计划并采用科学的管理方法。

2）由于建设工程项目局部的系统性和整体的局部性，要求对物资的供应建立保证体系，并处理好物资供应与投资、进度、质量之间的关系。

3）物资的供应涉及众多的单位和部门，给物资供应管理带来一定的复杂性，这就要求与有关供应部门认真签订合同，明确供求双方的权利和义务，并加强单位、部门之间的协调。

（2）物资供应进度控制目标　建设工程物资供应是一个复杂的系统过程，为了确保这个系统过程的顺利实施，必须首先确定这个系统的目标（包括系统的分目标），并为此目标制定不同时期和不同阶段的物资供应计划，用以指导实施。物资供应的总目标就是按照物资需求适时、适地、按质、按量以及成套齐备地提供给使用部门，以保证项目投资目标、进度目标和质量目标的实现。为了总目标的实现，还应确定相应的分目标。目标一经确定，应通过一定的形式落实到各有关的物资供应部门，并以此作为考核和评价其工作的依据。

对物资供应进行控制，必须确保：

1）按照计划所规定的时间供应各种物资。

2）按照规定的地点供应物资。

3）按规定的质量标准（包括品种与规格）供应物资。

4）按规定的数量供应物资。

5）按规定的要求使所需物资齐全、配套、零配件齐备，符合工程需要，成套齐备地供应施工机械和设备，充分发挥其生产效率。

物资供应进度与工程实施进度是相互衔接的。为了有效地解决好二者之间的关系，必须认真确定物资供应目标（总目标和分目标），并合理制定物资供应计划。在确定目标和编制计划时，应着重考虑以下因素：

1）能否按施工进度计划的需要及时供应材料，这是保证建设工程顺利实施的物质基础。

2）资金能否得到保证。

3）物资的需求是否超出市场供应能力。

4）物资可能的供应渠道和供应方式。

5）物资的供应有无特殊要求。

6）已建成的同类或相似建设工程的物资供应目标和计划实施情况。

7）其他，如市场条件、气候条件、运输条件等。

2. 物资供应进度控制的工作内容

（1）物资供应计划的编制　建设工程物资供应计划是对建设工程施工及安装所需物资的预测和安排，是指导和组织建设工程物资采购、加工、储备、供货和使用的依据。其根本作用是保障建设工程的物资需要，保证建设工程按施工进度计划组织施工。

物资供应计划按其内容和用途分类，主要包括物资需求计划、物资储备计划、物资供应计划、申请与订货计划、采购与加工计划和国外进口物资计划。

通常，监理工程师除编制建设单位负责供应的物资计划外，还需对施工单位和专门物资采购供应部门提交的物资供应计划进行审核。因此，负责物资供应的监理人员应具有编制物资供应计划的能力。

1）物资需求计划的编制。物资需求计划反映完成建设工程所需物资情况的计划。其编制依据包括施工图、预算文件、工程合同、项目总进度计划和各分包工程提交的材料需求计划等。物资需求计划的主要作用是确认施工过程中所涉及的大量建筑材料、制品、机具和设备等需求的品种、型号、规格、数量和时间。它为组织备料、确定仓库与堆场面积和组织运输等提供依据。物资需求计划一般包括一次性需求计划和各计划期需求计划。编制需求计划的关键是确定需求量。

2）物资储备计划的编制。物资储备计划是用来反映建设工程施工过程中所需各类材料储备时间及储备量的计划。它的编制依据是物资需求计划、储备定额、储备方式、供应方式和场地条件等。它的作用是为保证施工所需材料的连续供应而确定的材料合理储备。

3）物资供应计划的编制。物资供应计划是反映物资的需要与供应的平衡，挖潜利库，安排供应的计划。它的编制依据是需求计划、储备计划和货源资料等。它的作用是组织指导物资供应工作。

物资供应计划的编制是在确定计划需求量的基础上，经过综合平衡后，提出申请量和采购量。因此，供应计划的编制过程也是一个平衡过程，包括数量、时间的平衡。

4）申请与订货计划的编制。申请与订货计划是指向上级要求分配材料的计划和分配指标下达后组织订货的计划。它的编制依据是有关材料供应政策法令、预测任务、概算定额、分配指标、材料规格比例和供应计划。它的主要作用是根据需求组织订货。

物资供应计划确定后，即可以确定主要物资的申请计划。订货计划通常采用卡片形式，以便把不同自然属性（如规格、质量、技术条件、代用材料）和交货条件反映清楚。订货卡片填好后，按物资类别汇入订货明细表。

5）采购与加工计划的编制。采购与加工计划是指向市场采购或专门加工订货的计划。它的编制依据是需求计划、市场供应信息、加工能力及分布。它的作用是组织和指导采购与加工工作。加工、订货计划要附加工详图。

6）国外进口物资计划的编制。国外进口物资计划是指需要从国外进口的物资在得到动用外汇的批准后，填报进口订货卡，通过外贸谈判并签约。它的编制依据是设计选用进口材料所依据的产品目录、样本。它的主要作用是组织进口材料和设备的供应工作。

首先应编制国外材料、设备、检验仪器、工具等的购置计划，然后再编制国外引进主要设备到货计划。

（2）物资供应计划实施中的动态控制

1）物资供应进度监测与调整的系统过程。物资供应计划经监理工程师审批后便开始执行。在计划执行过程中，应不断将实际供应情况与计划供应情况进行比较，找出差异，及时调整与控制计划的执行。

在物资供应计划执行过程中，内外部条件的变化可能对其产生影响。因此，在物资供应计划的执行过程中，进度控制人员必须经常地、定期地进行检查，认真收集反映物资供应实际状况的数据资料，并将其与计划数据进行比较，一旦发现实际与计划不符，要及时分析产生问题的原因并提出相应的调整措施。

2）物资供应计划实施中的检查与调整。具体如下。

① 物资供应计划的检查。通常包括定期检查（一般在计划期中、期末）和临时检查两种。通过检查收集实际数据，在统计分析和比较的基础上提出物资供应报告。控制人员在检查过程中的一项重要工作就是获得真实的供应报告。

② 物资供应计划的调整。在物资供应计划的执行过程中，当发现物资供应过程的某一环节出现拖延现象时，其调整方法与进度计划的调整方法类似。

（3）监理工程师控制物资供应进度的工作内容　监理工程师受建设单位的委托，需要对物资供应进行控制和管理。根据物资供应的方式不同，监理工程师的主要工作内容也有所不同，其基本内容包括：

1）协助建设单位进行物资供应的决策。

2）组织物资供应招标工作。

3）编制、审核和控制物资供应计划。

1. 何谓建设工程进度控制？
2. 建设工程进度控制的任务和措施有哪些？
3. 简述建设工程进度计划体系的构成。
4. 建设工程进度监测与调整包含哪些系统过程？
5. 简述各种比较实际进度与计划进度方法的概念与特点。
6. 进度偏差对后续工作及总工期有何影响？应如何调整？
7. 影响建设工程设计、施工进度的因素有哪些？
8. 监理工程师对工程延期如何处理？
9. 简述物资供应进度控制的工作内容。

第 6 章　建设工程投资控制

[学习目标]

掌握建设工程投资的概念及其构成；建设工程投资控制的任务和措施；建设工程招标投标阶段合同价格分类；建设工程施工阶段资金使用计划的编制，工程计量，合同价款调整，工程变更价款的确定，索赔和现场签证。

熟悉建设工程设计阶段设计概算的编制与审查，施工图预算的编制与审查；建设工程招标投标阶段招标控制价的编制，投标报价的审核；建设工程施工阶段合同价款期中支付，竣工结算与支付，投资偏差分析。

了解建设工程投资的特点；建设工程设计阶段资金时间价值，方案经济评价的主要方法，设计方案评选的内容与方法，价值工程方法及其应用；建设工程招标投标阶段合同价款约定内容。

6.1　建设工程投资控制概述

6.1.1　建设工程投资的概念及其构成

建设工程总投资一般是指进行某项工程建设花费的全部费用。生产性建设工程总投资包括固定资产投资（建设投资）和（铺底）流动资产投资；非生产性建设工程总投资则只包括固定资产投资。其中，建设投资由建筑安装工程费用、设备及工器具购置费用、工程建设其他费用、预备费（包括基本预备费和涨价预备费）、建设期利息和固定资产投资方向调节税（目前暂不征收）组成。

固定资产投资（也称工程造价）按是否考虑资金的时间价值可以分为静态投资部分和动态投资。静态投资部分由建筑安装工程费用、设备及工器具购置费用、工程建设其他费用和基本预备费组成；动态投资部分是指在建设期内，因建设期利息、建设工程需缴纳的固定资产投资方向调节税和国家新批准的税费、汇率、利率变动，以及建设期价格变动引起的建设投资增加额，它包括涨价预备费、建设期利息和固定资产投资方向调节税。

我国现行建设工程总投资构成如图 6-1 所示。

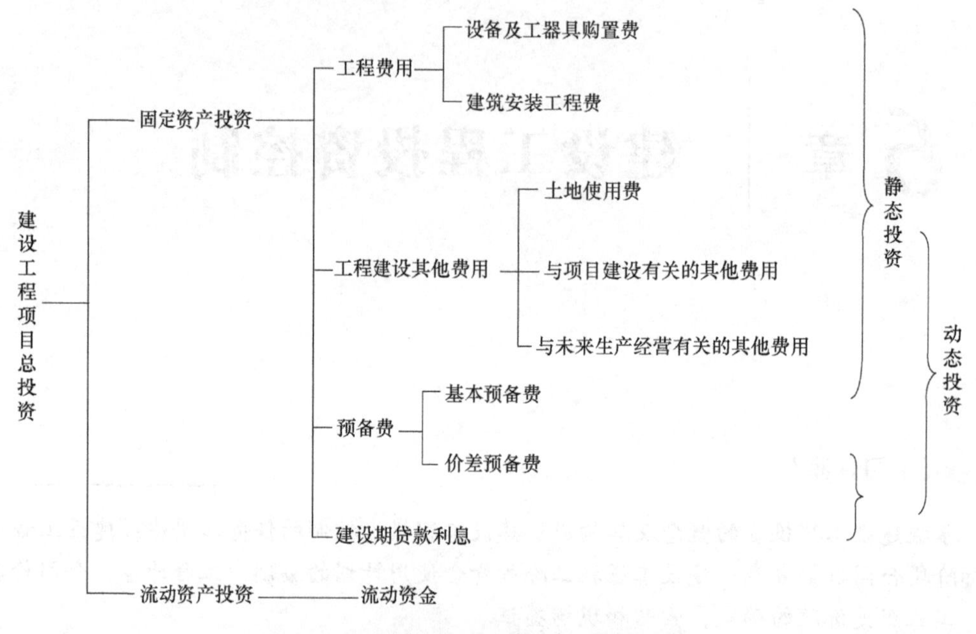

图 6-1 我国现行建设工程总投资构成

1. 建筑安装工程费用的组成与计算

建筑安装工程费用包括建筑工程费用（建造费用）和安装工程费用（设备安装费用）。根据《建筑安装工程费用项目组成》的有关规定，建筑安装工程费用由以下几个部分组成。

（1）人工费　人工费是指直接从事建筑安装工程施工的生产工人开支的各项费用，包括计时工资或计件工资、奖金、津贴补贴、加班加点工资、特殊情况下支付的工资等。其计算公式为：

$$人工费 = \sum(工日消耗量 \times 日工资单价)$$

（2）材料费　材料费是指施工过程中耗费的构成工程实体的原材料、辅助材料、构配件、零件、半成品的费用，包括材料原价（供应价）、材料运杂费、运输损耗费、采购及保管费、检验试验费等。其计算公式为：

$$材料费 = \sum(材料消耗量 \times 材料基价) + 检验试验费$$

（3）施工机具使用费　施工机具使用费指施工作业所发生的施工机械、仪器仪表使用费或其租赁费。

1）施工机械使用费，以施工机械台班耗用量乘以施工机械台班单价表示。施工机械台班单价应由下列七项费用组成：①**折旧费**，指施工机械在规定的使用年限内，陆续收回其原值的费用；②**大修理费**，指施工机械按规定的大修理间隔台班进行必要的大修理，以恢复其正常功能所需的费用；③**经常修理费**，指施工机械除大修理以外的各级保养和临时故障排除所需的费用，包括为保障机械正常运转所需替换设备与随机配备工具附具的摊销和维护费用，机械运转中日常保养所需润滑与擦拭的材料费用及机械停滞期间的维护和保养费用等；④**安拆费及场外运费**，安拆费指施工机械（大型机械除外）在现场进行安装与拆卸所需的人工、材料、机械和试运转费用以及机械辅助设施的折旧、搭设、拆除等费用，场外运费指施工机械整体或分体自停放地点运至施工现场或由一施工地点运至另一施工地点的运输、装卸、辅助材料及架线等费用；⑤**人工费**，指机上司机（司炉）和其他操作人员的人工费；⑥**燃料动力费**，指施工机械在运转作业中所消耗的各种燃料及水、电等；⑦**税费**，指施工机械按照国家规定应缴纳的车船使用税、保险费及年检费等。

2）仪器仪表使用费，是指工程施工所需使用的仪器仪表的摊销及维修费用。

(4) **企业管理费**

企业管理费是指建筑安装企业组织施工生产和经营管理所需费用。包括管理人员工资、办公费、差旅交通费、固定资产使用费、工具用具使用费、劳动保险费、工会经费、职工教育经费、财产保险费、财务费、税金和其他等。

计算间接费时，可以按人工费、人工费+施工机械使用费、直接费三种取费基数，乘以相应的间接费费率。

(5) 利润　利润是指施工企业完成所承包工程获得的盈利。计算利润时，以按人工费为取费基数，乘以相应的利润率。

(6) 规费　规费是指按国家法律法规规定，由省级政府和省级有关权力部门规定必须缴纳或计取的费用，包括：社会保险费（养老保险费、失业保险费、医疗保险费、生育保险费、工伤保险费）、住房公积金、工程排污费。其他应列而未列入的规费，按实际发生计取。

(7) 税金　税金是指国家税费规定的应计入建筑安装工程造价内的营业税、城市维护建设税及教育费附加等。其计算公式为：

税金=(税前造价+利润)×税率

说明：根据《建筑工程施工发包与承包计价管理办法》的规定，发包价与承包价的计算方法分为工料单价法和综合单价法。工料单价法又称直接费单价，其单价仅考虑由人工费、材料费、施工机械使用费构成的直接工程费，其他费用需要另外计取；综合单价法又称全费用单价，其单价包括建筑安装工程费用的各项因素。

全费用综合单价=含税造价/工程量=(税前造价+税金)/工程量

2. 设备及工器具购置费用的组成与计算

设备及工器具购置费用是由设备购置费用和工具、器具及生产家具购置费用组成。在生产性建设工程中，设备及工器具购置费与资本的有机构成相关，其占项目投资的比例越小，说明生产技术的进步和资本有机构成的程度越高。

(1) 设备购置费用　设备购置费用是指工程建设购置或自制的达到固定资产标准的设备、工具、器具的费用。其中，固定资产标准要求使用年限在一年以上，单位价值在规定限额以上。

设备购置费用由设备原价或进口设备抵岸价以及设备运杂费组成。

1）国产标准设备原价。通常采用设备制造厂的交货价、出厂价。

2）国产非标准设备原价。一般有成本计算估计法、系列设备插入估计法、分部组合估计法等多种计算方法。

3）进口设备抵岸价。与交货方式密切相关。当采用装运港船上交货价（FOB）时，进口设备抵岸价包括货价、国外运费、国外运输保险费、银行财务费、外贸手续费、进口关税、增值税、消费税以及海关监管手续费等。

4）设备运杂费。设备运杂费是指设备原价中未包括的包装材料费、运费和装卸费、采购及仓库保管费、供销部门手续费。在实际中，为简化计算通常按经验或规定的运杂费率计算：

$$设备运杂费=设备原价\times设备运杂费率$$

（2）工器具及生产家具购置费用　工器具及生产家具购置费用是指新建或扩建项目必须购置的达不到固定资产标准的设备、仪器、工具、器具、生产家具和备品备件的费用。其计算公式为：

$$工器具及生产家具购置费=设备购置费\times定额费率$$

3. 工程建设其他费用的组成与计算

工程建设其他费用是指从工程开始筹建到工程竣工交付使用为止的整个建设期间，除建筑安装工程费和设备及工器具购置费以外的，为保证工程建设顺利完成和交付使用后能够正常发挥效用而发生的一切费用。工程建设其他费按其内容可分为以下三类。

（1）土地使用权取得费用　根据土地所有权性质的不同，建设单位发生的土地使用权取得费用也有所区别。其中，征用农村土地时，应考虑土地补偿费、安置补助费、土地投资补偿费（地上附着物与青苗补偿费）、土地管理费、耕地占用税等；取得城市国有土地使用权时，应考虑土地使用权出让金、城市基础设施配套费、拆迁补偿费与安置补助费等。

（2）与项目建设有关的其他费用　包括建设单位管理费、勘察设计费、研究试验费、临时设施费、工程监理费、工程保险费、供电贴费、施工机构迁移费及引进技术和进口设备其他费等。

（3）与企业未来生产经营有关的其他费用　包括联合试运转费、生产准备费、办公和生活家具购置费等。

4. 预备费的组成与计算

预备费是指考虑建设期可能发生的风险因素而导致的建设费用增加的内容。

（1）基本预备费　基本预备费又称不可预见费，是指在项目实施中可能发生但难以预料的支出和需要预先预留的费用，主要用于设计变更及施工中可能增加工程量的费用。

基本预备费的计算公式为：

$$\begin{aligned}基本预备费=(&建筑安装工程费用+设备及工器具购置费+\\&工程建设其他费用)\times基本预备费率\end{aligned}$$

（2）涨价预备费　涨价预备费也称为价差预备费，是指在建设期内，由于价格等变化引起投资增加，需要事先预留的费用。包括人工、设备、材料和施工机械的价差费，建筑安装工程费及工程建设其他费用调整，利率、汇率调整等所增加的费用。

5. 建设期利息的组成与计算

建设期利息是指项目借款在建设期内发生并计入固定资产的利息。包括向国内银行和其他非银行金融机构贷款、出口信贷、外国政府贷款、国际商业银行贷款以及在境内外发行的债券等在建设期间内应偿还的贷款利息。建设期贷款利息实行复利计算。

6. 铺底流动资金的组成与计算

铺底流动资金是项目投产初期所需，为保证项目建成后进行试运转，用于购买材料、燃料、支付工资及其他经营费用等所需的周转资金。一般按项目建成后所需全部流动资金的

30%计算。

6.1.2 建设工程投资的特点

建设工程投资的特点与建设工程的技术经济特点密切相关，并可归纳为以下几个方面。

1. 建设工程投资数额巨大

建设工程投资数额巨大，动辄上千万、数十亿。建设工程投资数额巨大的特点使它关系到国家、行业或地区的重大经济利益，对国计民生也会产生重大影响。

2. 建设工程投资差异明显

每个建设工程都有其特定的用途、功能、规模，每项工程的结构、空间分割、设备配置和内外装饰都有不同的要求，工程内容和实物形态都有其差异性。同样的工程处于不同的地区，工程的人工、材料、机械消耗就会有所差异。

3. 建设工程投资需单独计算

建设工程的实物形态千差万别，再加上不同地区构成投资费用的各种要素的差异，最终导致建设工程投资的千差万别。因此，建设工程只能通过特殊的程序（编制估算、概算、预算、合同价、结算价及最后确定竣工决算价等），就每项工程单独计算其投资。

4. 建设工程投资确定依据复杂

建设工程投资的确定依据繁多，关系复杂，如图6-2所示。在不同的建设阶段有不同的确定依据，且互为基础和指导，互相影响。如预算定额是概算定额（指标）编制的基础，概算定额（指标）又是估算指标编制的基础，反过来，估算指标又控制概算定额（指标）的水平，概算定额（指标）又控制预算定额的水平。

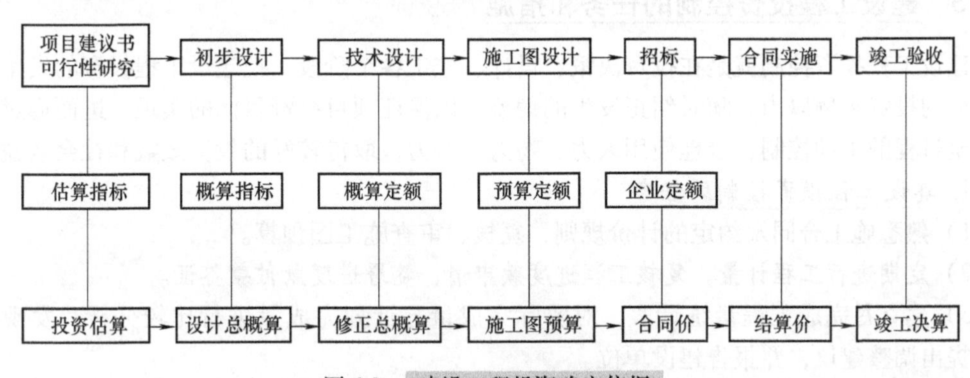

图6-2 建设工程投资确定依据

建设工程投资确定的依据一般包括建设工程定额、工程量清单和其他确定依据。

（1）建设工程定额 建设工程定额是指按照国家有关的产品标准、设计规范和施工验收规范、质量评定标准，并参考行业、地方标准以及有代表性的工程设计、施工资料等确定的工程建设过程中完成规定计量单位产品所消耗的人工、材料、机械等数量标准。

按照不同的标准，可对建设工程定额进行分类。

1）按反映的物质消耗内容，可将定额分为人工、材料和机械消耗量定额。

2）按建设程序，可将定额分为基础定额（预算定额）、概算定额（指标）和估算指标。其中，预算定额是完成规定计量单位分项工程的人工、材料、施工机械台班消耗量的标准；

概算定额（指标）是在预算定额基础上，以主要分项工程综合相关分项的扩大定额，是编制初步设计概算的依据，还可作为编制施工图预算的依据，也可作为编制估算指标的基础；估算指标是指编制项目建议书、可行性研究报告投资估算的依据。

3）按建设工程的特点，可将定额分为建筑工程定额、安装工程定额、铁路工程定额、公路工程定额、水利工程定额等。

4）按定额的适用范围，可将定额分为国家定额、行业定额、地区定额和企业定额。

5）按构成工程的成本和费用，可将定额分为构成工程直接费用的定额、工程间接费用的定额及构成工程建设其他费用的定额。

（2）**工程量清单**。工程量清单是建设工程招标文件的重要组成部分，是指由建设工程招标人发出的，对招标工程的全部项目，按统一的工程量计算规则、项目划分和计量单位计算出的工程量列表。工程量清单是编制招标工程标底和投标报价的依据，也是支付工程进度款和竣工结算时调整工程量的依据。

（3）其他确定依据　如工程技术文件、要素市场价格信息、建设工程环境条件和其他。

5. 建设工程投资确定层次繁多

建设工程投资的确定需分别计算分部分项工程投资、单位工程投资、单项工程投资，最后才能形成建设工程总投资。

6. 建设工程投资需动态跟踪调整

在整个建设期内，建设工程投资都具有不确定性，需随时进行动态跟踪、调整，直至竣工决算后才能真正形成建设工程总投资。

6.1.3 建设工程投资控制的任务和措施

建设工程投资控制就是在投资决策、设计、施工各个阶段，把建设工程投资的发生控制在批准的投资限额以内，随时纠正发生的偏差，以保证项目投资目标的实现，进而通过动态的、全过程的主动控制，合理使用人力、物力、财力，取得较好的投资效益和社会效益。

1. 建设工程投资控制的任务

1）熟悉施工合同及约定的计价规则，复核、审查施工图预算。

2）**定期进行工程计量，复核工程进度款申请，签署进度款付款签证。**

3）建立月完成工程量统计表，对实际完成量与计划完成量进行比较分析，发现偏差的，提出调整建议，并报告建设单位。

4）按程序进行竣工结算款审核，签署竣工结算款支付证书。

2. 建设工程投资控制措施

（1）组织措施　建立健全项目监理机构，完善职责分工及有关制度，落实投资控制责任。

（2）技术措施　对材料设备采购，通过质量价格比选，合理确定生产供应单位；通过审核施工组织设计和施工方案，使施工组织合理化。

（3）经济措施　及时进行计划费用与实际费用的比较分析，对原设计或施工方案提出合理化建议被采纳，由此产生的投资节约按合同规定予以奖励。

（4）合同措施　按合同条款支付工程款，防止过早、过量的支付。减少施工单位的索赔，正确处理索赔事宜等。

6.2 建设工程设计阶段投资控制

6.2.1 资金时间价值

1. 现金流量

现金流入量、现金流出量、净现金流量统称为现金流量。现金流量可以用现金流量图或现金流量表来表示。现金流量图（图6-3）包含三个要素：大小（资金数额）、方向（资金流入或流出）和作用点（资金流入或流出的时间点）。

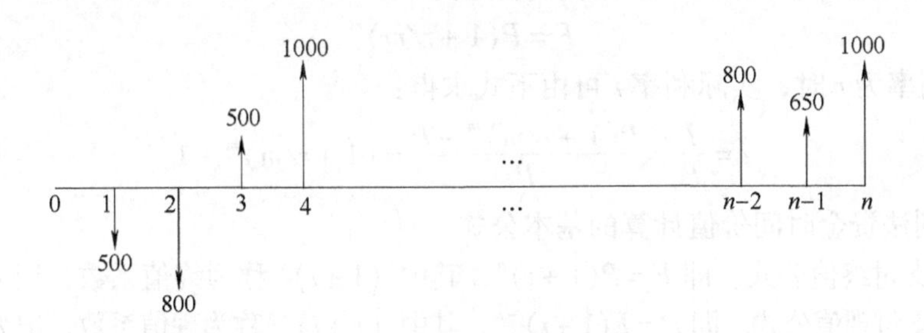

图6-3 现金流量图

现金流量表见表6-1。在现金流量表中，与时间 t 对应的现金流量表示发生在当期期末的现金流量。

表6-1 现金流量表

时间 t	1	2	3	4	…	$n-2$	$n-1$	n
现金流入			500	1000	…	800	650	1000
现金流出	500	800						
净现金流量	-500	-800	500	1000		800	650	1000

2. 资金时间价值的计算

（1）资金时间价值的概念 对于资金提供者而言，资金时间价值是暂时放弃资金使用权而获得的补偿；对于资金使用者而言，资金时间价值是使用资金应付出的代价；如果资金使用者使用自有资金，资金时间价值是该项资金的机会成本。

（2）资金时间价值计算的种类 影响资金价值的因素有三个：资金的多少、资金发生的时间、利率（或收益率、折现率，以下简称利率）的大小。

（3）利息和利率 利息的计算分为单利法和复利法两种方式。

1）单利法。利息计算公式为：

$$I = Pin$$

式中

I——利息；

P——本金；

i——利率；

n——计息期数。

n个计息周期后的本利和为：

$$F = P + I = P(1 + in)$$

式中　F——本利和。

2）复利法。计算公式为：

$$F = P(1 + i)^n$$

$$J = P[(1 + i)^n - 1]$$

式中　J——计息期利息。

（4）实际利率和名义利率　设名义利率为r，在一年中计算利息m次，则每期的利率为r/m，假定年初借款P，则一年后的复本利和为：

$$F = P(1 + r/m)^m$$

当名义利率为r时，实际利率i可由下式求得：

$$i = \frac{I}{P} = \frac{P(1 + r/m)^m - P}{P} = (1 + r/m)^m - 1$$

（5）复利法资金时间价值计算的基本公式

1）一次支付终值公式。即$F = P(1 + i)^n$，其中$(1 + i)^n$称为终值系数，记为$(F|P,i,n)$。

2）一次支付现值公式。即$P = F(1 + i)^{-n}$，其中$(1 + i)^{-n}$称为现值系数，记为$(P|F,i,n)$。

3）等额年金终值公式。即$F = A\dfrac{(1 + i)^n - 1}{i}$，其中$\dfrac{(1 + i)^n - 1}{i}$称为年金终值系数，记为$(F|A,i,n)$。

4）等额偿债基金公式。即$A = F\dfrac{i}{(1 + i)^n - 1}$，其中$\dfrac{i}{(1 + i)^n - 1}$称为偿债基金系数，记为$(A|F,i,n)$。

5）等额资金回收公式。即$A = P\dfrac{i(1 + i)^n}{(1 + i)^n - 1}$，其中$\dfrac{i(1 + i)^n}{(1 + i)^n - 1}$称为资金回收系数，记为$(A|P,i,n)$。

6）等额年金现值公式。即$P = A\dfrac{(1 + i)^n - 1}{i(1 + i)^n}$，其中$\dfrac{(1 + i)^n - 1}{i(1 + i)^n}$称为年金现值系数，记为$(P|A,i,n)$。

6.2.2　方案经济评价的主要方法

1. *方案经济评价的主要指标*

项目评价包括对推荐方案进行环境影响评价、财务评价、国民经济评价、社会评价及风险分析，以判别项目的环境可行性、经济可行性、社会可行性和抗风险能力。其中经济评价尤为重要。

运用方案经济效果评价（以下简称方案经济评价）指标对方案进行经济评价主要有两个用途：一是对某一个方案进行分析，判断一个方案在经济上是否可行；另一个用途是对多方案进行经济上的比选。

根据计算指标时是否考虑资金时间价值，可以将经济评价指标分为静态评价指标和动态评价指标，还可以分为时间性指标、价值性指标和比率性指标。

常用的方案经济评价指标体系如图6-4所示。

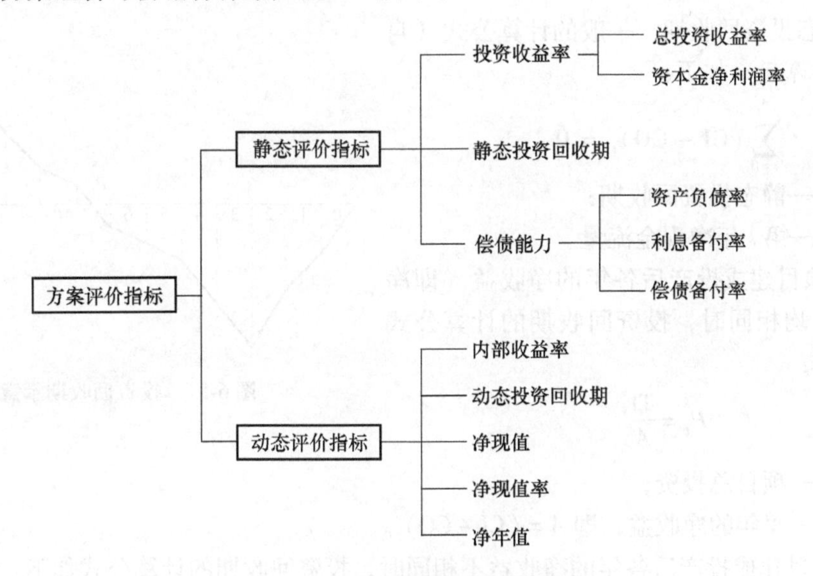

图6-4 方案经济评价指标体系

2. 方案经济评价主要指标的计算

(1) 投资收益率

1) 计算公式。

$$投资收益率\ R=\frac{年(净)收益或年平均(净)收益}{投资总额}\times 100\%$$

2) 评价准则。具体如下:

① 若 $R \geqslant R_e$，则方案在经济上可以考虑接受。

② 若 $R < R_e$，则方案在经济上是不可行的。

3) 投资收益率又可分为总投资收益率和资本金净利润率。

① 总投资收益率（ROI），表示项目总投资的盈利水平。

$$ROI=\frac{EBIT}{TI}\times 100\%$$

式中 EBIT——项目达到设计生产能力后正常年份的年息税前利润或运营期内年平均息税前利润;

TI——项目总投资。

② 资本金净利润率（ROE），表示项目资本金的盈利水平。

$$ROE=\frac{NP}{EC}\times 100\%$$

式中 NP——项目达到设计生产能力后正常年份的年净利润或运营期内平均净利润;

EC——项目资本金。

4) 投资收益率指标的优缺点。投资收益率指标的经济意义明确、直观，计算简便，但没有考虑投资收益的时间因素，且指标计算的主观随意性太强。

(2) 投资回收期 可以自项目建设年开始算起，也可以自项目投产年开始算起，但应

予以注明，如图6-5所示。

1）静态投资回收期。一般的计算公式（自建设开始年算起）如下：

$$\sum_{t=0}^{P_t}(CI-CO)_t=0$$

式中 P_t——静态投资回收期；

$(CI-CO)_t$——第t年净现金流量。

① 当项目建成投产后各年的净收益（即净现金流量）均相同时，投资回收期的计算公式可简化如下：

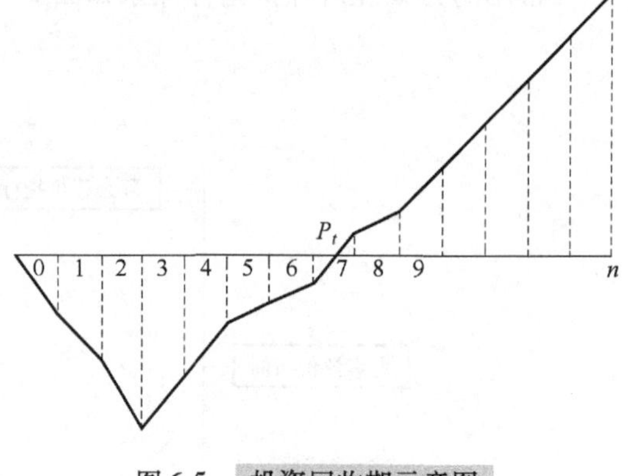

图6-5 投资回收期示意图

$$P_t=\frac{TI}{A}$$

式中 TI——项目总投资；

A——每年的净收益，即$A=(CI-CO)_t$。

②当项目建成投产后各年的净收益不相同时，投资回收期的计算公式如下：

$$P_t=(\text{累计净现金流量出现正值的年份数}-1)+\frac{\text{上一年累计净现金流量的绝对值}}{\text{出现正值年份的净现金流量}}$$

2）动态投资回收期。一般的计算公式（自建设开始年算起）如下：

$$\sum_{t=0}^{P_t'}(CI-CO)^t(1+i_c)^{-t}=0$$

式中 P_t'——动态投资回收期；

i_c——基准收益率。

6.2.3 设计方案评选的内容与方法

设计方案评选就是通过对工程设计方案的经济分析，从若干设计方案中选出最佳方案的过程。由于设计方案的经济效果不仅取决于技术条件，而且还受不同地区的自然条件和社会条件的影响。设计方案选择时，须综合考虑各方面因素，对方案进行全方位的技术经济分析与比较。结合当时当地的实际条件，在批准的设计概算限额内，选择功能完善、技术先进、经济合理的设计方案。

1. 设计方案评选的内容

我国工程设计一般遵循的原则是“安全、适用、经济、美观”。因此，设计方案评选的内容主要包括：

1）“安全”是工程设计的基本要求，能保证建筑结构的安全可靠性和耐久性。

2）“适用”是对建筑最基本的功能要求，满足“适用”的真正内涵。

3）“经济”是要追求全寿命周期的经济性，是高性价比的经济。

4）“美观”在建筑上的作用，应从文化层面上理解。

2. 设计方案评选的方法

（1）定量评价法　设计方案评选中，定量评价的具体方法包括方案经济效果评价方法、费用效益分析方法等。定量评价具有客观化、标准化、精确化、量化、简便化等鲜明的特征。

1）定量评价法的基本步骤。

① 对数据资料进行统计分类，描述数据分布的形态和特征。

② 通过统计检验、解释和鉴别评价的结果。

③ 估计总体参数，从样本推断总体的情况。

④ 进行相关分析，了解各因素之间的联系。

⑤ 进行因素分析和路径分析，揭示本质联系。

⑥ 对定量分析客观性、有效性和可靠性进行评价。

2）定量评价法的适用范围。

① 对群体的状态进行综述。

② 评比和选拔。

③ 从样本推断总体。

④ 对可测特征精确而客观的描述。

（2）定性评价法　设计方案综合评价常用的定性方法有专家意见法、用户意见法等。定性评价强调观察、分析、归纳与描述。

定性分析的基本过程包括：

1）确定定性分析的目标以及分析材料的范围。

2）对资料进行初步的检验分析。

3）选择恰当的方法和确定分析的维度。

4）对资料进行归类分析。

5）对定性分析结果的客观性、效度和信度进行评价。

（3）综合评价法　方案综合评价的方法中，定性方法有德尔菲（Delphi）法、优缺点列举法等；定量方法有直接评分法、加权评分法、比较价值评分法、环比评分法、强制评分法、几何平均值评分法等。如果评价信息主要用于帮助被评价者改进工作，定性分析比定量分析更有价值；而当评价的主要目的是比较、评比时，定量分析更为适合。

评价指标和方法的选取均应围绕技术可行性、经济可行性、社会环境影响等展开。

6.2.4　价值工程方法及其应用

1. 价值工程方法

价值工程是通过各相关领域的协作，对所研究对象的功能与成本进行系统分析，不断创新，旨在提高所研究对象价值的思想方法和管理技术。这里的“价值”是指功能与实现这个功能所耗费用（成本）的比值，其表达式为：

$$V=F/C$$

式中，V为价值系数；F为功能（一种产品所具有的特定职能和用途）系数；C为成本（从为满足用户提出的功能要求进行研制、生产到用户所花费的全部成本）系数。

价值工程的工作包括准备阶段、分析阶段、创新阶段和实施阶段。其工作步骤具体如下：

1）价值工程对象选择。

2）组成价值工程小组。

3）制定工作计划。

4）收集整理信息资料。

5）功能系统分析。

6）功能评价。

7）提出改进方案。

8）方案评价与选择。

9）提案编写。

10）提案审批。

11）提案实施与检查。

12）成果鉴定。

2. 价值工程在设计阶段的应用

对不同的工程项目而言，可供选择的设计方案较多。应用价值工程方法进行设计方案的选择过程基本包括如下几个阶段：

1）对设计方案的功能进行分析和评价，计算出功能系数。

2）对设计方案的投资成本进行计算，确定成本系数。

3）利用价值公式计算出价值系数。

4）以价值系数最大者作为最优方案的原理选择设计方案。

6.2.5 设计概算的编制与审查

在初步设计阶段，监理工程师进行投资控制除了做好设计方案的审查工作外，还应对设计概算进行审查。

1. 设计概算的内容、作用及编制依据

（1）设计概算的内容　设计概算是在初步设计或扩大初步设计阶段，由设计单位按照设计要求概略计算拟建工程从立项开始到交付使用为止全过程所发生建设费用的文件，是设计文件的重要组成部分。

（2）设计概算的作用

1）是编制建设项目投资计划、确定和控制建设项目投资的依据。

2）是对设计方案进行经济评价与选择的依据。

3）是签订建设工程合同、贷款合同的依据。

4）是建设项目设计概算与竣工决算对比、考核建设工程成本和投资效果的依据。

5）是控制施工图设计和施工图预算的依据。

（3）设计概算的编制依据

1）经批准的有关文件、上级有关文件、指标。

2）工程地质勘察资料。

3）经批准的设计文件。

4）水、电和原材料供应情况。

5）交通运输情况及运输价格。

6）地区工资标准、有关部门发布的人工、材料及机械台班价格。

7）国家、地方或行业主管部门颁发的概算定额或概算指标、建安工程费用定额、其他有关取费标准。

8）国家、地方或行业主管部门规定的其他工程费用指标、机电设备价目表。

9）类似工程概算及技术经济指标。

2. 设计概算的编制方法

监理工程师审查工程概算，首先必须熟悉概算编制方法。设计概算分为单位工程概算、单项工程综合概算、建设工程总概算三级。设计概算的编制是从单位工程概算开始，经过单位工程、单项工程、建设工程项目三级汇总而成建设工程项目总概算。

（1）单位工程设计概算的编制方法　单位工程概算分单位建筑工程概算和单位设备及安装单位工程概算。

1）单位建筑工程概算的编制方法。一般有概算定额法（也称扩大单价法）、概算指标法、类似工程预算法三种（表6-2）。

表6-2　单位建筑工程概算编制方法汇总

<table>
<tr><th>编制方法</th><th>概要说明</th><th>适用条件</th><th>备注</th></tr>
<tr><td>概算定额法</td><td>计算工程量，套用概算定额单价，计算汇总后计取费用
概算定额基价 = 概算定额单位材料费 + 概算定额单位人工费 + 概算定额单位施工机械使用费 = $\sum$（概算定额中材料消耗量 × 材料预算价格）+ $\sum$（概算定额中人工工日消耗量 × 人工工资单价）+ $\sum$（概算定额中施工机械台班消耗量 × 机械台班费用单价）</td><td>初步设计达到一定深度、建筑结构比较明确的工程项目</td><td></td></tr>
<tr><td>概算指标法</td><td>工程概算值 = 概算指标 × 建筑面积</td><td>初步设计深度不够、比较简单的工程项目</td><td rowspan="2">需调整建筑结构差异或价差</td></tr>
<tr><td>类似工程预算法</td><td>工程概算值 = 类似预算编制的概算指标 × 建筑面积</td><td>设计对象与概算指标不同，与已建或在建工程类似</td></tr>
</table>

2）单位设备及安装工程概算的编制方法。设备及安装工程概算由设备购置费和安装工程费两部分组成。设备购置概算的编制一般按设备原价和设备运杂费进行计算。设备安装工程概算的编制方法一般有预算单价法、扩大单价法和概算指标法（设备价值百分比法、综合吨位指标法）（表6-3）。

表6-3　单位设备及安装工程概算编制方法汇总

<table>
<tr><th rowspan="2">设备购置概算</th><th colspan="4">设备安装工程概算</th></tr>
<tr><th>编制方法</th><th>概要说明</th><th>适用条件</th><th>备注</th></tr>
<tr><td rowspan="4">设备原价 + 设备运杂费</td><td>预算单价法</td><td>利用安装工程预算定额单价编制概算</td><td>初步设计有详细设备清单</td><td></td></tr>
<tr><td>扩大单价法</td><td>采用主体设备、成套设备的综合扩大安装单价编制概算</td><td>设备清单不完备，仅有主体设备或成套设备质量等</td><td></td></tr>
<tr><td>设备价值百分比法</td><td>设备安装费 = 设备原价 × 安装费率（%）</td><td>只有设备出厂价而无详细规格、质量</td><td>用于价格波动不大的定型产品和通用设备</td></tr>
<tr><td>综合吨位指标法</td><td>设备安装费 = 设备吨重 × 每吨设备安装费指标（元/t）</td><td>初步设计提供的设备清单有规格、质量</td><td>用于价格波动较大的非标准设备和引进设备</td></tr>
</table>

（2）单项工程综合概算的编制方法　单项工程综合概算是以单项工程为编制对象，确定建成后可独立发挥作用的建筑物或构筑物所需全部建设费用的文件，由该单项工程内各单位工程概算书汇总而成。

单项工程综合概算书是工程项目总概算书的组成部分，是编制总概算书的基础文件，一般由编制说明和综合概算表两个部分组成。

（3）建设项目总概算的编制方法　建设项目总概算是以整个工程项目为对象，确定项目从立项开始，到竣工交付使用整个过程的全部建设费用的总文件，它由各单项工程综合概算及建设工程其他费用和预备费用汇总编制而成。

建设项目总概算书一般由编制说明、总概算表组成，有的还列出单项工程综合概算表及单位工程概算表等。

3. 设计概算的审查

审查概算有利于核定建设项目的投资规模。使建设项目总投资做到准确、完整，防止任意扩大投资规模或出现漏项，从而减少投资缺口、缩小概算与预算之间的差距；避免故意压低概算投资，导致实际造价大幅度突破概算。设计概算的审查常采用对比分析法、查询核实法和联合会审法等方式。

设计概算审查主要包括编制依据、编制内容（建设规模和标准、工程量、计价指标等）和编制深度的审查。

（1）设计概算编制依据的审查　重点审查编制依据的合法性、时效性和适用范围。

1）合法性审查。主要审查编制依据是否为国家和授权机构的批准。

2）时效性审查。主要审查编制设计概算所依据的定额、指标、价格、取费标准等是否为现行有效的。

3）适用范围审查。主要审查编制依据是否符合工程所在地、所在行业的实际情况。

（2）设计概算编制内容的审查　设计概算编制内容的审查主要包括对单位工程设计概算、单项工程综合概算和建设项目总概算的审查。

1）单位工程设计概算的审查。对单位工程设计概算，主要审查工程量、采用的定额或指标、材料预算价格及各项费用；对单位设备购置费用概算，主要审查其标准设备原价、非标准设备原价、设备运杂费、进口设备费用的构成等；对单位设备安装工程概算，除了审查其编制方法和编制依据外，还应注意审查其采用预算单价或扩大综合单价计算安装费时的各种单价是否合适，工程量计算是否符合规则要求、是否准确无误，采用概算指标法计算安装费时采用的概算指标是否合理、计算结果是否达到精度要求，审查所需计算安装费的设备数量及种类是否符合设计要求，避免某些不需安装的设备安装费计入其内。

2）单项工程综合概算和建设项目总概算的审查。主要是控制其逐级综合、汇总过程的正确性。如概算的编制是否符合国家经济建设方针、政策的要求；概算文件的组成是否完整；总设计图和工艺流程是否合理；项目的“三废”治理情况等。

（3）设计概算编制深度的审查　一般大中型项目的设计概算，应有完整的编制说明和“三级概算”（即总概算表、单项工程综合概算表、单位工程概算表），并按有关规定的深度进行编制。审查是否有符合规定的“三级概算”，各级概算的编制、核对、审核是否按规定签署，有无随意简化。

6.2.6 施工图预算的编制与审查

施工图预算是以施工图设计、预算定额、单位估价表、施工组织设计及各种取费标准等为依据，对于工程造价的预先测算。它通常以单位工程作为编制对象，反映相应的建筑安装工程费用。

1. 施工图预算的作用及编制依据

（1）施工图预算的作用

1）对建设单位的作用。施工图预算是施工图设计阶段确定建设工程项目造价的依据，是设计文件的组成部分；是建设单位在施工期间安排建设资金计划和使用建设资金的依据；是招标投标的重要基础，是工程量清单和标底的编制依据；是拨付进度款及办理结算的依据。

2）对施工单位的作用。施工图预算是确定投标报价的依据；是施工单位在施工前组织材料、机具、设备及劳动力供应、编制进度计划等施工准备工作的依据；是控制施工成本的依据。

3）对其他方面的作用。对工程咨询单位而言，尽可能客观、准确地为委托方做出施工图预算，是其业务水平、素质和信誉的体现；对工程造价管理部门而言，施工图预算是监督检查定额标准执行情况、合理确定工程造价、测算造价指数及审定招标工程标底的重要依据。

（2）施工图预算的编制依据　为了科学、快速地编制施工图预算，必须全面地收集与工程建设相关的各种资料。施工图预算的编制依据主要包括：

1）经批准和会审的施工图设计文件。

2）施工组织设计或施工方案。

3）与施工图预算计价模式有关的计价依据。

4）经批准的设计概算文件。

5）预算工作手册。

2. 施工图预算的编制方法

施工图预算的编制可以采用工料单价法和综合单价法两种计价方式。工料单价法是传统计价模式采用的计价方式；综合单价法是工程量清单计价模式采用的计价方式。

（1）工料单价法　工料单价法是指分部分项工程单价为直接费单价，以分部分项工程量乘以对应单价后的合计为单位工程直接费。直接费汇总后加上企业管理费、利润、规费和税金后得到单位工程的施工图预算费用。按照分部分项工程单价产生方法的不同，工料单价法又可以分为预算单价法和实物法。

1）预算单价法。预算单价法是根据地区统一单位估价表中的各项工料单价乘以相应的各分项工程的工程量，求和后得到包括人工费、材料费和机械使用费在内的单位工程直接费。企业管理费、利润、规费和税金可根据统一规定的费率乘以相应的计取基数求得。将上述费用汇总后得到单位工程的施工图预算费用。

2）实物法。实物法是将各工程分项的实物工程量分别套取预算定额，按类相加后得出单位工程所需的各种人工、材料、施工机械台班的消耗量，然后分别乘以当时当地各种人工、材料、施工机械台班的实际单价，求得人工费、材料费和施工机械使用费，将上述费用

汇总即为直接费，最后加上企业管理费、利润、规费和税金，即可得到单位工程的施工图预算费用。

（2）综合单价法　综合单价法是根据地区单位估价表中的工程综合单价（即预算定额基价），乘以相应工程分项的工程量，相加后得到单位工程的人工费、材料费和机具用费（包含措施费）之和，然后加上企业管理费、利润、规费和税金，即可得到该单位工程的施工图预算费用。综合单价是指分部分项工程单价综合了除直接工程费以外的多项费用内容。按照单价综合内容的不同，综合单价法又可分为全费用综合单价法和部分费用综合单价法。

1）全费用综合单价法。全费用综合单价即单价中综合了直接费、措施费、管理费、规费、利润和税金等。用各分项工程量乘以全费用综合单价并汇总后，得到单位工程的施工图预算费用。

2）部分费用综合单价法。我国目前实行的工程量清单计价采用的综合单价实际属于部分费用综合单价。分部分项工程单价中综合了人工费、材料费、机具使用费、企业费、利润，并考虑了风险因素，但单价中并未包括规费和税金。

用各分项工程量乘以部分费用综合单价并汇总后再加上项目措施费、规费和税金后，得到单位工程的施工图预算费用。

3. 施工图预算的审查

施工图预算编制完成后，需要监理工程师认真审查。加强对施工图预算的审查，有利于提高预算的准确性，降低工程造价。

（1）施工图预算审查的内容　施工图预算审查的主要内容包括工程量的计算是否准确，预算定额的套用是否正确，各项取费标准是否符合现行规定等方面。

（2）施工图预算审查的方法　审查施工图预算时可以采用的方法很多，如逐项审查法、标准预算审查法、分组计算审查法、对比审查法、筛选审查法、重点审查法、手册审查法等。在实际审查过程中，应紧密结合每种方法的特点及适用条件等，加以科学的选择、取舍。

6.3　建设工程招标投标阶段投资控制

6.3.1　招标控制价的编制与复核

招标控制价是指招标人根据国家或省级、行业建设主管部门颁发的有关计价依据和办法，以及拟定的招标文件和招标工程量清单，结合工程具体情况编制的招标工程的最高投标限价。

1. 招标控制价的编制与复核依据

根据《建设工程工程量清单计价规范》的有关规定，招标控制价应根据下列依据编制与复核：

1）《建设工程工程量清单计价规范》。

2）国家或省级、行业建设主管部门颁发的计价定额和计价办法。

3）建设工程设计文件及相关资料。

4）拟定的招标文件及招标工程量清单。

5）与建设项目相关的标准、规范、技术资料。

6）施工现场情况、工程特点及常规施工方案。

7）工程造价管理机构发布的工程造价信息，当工程造价信息没有发布时，参照市场价。

8）其他的相关资料。

2. 招标控制价的编制与复核要求

根据《建设工程工程量清单计价规范》的有关规定，招标控制价的编制与复核要求如下：

1）综合单价中应包括招标文件中划分的应由投标人承担的风险范围及其费用。招标文件中没有明确的，如是工程造价咨询人编制，应提请招标人明确；如是招标人编制，应予明确。

2）分部分项工程和措施项目中的单价项目，应根据拟定的招标文件和招标工程量清单项目中的特征描述及有关要求确定综合单价计算。

3）措施项目中的总价项目应根据拟定的招标文件和常规施工方案，按工程量清单中的综合单价计价。措施项目中的安全文明施工费必须按国家或省级、行业建设主管部门的规定计算，不得作为竞争性费用。

4）其他项目应按下列规定计价：

① 暂列金额应按招标工程量清单中列出的金额填写。

② 暂估价中的材料、工程设备单价应按招标工程量清单中列出的单价计入综合单价。

③ 暂估价中的专业工程金额应按招标工程量清单中列出的金额填写。

④ 计日工应按招标工程量清单中列出的项目根据工程特点和有关计价依据确定综合单价计算。

⑤ 总承包服务费应根据招标工程量清单列出的内容和要求估算。

5）规费和税金必须按国家或省级、行业建设主管部门的规定计算，不得作为竞争性费用。

6.3.2 投标报价的编制与复核

投标报价是投标人投标时响应招标文件要求所报出的对已标价工程量清单汇总后标明的总价。

1. 投标报价的编制与复核依据

根据《建设工程工程量清单计价规范》的有关规定，投标报价应根据下列依据审核：

1）《建设工程工程量清单计价规范》。

2）国家或省级、行业建设主管部门颁发的计价办法。

3）企业定额，国家或省级、行业建设主管部门颁发的计价定额和计价办法。

4）招标文件、招标工程量清单及其补充通知、答疑纪要。

5）建设工程设计文件及相关资料。

6）施工现场情况、工程特点及投标时拟定的施工组织设计或施工方案。

7）与建设项目相关的标准、规范等技术资料。

8）市场价格信息或工程造价管理机构发布的工程造价信息。

9）其他的相关资料。

2. 投标报价的编制与复核要求

根据《建设工程工程量清单计价规范》的有关规定，投标报价的编制与复核要求如下：

1）综合单价中应包括招标文件中划分的应由投标人承担的风险范围及其费用，招标文件中没有明确的，应提请招标人明确。

2）分部分项工程和措施项目中的单价项目，应根据招标文件和招标工程量清单项目中的特征描述确定综合单价计算。

3）措施项目中的总价项目金额应根据招标文件及投标时拟定的施工组织设计或施工方案，按工程量清单中的综合单价自主确定。其中安全文明施工费必须按国家或省级、行业建设主管部门的规定计算，不得作为竞争性费用。

4）其他项目应按下列规定报价：

① 暂列金额应按招标工程量清单中列出的金额填写。

② 材料、工程设备暂估价应按招标工程量清单中列出的单价计入综合单价。

③ 专业工程暂估价应按招标工程量清单中列出的金额填写。

④ 计日工应按招标工程量清单中列出的项目和数量，自主确定综合单价并计算计日工金额。

⑤ 总承包服务费应根据招标工程量清单中列出的内容和提出的要求自主确定。

5）规费和税金必须按国家或省级、行业建设主管部门的规定计算，不得作为竞争性费用。

6）招标工程量清单与计价表中列明的所有需要填写单价和合价的项目，投标人均应填写且只允许有一个报价。未填写单价和合价的项目，可视为此项费用已包含在已标价工程量清单中其他项目的单价和合价之中。当竣工结算时，此项目不得重新组价予以调整。

7）投标总价应当与分部分项工程费、措施项目费、其他项目费和规费、税金的合计金额一致。

6.3.3 合同价格分类

建设工程承包合同根据计价方式不同，可以划分为总价合同、单价合同和成本加酬金合同。

1. 总价合同

总价合同是指支付给承包方的工程款项在承包合同中是一个“规定的金额”，即总价。它是以工程量清单、设计图和工程说明书为依据，由承包方与发包方经过协商确定的。

总价合同按其履行过程中是否允许调值又可分为以下两种不同形式。

（1）不可调值总价合同（固定总价合同）　该合同的价格计算是以设计图、工程量清单及规定、规范等为依据，承发包双方就承包工程协商一个固定的总价，即承包方按投标时发包方接受的合同价格实施工程，并一笔包死，无特定情况不做变化。采用这种合同时，承包方要承担实物工程量、工程单价、地质条件、气候和其他一切客观因素造成亏损的风险。由于承包方要为许多不可预见的因素付出代价，并加大不可预见费用，可能致使这种合同的报价较高。不可调值总价合同适用于工期较短（一般不超过一年），对最终产品的要求又非常明确的工程项目。

（2）可调值总价合同　该合同的价格计算也是以设计图、工程量清单及规定、规范为依据，但它是按“时价”进行计算的，是一种相对固定的价格。在合同执行过程中，允许对合同总价进行相应的调整（合同中列有调值条款）。该合同对风险进行了分摊，发包方承担通货膨胀这一不可预测费用因素的风险，而承包方只承担实施中实物工程量、工期等因素的风险。可调值总价适用于工程内容和技术经济指标规定明确，且工期较长（一年以上）的工程项目。

2. 单价合同

当施工图不完整或准备发包的工程项目内容、技术经济指标尚不能明确，往往要采用单价合同形式。

（1）估算工程量单价合同　估算工程量单价合同是由发包方提出工程量清单，列出分部分项工程量，由承包方以此为基础填报相应单价，累计计算后得出合同价格。但最后的工程结算价应按照实际完成的工程量来计算，即按合同中的分部分项工程单价和实际工程量，计算得出工程结算和支付的工程总价格。采用估算工程量单价合同时，工程量是统一计算出来的，承包方只要经过复核后填上适当的单价，承担风险较小；发包方也只需审核单价是否合理即可，对双方都较为方便。估算工程量单价合同一般适用于工程性质比较清楚，但工程量计算不十分准确的情况。

（2）纯单价合同　采用该合同时，发包方只向承包方给出发包工程的有关分部分项工程以及工程范围，不需要对工程量做任何规定，即在招标文件中仅给出工程内各个分部分项工程一览表、工程范围和必要的说明，而不必提供实物工程量。承包方在投标时只需要对这类给定范围的分部分项工程报价即可，合同实施过程中按实际完成的工程量进行结算。纯单价合同主要适用于没有施工图，工程量不明，却急需开工的紧迫工程。

3. 成本加酬金合同

成本加酬金合同是将工程项目的实际投资划分成直接成本费和承包方完成工作后应得酬金两部分。工程实施过程中发生的直接成本费由发包方实报实销，再按合同约定的方式另外支付给承包方相应报酬。

该合同形式主要适用于工程内容及技术经济指标尚未全面确定，投标报价的依据尚不充分的情况下，发包方因工期要求紧迫，必须发包的工程；或者发包方与承包方之间高度信任，承包方在某些方面具有独特的技术、特长或经验的工程。

成本加酬金合同有以下几种形式。

（1）成本加固定百分比酬金合同　发包方对承包方支付的实际直接成本全部据实补偿，并按其固定百分比付给承包方一笔酬金（利润）。

（2）成本加固定金额酬金合同　发包方对承包方支付的实际直接成本全部据实补偿，并按固定的金额付给承包方一笔酬金（利润）。

（3）成本加奖罚合同　首先确定一个目标成本，据此确定酬金的数额。当实际成本低于目标成本时，承包方可以获得实际成本、酬金以及根据成本降低额计算得到的奖金；当实际成本高于目标成本时，承包方仅能得到成本和酬金的补偿，并处以一笔罚金。

（4）最高限额成本加固定最大酬金合同　确定最高限额成本、报价成本、最低成本，并据此支付工程款项。当实际成本低于最低成本时，承包方可以得到成本、酬金以及与发包方分享节约额；当实际工程成本在最低成本和报价成本之间，承包方只能得到成本和酬金；当实际工程成本在报价成本与最高限额成本之间，则承包方只能获得全部成本的补偿；当实

际工程成本超过最高限额成本时，其超过的部分得不到支付。

在工程实践中，监理工程师应根据项目的复杂程度、工程设计的深度、工程施工的难易程度、工程进度要求的紧迫程度等因素，科学、公正、合理地选择合同计价方式。

6.3.4 合同价款约定内容

《建设工程工程量清单计价规范》规定，发承包双方应在合同条款中对下列事项进行约定：

1）预付工程款的数额、支付时间及抵扣方式。

2）安全文明施工措施的支付计划，使用要求等。

3）工程计量与支付工程进度款的方式、数额及时间。

4）工程价款的调整因素、方法、程序、支付及时间。

5）施工索赔与现场签证的程序、金额确认与支付时间。

6）承担计价风险的内容、范围以及超出约定内容、范围的调整办法。

7）工程竣工价款结算编制与核对、支付及时间。

8）工程质量保证金的数额、预留方式及时间。

9）违约责任以及发生合同价款争议的解决方法及时间；与履行合同、支付价款有关的其他事项等。

6.4 建设工程施工阶段投资控制

在建设工程施工阶段的投资控制中，监理工程师应做好的主要工作包括编制资金使用计划、审核工程款支付申请（工程计量）、合同价款调整、确定工程变更价款、处理索赔事项、现场签证、审查工程中间和竣工结算和纠正投资偏差。

6.4.1 资金使用计划的编制

投资总目标是由若干具体的、更具可操作性的分目标组成的。因此，监理工程师必须编制资金使用计划，合理地确定投资控制目标值，包括投资的总目标值、分目标值、各详细目标值等。

1. 按投资构成分解的资金使用计划

工程建设投资主要由建筑安装工程费、设备工器具购置费及工程建设其他费等构成。但是建筑安装工程费、设备工器具购置费及工程建设其他费在性质上存在较大差异。因此，按投资构成分解的资金使用计划主要是将建筑工程费、安装工程费、工器具购置费等进行详细分解。这种分解方法主要适用于有大量经验数据的工程项目。

2. 按子项目分解的资金使用计划

大中型工程项目通常是由若干单项工程构成的，而每个单项工程包括了多个单位工程，每个单位工程又是由最基本的分部分项工程构成。因此，按子项目分解的资金使用计划就是将项目总投资分解到各个单项工程、单位工程，乃至分部分项工程。在完成投资项目目标分解之后，要具体分配投资，编制工程分项的投资支出计划。

详细的资金使用计划表，其内容一般包括工程分项编码、工程内容、计量单位、工程数量、计划综合单价及本分项总计。

3. 按时间进度分解的资金使用计划

工程项目的投资通常是分阶段、分期发生的，其资金应用是否合理与资金的时间安排有密切关系。因此，为了编制项目资金使用计划，并据此筹措资金，尽可能减少资金占用和利息支出，有必要将项目总投资按其使用时间进行分解。编制按时间进度的资金使用计划，通常先确定施工进度计划，然后在此基础上按时间-投资累计曲线（S曲线）的形式做出投资计划。具体步骤如下：

1）确定施工进度计划。

2）根据单位时间内完成的工程量或投入的人力、物力、财力，计算单位的投资，在时标网络图上按时间编制投资使用计划（图6-6）。

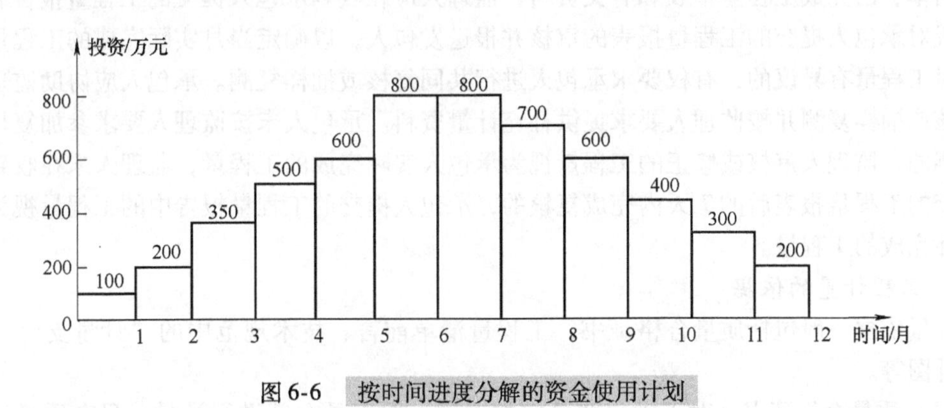

图6-6　按时间进度分解的资金使用计划

3）计算规定时间点的计划累计完成的投资额。

4）按各规定时间的计划累计完成的投资额，绘制S曲线（图6-7）。

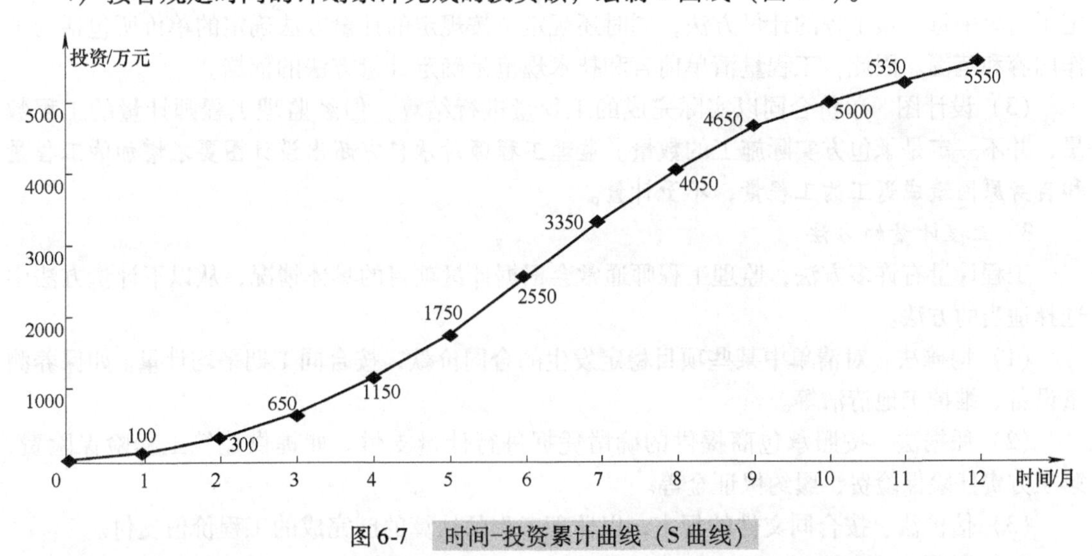

图6-7　时间-投资累计曲线（S曲线）

以上三种编制资金使用计划的方法并不是相互独立的，在实践中，往往是将这几种方法结合起来使用，从而达到扬长避短的效果。

6.4.2 工程计量

工程计量是指发承包双方根据合同约定，对承包人完成合同工程的数量进行计算和确认。

工程量必须按照相关工程现行国家计量规范规定的工程量计算规则计算。工程计量可选择按月或按工程形象进度分段计量，具体计量周期应在合同中约定。因承包人原因造成的超出合同工程范围施工或返工的工程量，发包人不予计量。

1. 工程计量的程序

根据《建设工程施工合同（示范文本）》（2013）规定，工程计量的一般程序是：承包人应于每月 25 日向监理人报送上月 20 日至当月 19 日已完成的工程量报告，并附具进度付款申请单、已完成工程量报表和有关资料；监理人应在收到承包人提交的工程量报告后 7 天内完成对承包人提交的工程量报表的审核并报送发包人，以确定当月实际完成的工程量。监理人对工程量有异议的，有权要求承包人进行共同复核或抽样复测。承包人应协助监理人进行复核或抽样复测并按监理人要求提供补充计量资料。承包人未按监理人要求参加复核或抽样复测的，监理人审核或修正的工程量视为承包人实际完成的工程量；监理人未在收到承包人提交的工程量报表后的 7 天内完成复核的，承包人提交的工程量报告中的工程量视为承包人实际完成的工程量。

2. 工程计量的依据

计量依据一般包括质量合格证书，工程量清单前言、技术规范中的“计量支付”条款和设计图等。

（1）质量合格证书　对于承包商已完的工程，并不是全部进行计量，只有质量达到合同标准的已完工程才予以计量。

（2）工程量清单前言和技术规范　工程量清单前言和技术规范的“计量支付”条款规定了清单中每一项工程的计量方法，同时还规定了按规定的计量方法确定的单价所包括的工作内容和范围。因此，工程量清单前言和技术规范是确定计量方法的依据。

（3）设计图　单价合同以实际完成的工程量进行结算，但经监理工程师计量的工程数量，并不一定是承包方实际施工的数量。**监理工程师对承包方超出设计图要求增加的工程量和自身原因造成返工的工程量，不予计量。**

3. 工程计量的方法

工程计量有许多方法，监理工程师通常会根据计量项目的具体情况，从以下计量方法中选择适当的方法。

（1）均摊法　对清单中某些项目稳定发生的合同价款，按合同工期平均计量。如保养测量设备、维护工地清洁等。

（2）凭据法　按照承包商提供的确凿凭据进行计量支付。如提供建筑工程险保险费、第三方责任险保险费、履约保证金等。

（3）估价法　按合同文件的规定，以监理工程师估算的已完成的工程价值支付。

（4）断面法　主要用于取土坑或填筑路堤土方的计量。

（5）图纸法　在工程量清单中的许多项目，按照设计图所示的尺寸进行计量。

（6）分解计量法　将一个项目根据工序或部位分解为若干子项，并对已完成的各子项进行计量。

6.4.3 合同价款调整

1. 合同价款调整的内容

《建设工程工程量清单计价规范》规定，下列事项（但不限于）发生，发承包双方应当按照合同约定调整合同价款：

1）法律法规变化。

2）工程变更。

3）项目特征不符。

4）工程量清单缺项。

5）工程量偏差。

6）计日工。

7）物价变化。

8）暂估价。

9）不可抗力。

10）提前竣工（赶工补偿）。

11）误期赔偿。

12）索赔。

13）现场签证。

14）暂列金额。

15）发承包双方约定的其他调整事项。

2. 合同价款调整的程序

根据《建设工程工程量清单计价规范》的有关规定，合同价款的调整应按照下列程序：

（1）合同调整价款的申请　出现合同价款调增事项（不含工程量偏差、计日工、现场签证、索赔）后的14天内，承包人应向发包人提交合同价款调增报告并附上相关资料；承包人在14天内未提交合同价款调增报告的，应视为承包人对该事项不存在调整价款请求。出现合同价款调减事项（不含工程量偏差、索赔）后的14天内，发包人应向承包人提交合同价款调减报告并附相关资料；发包人在14天内未提交合同价款调减报告的，应视为发包人对该事项不存在调整价款请求。

（2）合同调整价款的审核　发（承）包人应在收到承（发）包人合同价款调增（减）报告及相关资料之日起14天内对其核实，予以确认的应书面通知承（发）包人。当有疑问时，应向承（发）包人提出协商意见。发（承）包人在收到合同价款调增（减）报告之日起14天内未确认也未提出协商意见的，应视为承（发）包人提交的合同价款调增（减）报告已被发（承）包人认可。

（3）合同调整价款的支付　经发承包双方确认调整的合同价款，作为追加（减）合同价款，应与工程进度款或结算款同期支付。

6.4.4 工程变更价款的确定

根据《建设工程工程量清单计价规范》的有关规定，因工程变更引起已标价工程量清

单项目或其工程数量发生变化时，应按照下列规定调整：

1）已标价工程量清单中有适用于变更工程项目的，应采用该项目的单价；但当工程变更导致该清单项目的工程数量发生变化，且当工程量增加15%以上时，增加部分的工程量的综合单价应予调低；当工程量减少15%以上时，减少后剩余部分的工程量的综合单价应予调高。

2）已标价工程量清单中没有适用但有类似于变更工程项目的，可在合理范围内参照类似项目的单价。

3）已标价工程量清单中没有适用也没有类似于变更工程项目的，应由承包人根据变更工程资料、计量规则和计价办法、工程造价管理机构发布的信息价格和承包人报价浮动率提出变更工程项目的单价，并应报发包人确认后调整。承包人报价浮动率可按下列公式计算：

招标工程：　　承包人报价浮动率 $L=(1-\text{中标价}/\text{招标控制价})\times 100\%$

非招标工程：　　承包人报价浮动率 $L=(1-\text{报价}/\text{施工图预算})\times 100\%$

4）已标价工程量清单中没有适用也没有类似于变更工程项目，且工程造价管理机构发布的信息价格缺价的，应由承包人根据变更工程资料、计量规则、计价办法和通过市场调查等取得有合法依据的市场价格提出变更工程项目的单价，并应报发包人确认后调整。

当发包人提出的工程变更因非承包人原因删减了合同中的某项原定工作或工程，致使承包人发生的费用或（和）得到的收益不能被包括在其他已支付或应支付的项目中，也未被包含在任何替代的工作或工程中时，承包人有权提出并应得到合理的费用及利润补偿。

6.4.5 索赔和现场签证

索赔是指在工程合同履行过程中，合同当事人一方因非己方的原因而遭受损失，按合同约定或法律法规规定承担责任，从而向对方提出补偿的要求。

索赔的性质属于经济补偿行为，而不是惩罚。索赔在工程项目实施中经常发生，而且索赔的种类很多，往往会导致项目的投资目标失控。因此，索赔控制是建设工程施工阶段投资控制的重要手段。

1. 索赔费用的组成

与建筑安装工程费用的内容相似，索赔费用的主要组成内容包括直接费、间接费、利润及税金等。但承包商仅可就工程成本增加的部分进行索赔。

（1）人工费　人工费包括完成合同之外的额外工作所花费的人工费用；由于非承包商责任工效降低增加的人工费用；超过法定工作时间的加班劳动；法定的人工费增长以及非承包商责任造成的工程延误导致的人员窝工费和工资上涨费等。

（2）材料费　材料费包括由于索赔事件使材料实际用量超过计划用量而增加的材料费；由于客观原因使材料价格大幅度上涨；由于非承包商责任造成的工程延误导致的材料价格上涨和超期存储费等。

（3）施工机械使用费　施工机械使用费包括由于完成额外工作增加的机械使用费；非承包商责任工效降低增加的机械使用费；由于业主或监理工程师原因导致机械停工的窝工费等。

（4）分包费用　分包费用是指应列入总承包商索赔款总额以内的分包商的索赔费，一般包括人工、材料、机械使用费的索赔。

(5) 工地管理费　工地管理费是指承包商完成额外工程、索赔事项工作以及工期延长期间的工地管理费，包括管理人员工资、办公费等。

(6) 利息　利息的索赔通常发生于下列情况：拖期付款的利息；由于工程变更和工程延期增加投资的利息；索赔款的利息；错误扣款的利息。

(7) 总部管理费　总部管理费主要指的是工程延误期间所增加的管理费。

(8) 利润　一般来说，由于工程范围的变更、文件有缺陷或技术性错误、业主未能提供现场等引起的索赔，承包商可以列入利润。索赔利润的计算通常与原报价单中的利润百分率保持一致。即在成本的基础上，增加原报价单中的利润率，作为该项索赔款的利润。

2. *索赔费用的计算方法*

(1) 实际费用法　实际费用法是工程索赔计算时最常用的一种方法。这种方法的计算原则是，以承包商为某项索赔工作所支付的实际开支为依据，向发包方要求超额部分的费用补偿。对于单项索赔的费用计算而言，实际费用法仅限于该项工程施工中所发生的额外工人费、材料费、机械使用费及相应的管理费。

(2) 总费用法　总费用法又称总成本法，就是当发生多次索赔事件以后，重新计算该工程的实际总费用，并减去投标报价时的估算总费用，作为索赔金额。其计算公式为：

索赔金额 = 实际总费用 − 投标报价估算总费用

(3) 修正总费用法　作为对总费用法的改进，它是在总费用计算的原则上，去掉一些不合理的因素，使其更合理。具体修正的内容如下：将计算索赔款的时段局限于受到外界影响的时间，而不是整个施工期；只计算受影响时段内的某项工作所受影响的损失，而不是计算该时段内所有施工工作所受的损失；与该项工作无关的费用不列入总费用中；对投标报价费用，按受影响时段内该项内在的实际单价乘以实际完成的该项工作的工作量，得出调整后的报价费用。修正的总费用法与总费用法相比，有了实质性的改进，它的准确程度已接近于实际费用法。按修正后的总费用计算索赔金额的公式为：

索赔金额 = 某项工作调整后的实际总费用 − 该项工作的报价费用

3. *索赔程序*

根据《建设工程工程量清单计价规范》的有关规定，承包人索赔程序介绍如下。

(1) 承包人提出索赔 当合同一方向另一方提出索赔时，应有正当的索赔理由和有效证据，并应符合合同的相关约定。根据合同约定，承包人认为非承包人原因发生的事件造成了承包人的损失，应按下列程序向发包人提出索赔：

1) 承包人应在知道或应当知道索赔事件发生后28天内，向发包人提交索赔意向通知书，说明发生索赔事件的事由。承包人逾期未发出索赔意向通知书的，丧失索赔的权利。

2) 承包人应在发出索赔意向通知书后28天内，向发包人正式提交索赔通知书。索赔通知书应详细说明索赔理由和要求，并应附必要的记录和证明材料。

3) 索赔事件具有连续影响的，承包人应继续提交延续索赔通知，说明连续影响的实际情况和记录。

4) 在索赔事件影响结束后的28天内，承包人应向发包人提交最终索赔通知书，说明最终索赔要求，并应附必要的记录和证明材料。

(2) 索赔处理　承包人索赔应按下列程序处理：

1) 发包人收到承包人的索赔通知书后，应及时查验承包人的记录和证明材料。

2）发包人应在收到索赔通知书或有关索赔的进一步证明材料后的28天内，将索赔处理结果答复承包人，如果发包人逾期未做出答复，视为承包人索赔要求已被发包人认可。

3）承包人接受索赔处理结果的，索赔款项应作为增加合同价款，在当期进度款中进行支付；承包人不接受索赔处理结果的，应按合同约定的争议解决方式办理。

4. 现场签证

现场签证是指发包人现场代表（或其授权的监理人、工程造价咨询人）与承包人现场代表就施工过程中涉及的责任事件所作的签认证明。

《建设工程工程量清单计价规范》对现场签证的程序规定如下。

（1）现场签证的申请　承包人应发包人要求完成合同以外的零星项目、非承包人责任事件等工作的，发包人应及时以书面形式向承包人发出指令，并应提供所需的相关资料；承包人在收到指令后，应及时向发包人提出现场签证要求。承包人应在收到发包人指令后的7天内向发包人提交现场签证报告。

在施工过程中，当发现合同工程内容因场地条件、地质水文、发包人要求等不一致时，承包人应提供所需的相关资料，并提交发包人签证认可，作为合同价款调整的依据。

（2）现场签证的审核　发包人应在收到现场签证报告后的48小时内对报告内容进行核实，予以确认或提出修改意见。现场签证的工作如已有相应的计日工单价，现场签证中应列明完成该类项目所需的人工、材料、工程设备和施工机械台班的数量。如现场签证的工作没有相应的计日工单价，应在现场签证报告中列明完成该签证工作所需的人工、材料设备和施工机械台班的数量及单价。

（3）现场签证的支付　现场签证工作完成后的7天内，承包人应按照现场签证内容计算价款，报送发包人确认后，作为增加合同价款，与进度款同期支付。

6.4.6　合同价款期中支付

1. 预付款

预付款是指在开工前，发包人按照合同约定，预先支付给承包人用于购买合同工程施工所需的材料、工程设备，以及组织施工机械和人员进场等的款项。

根据《建设工程工程量清单计价规范》的有关规定，承包人应将预付款专用于合同工程。包工包料工程的预付款的支付比例不得低于签约合同价（扣除暂列金额）的10%，不宜高于签约合同价（扣除暂列金额）的30%。

（1）预付款的支付　承包人应在签订合同或向发包人提供与预付款等额的预付款保函后向发包人提交预付款支付申请。发包人应在收到支付申请的7天内进行核实，向承包人发出预付款支付证书，并在签发支付证书后的7天内向承包人支付预付款。

（2）预付款的扣回　预付款应从每一个支付期应支付给承包人的工程进度款中扣回，直到扣回的金额达到合同约定的预付款金额为止。承包人的预付款保函的担保金额根据预付款扣回的数额相应递减，但在预付款全部扣回之前一直保持有效。发包人应在预付款扣完后的14天内将预付款保函退还给承包人。

2. 安全文明施工费

根据《建设工程工程量清单计价规范》的有关规定，安全文明施工费包括的内容和使用范围应符合国家有关文件和计量规范的规定。发包人应在工程开工后的28天内预付不低于当年施工进度计划的安全文明施工费总额的60%，其余部分应按照提前安排的原则进行分解，并应与进度款同期支付。承包人对安全文明施工费应专款专用，在财务账目中应单独列项备查，不得挪作他用。

3. 进度款支付

进度款是指在合同工程施工过程中，发包人按照合同约定对付款周期内承包人完成的合同价款给予支付的款项，也是合同价款期中结算支付。

（1）工程进度款的计算　根据《建设工程工程量清单计价规范》的有关规定，已标价工程量清单中的单价项目，承包人应按工程计量确认的工程量与综合单价计算；综合单价发生调整的，以发承包双方确认调整的综合单价计算进度款。已标价工程量清单中的总价项目和按照采用经审定批准的施工图样及其预算方式发包形成的总价合同，承包人应按合同中约定的进度款支付分解，分别列入进度款支付申请中的安全文明施工费和本周期应支付的总价项目的金额中。

（2）工程进度款的支付　根据《建设工程工程量清单计价规范》的有关规定，发承包双方应按照合同约定的时间、程序和方法，根据工程计量结果，办理期中价款结算，支付进度款。进度款支付周期应与合同约定的工程计量周期一致。进度款的支付比例按照合同约定，按期中结算价款总额计，不低于60%，不高于90%。

承包人应在每个计量周期到期后的7天内向发包人提交已完工程进度款支付申请一式四份，详细说明此周期认为有权得到的款额，包括分包人已完工程的价款。

支付申请应包括下列内容：

1）累计已完成的合同价款。

2）累计已实际支付的合同价款。

3）本周期合计完成的合同价款包括：

① 本周期已完成单价项目的金额。

② 本周期应支付的总价项目的金额。

③ 本周期已完成的计日工价款。

④ 本周期应支付的安全文明施工费。

⑤ 本周期应增加的金额。

4）本周期合计应扣减的金额包括：

① 本周期应扣回的预付款。

② 本周期应扣减的金额。

5）本周期实际应支付的合同价款。

发包人应在收到承包人进度款支付申请后的14天内，根据计量结果和合同约定对申请内容予以核实，确认后向承包人出具进度款支付证书。发包人应在签发进度款支付证书后的14天内，按照支付证书列明的金额向承包人支付进度款。

6.4.7 竣工结算与支付

1. 竣工结算

根据《建设工程工程量清单计价规范》的规定，承包人应根据办理的竣工结算文件向发包人提交竣工结算款支付申请。申请应包括下列内容：

1）竣工结算合同价款总额。

2）累计已实际支付的合同价款。

3）应预留的质量保证金。

4）实际应支付的竣工结算款金额。

发包人应在收到承包人提交竣工结算款支付申请后7天内予以核实，向承包人签发竣工结算支付证书。发包人签发竣工结算支付证书后的14天内，应按照竣工结算支付证书列明的金额向承包人支付结算款。

2. 质量保证金

（1）承包人提供质量保证金的方式　一般有三种方式：质量保证金保函；相应比例的工程款；双方约定的其他方式。

（2）质量保证金的扣留　一般有三种方式：在支付工程进度款时逐次扣留，在此情形下，质量保证金的计算基数不包括预付款的支付、扣回以及价格调整的金额；工程竣工结算时一次性扣留质量保证金；双方约定的其他扣留方式。《建设工程工程量清单计价规范》规定，发包人应按照合同约定的质量保证金比例从结算款中预留质量保证金。

（3）质量保证金的退还　在合同约定的缺陷责任期终止后，发包人应按照最终结清的规定，将剩余的质量保证金返还给承包人。

3. 最终结清

根据《建设工程工程量清单计价规范》的规定，缺陷责任期终止后，承包人应按照合同约定向发包人提交最终结清支付申请。最终结清支付申请单应列明质量保证金、应扣除的质量保证金、缺陷责任期内发生的增减费用。发包人应在收到最终结清支付申请后的14天内予以核实，并应向承包人签发最终结清支付证书。发包人应在签发最终结清支付证书后的14天内，按照最终结清支付证书列明的金额向承包人支付最终结清款。

6.4.8 投资偏差分析

在确定了投资控制目标之后，为了有效地进行投资控制，监理工程师就必须定期地进行投资计划（目标值）与实际值的比较，当实际值偏离计划值时，分析偏差产生的原因，并采取适当的纠偏措施，尽可能地降低投资超支。

1. 投资偏差的概念

在投资控制中，把投资的实际值与计划值的差异称为投资偏差，即：

$$投资偏差=已完工程实际投资-已完工程计划投资$$

其结果为正表示投资超支；结果为负表示投资节约。但是必须特别指出，进度偏差对投资偏差分析的结果有重要影响。因此，有必要引入进度偏差的概念，即：

$$进度偏差=已完工程实际时间-已完工程计划时间$$

而且，为了与投资偏差联系起来，进度偏差也可表示为：

$$进度偏差=拟完工程计划投资-已完工程计划投资$$

所谓拟完工程计划投资是指根据进度计划安排，在某一确定时间内所应完成的工程内容的计划投资，即

$$拟完工程计划投资=拟完工程量（计划工程量）\times 计划单价$$

2. 偏差分析的方法

进行投资偏差分析时，可以根据需要采用以下不同的方法：

（1）横道图法　横道图是指用不同的横道标识已完工程计划投资、拟完工程计划投资和已完工程实际投资，而横道的长度与其金额成正比例。

（2）表格法　表格法是进行投资偏差分析最常用的一种方法，它具有灵活、实用性强、信息量大、便于计算机辅助进行投资控制等特点。

（3）曲线法　曲线法是用投资累计曲线（S曲线）来进行投资偏差分析的一种方法。

3. 投资偏差原因分析

偏差分析的主要目的是要找出引起投资偏差的原因，从而有针对性地采取措施，减少或避免类似情况的再次发生。进行偏差原因分析时，首先应将已经导致和可能导致偏差的各种原因逐一列举出来。一般来说，产生投资偏差的原因如图6-8所示。

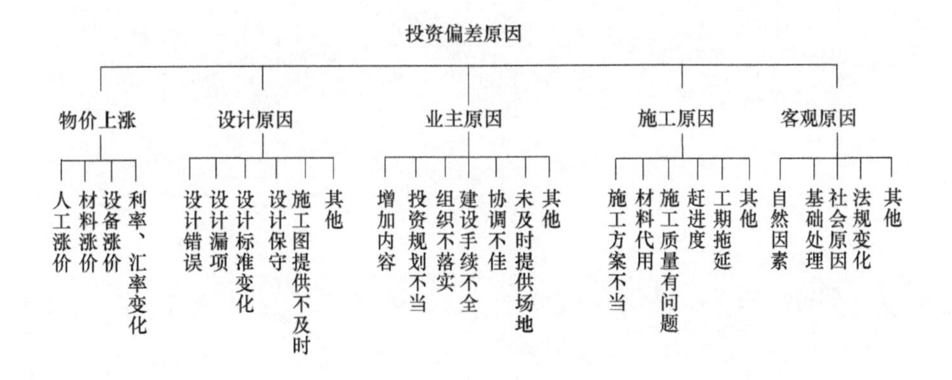

图6-8　投资偏差原因

4. 纠偏

对偏差原因进行分析的目的是为了有针对性地采取纠偏措施，从而实现投资的动态控制和主动控制。

纠偏首先是确定纠偏的主要对象。有些偏差是无法避免和控制的，如客观原因造成的偏差；施工原因所导致的偏差通常由承包商承担；纠偏的主要对象应当是业主原因和设计原因造成的投资偏差。在确定了纠偏的主要对象后，就需要采取有针对性地纠偏措施。纠偏可采用组织措施、经济措施、技术措施和合同措施等。

思考题

1. 何谓建设工程总投资？简述建设工程总投资的构成。
2. 简述建筑安装工程费用和设备、工器具购置费用的构成及计算方法。
3. 建设工程投资确定的依据有哪些？
4. 建设工程投资控制的主要任务有哪些？
5. 监理工程师如何对设计概算和施工图预算进行审查？

6. 简述建设工程承包合同价格的分类及其适用条件。
7. 工程计量的一般程序是什么？
8. 合同价款调整的内容有哪些？
9. 工程变更价款的确定方法有哪些？
10. 何谓索赔？索赔费用的构成内容有哪些？
11. 何谓现场签证？现场签证的一般程序是什么？
12. 投资偏差分析的方法有哪些？

第7章 建设工程监理组织

［学习目标］

掌握承发包的模式与建设工程监理委托方式，项目监理机构的设立、组织形式和监理人员配备与基本职责。

熟悉建设工程监理的实施程序和原则。

了解建设工程监理组织的概念与组织结构、组织设计与组织活动的基本原理。

7.1 组织的基本原理

组织是管理的一项重要职能。建立精干、高效的监理组织，并使之得以有效运行，是实现监理目标的前提条件。

7.1.1 组织的概念

组织的概念有两层含义。

（1）相对静态的社会实体单位（如监理企业、项目监理机构等） 组织是为了使系统达到特定的目标，使全体参加者经分工与协作以及设置不同层次的权力和责任制度而构成的一种人的组合体。组织具有三个特征：

1）目的性。组织必须有目标，目标是组织存在的前提。

2）协作性。组织必须有适当的分工与协作，这是组织高效运行的保证。

3）制度性。组织必须建立权利和责任制度，没有不同层次的权利和责任制度就不能实现组织活动和目标。

（2）动态的组织活动过程（如监理活动） 组织作为生产的四大要素之一，与其他三个要素（劳动力、劳动对象、劳动工具）相比，具有如下特征：

1）在生产中，其他三个要素可以相互替代；而组织不能替代其他三个要素，也不能被其他要素所替代。

2）组织是使其他三个要素合理配合而增值的要素。

7.1.2 组织结构

1. 组织结构的概念

组织结构是指组织内部各构成部分和各部分间所确定的较为稳定的相互关系和联系方

式。组织结构的基本内涵有四个要点：

1）确定正式关系与职责的形式。

2）向组织各个部门或个人分派任务和各种活动的方式。

3）协调各个分离活动和任务的方式。

4）组织中权力、地位和等级关系。

2. 组织结构与职权的关系

组织结构与职权形态之间存在着一种直接的相互关系。这是因为组织结构与职位以及职位间关系的确立密切相关，因而组织结构为职权关系提供了一定的格局。组织中的职权指的是组织中成员间的关系，而不是某一个人的属性。职权关系的格局就是组织结构，但它不是组织结构含义的全部。职权的概念是与合法行使某一职位的权力紧密相关的，而且是以下级服从上级的命令为基础的。

3. 组织结构与职责的关系

组织结构与组织中各部门、各成员的职责和责任的分派直接有关。在组织中，只要有职位就有职权，而只要有职权也就有了职责。组织结构为职责的分配和确定奠定了基础，而组织的管理则是以机构和人员职责的分派和确定为基础的。利用组织结构可以评价组织各个成员的功绩与过错，从而使组织中的各项活动有效地开展起来。

4. 组织结构图

组织结构图是组织结构简化了的抽象模型。描述组织结构的典型办法是通过绘制能表明组织的正式职权和联系网络图来进行的。但是，组织结构图不能准确、完整地表达组织，如它不能表明一个上级对其下级所具有的职权的程度，以及平级职位之间相互作用的横向关系。尽管如此，它仍不失为一种表示组织结构的好方法。

7.1.3 组织设计

1. 组织设计的概念

组织设计是对组织活动和组织结构的设计过程，也是对一个组织的结构进行规划、构造、创新，以便从组织结构上确保组织目标的有效实现。组织设计的内涵有四个要点：

1）组织设计是管理者在系统中建立最有效的相互关系的一种合理化、有意识的过程。

2）这个过程既要考虑系统的外部要素，又要考虑系统的内部要素。

3）组织设计的结果是形成组织结构。

4）有效的组织设计在提高组织活动效能方面起着重要的作用。

2. 组织构成因素

组织构成一般是上小下大的形式，由管理层次、管理跨度、管理部门、管理职责四大因素构成。各因素之间密切相关、相互制约。组织结构设计时，应考虑各因素间的平衡与衔接。

（1）管理层次　管理层次是指从最高管理者到最基层实际工作人员等级层次的数量。管理层次通常分为决策层、协调层和执行层、操作层。

1）决策层：决策层的职能是确定管理组织的根本目标和大政方针，要求它必须精干、高效。

2）协调层：协调层的职能是参谋、咨询，其人员要求具有较强的业务能力。

3）执行层：执行层主要是直接调动和组织各种具体活动内容，其人员应具有实干精神，并能坚决贯彻执行各项管理指令。

由于执行层和协调层的作用和地位基本相近，有时也可将这两个层次合并为控制层。

4）操作层：又称作业层，是从事具体操作和完成具体任务的，其人员应具有熟练的作业技能。

组织中最高管理者到最基层实际工作人员的人数逐层递增而权责逐层递减。

（2）管理跨度　管理跨度是指一名上级管理人员所直接管理的下级人数。管理跨度的大小取决于需要协调的工作量。管理跨度越大，管理者需要协调的工作量就越大，管理的难度也就越大。因此，必须合理确定各级管理者的管理跨度，才能使组织高效运作。

管理跨度的大小受诸多因素的影响。它与管理者的品德、才能、个人精力、授权程度以及被管理者的素质有很大关系。此外，还与职能的难易程度、工作地点远近、工作制度和程序等客观因素有关。因此，确定适当的管理跨度需要积累经验，并在实践中进行必要调整。

（3）管理部门　组织中各部门的合理划分对发挥组织效应是十分重要的。如果部门划分不合理，会造成控制、协调困难，也会造成人浮于事，浪费人力、物力和财力。管理部门的划分要根据组织目标与工作内容确定，形成既有相互分工又相互配合的组织系统。

（4）管理职责　组织设计中确定各部门的职责，应使纵向的领导、检查、指挥灵活，达到指令传递快、信息反馈及时；同时使各横向部门间相互联系、协调一致，使各部门有职有责、尽职尽责。

3. 组织设计原则

组织设计是一种把目标、责任、权力和利益进行有效组合和协调的活动。组织设计中应考虑以下几项基本原则：

（1）目的性原则　组织设计的根本目的在于确保组织目标的实现。因目标而设事，因事而设人、设机构、分层次，因事而定岗定责，因责而授权。

（2）集权与分权统一的原则　集权是指权力集中在最高管理者手中，分权是指经过上级领导授权，将部分权力交给下级掌握。通常情况下，任何组织都不存在绝对的集权和分权。如建设工程监理实行总监理负责制，项目的权力应集中在总监手中。总监理工程师将部分权力交给总监代表或各子项目专业监理工程师。在现场监理组织设计中，采取集权还是分权形式，要根据工程规模、地理位置以及总监的能力、精力和下属监理工程师的工作经验、能力和工作性质等综合考虑确定。

（3）专业分工与协作统一的原则　分工就是将组织目标、任务分成各级、各部门和每个人的目标、任务。在分工中要特别注意组织结构应尽可能按照专业化设置；工作分工上要严密，每个人要熟练所承担的任务以提高工作效率。

在组织中有分工还必须有协作，明确各部门间和部门内部的协调关系与配合方法。在协作中应特别注重主动协作；应运用具体可行的协作配合办法，使协作过程规范化、程序化。

（4）管理跨度与管理层次统一的原则　管理跨度与管理层次成反比例关系。当组织结构的人数一定时，如果管理跨度加大，管理层次就可以适当减少；反之，如果管理跨度缩小，管理层次就会增多。一般来说，应该通盘考虑影响管理跨度的各种因素后，在实际运用中根据具体情况确定管理层次。

（5）权责一致的原则　在组织机构设计中应明确划分职责与权力范围，做到责任和权

力相一致。各级人员都必须授予相应的职权，职权的大小应与承担的职责大小相适应。

（6）才职相称的原则　采用科学的方法进行职务的设置和人员的评价，使每个人现有的和可能有的才能与其职务上的要求相适应，做到才职相称，人尽其才，才得其用，用得其所。

（7）效率优先原则　一个组织办事效率高不高，是衡量这个组织结构是否合理的主要标准之一。因此，组织结构中的每个部门、每个人为统一的目标，应组合成最适宜的结构形式，实行最有效的内部协调，使事情办得简洁而正确，减少重复和扯皮，并且具有灵活的应变能力。

（8）**弹性原则**　组织机构既要有相对的稳定性，不要轻易变动，但又必须随组织内部和外部条件的变化，根据长远目标做出相应的调整和变化，使组织结构具有一定的适应性。

7.1.4 组织活动的基本原理

（1）**要素有用性原理**　组织系统的基本要素有人力、物力、财力、信息、时间等。管理者在组织活动过程中不但要看到一切要素都有作用，还要具体分析各要素的特殊性，以便充分发挥每一要素的作用。

（2）**动态相关性原理**　组织系统处于静止状态是相对的，处在运动状态是绝对的。组织系统的各要素之间既相互联系、又相互排斥，这种相互作用推动了组织活动的进步与发展。这种相互作用的因子称为相关因子。事物在组合过程中，由于相关因子的作用，可以发生质变，“$1+1\geqslant2$ 或 <2”。也就是说，整体效应不等于其局部效应的简单相加，即所谓的动态相关性原理。组织管理者的重要任务就在于使组织机构活动的整体效应大于其局部效应之和。

（3）**主观能动性原理**　人是生产力中最活跃的因素，有生命、有思想、有感情、有创造力，组织管理者的重要任务就是要把人的主观能动性发挥出来，以达到预定的组织目标。

（4）**规律效应性原理**　规律就是客观事物的内部的、本质的、必然的联系。规律与效应的关系非常密切，要取得好的效应，就要主动研究规律，实事求是，坚决按规律办事。

7.2 建设工程监理委托方式

建设工程监理制度的实行，使建设工程项目形成了以建设单位、承包单位、监理单位为三大主体的结构体系。这个结构体系是以建设单位为主导、监理单位为核心、承包单位为主力、合同为依据、经济为纽带的项目管理模式。工程项目的承发包模式在很大程度上影响了项目建设中三大主体形成的项目组织结构形式。建设工程项目承发包模式与建设工程监理模式对建设工程项目“三控制、两管理、一协调”起着重要作用，不同的模式有不同的合同体系和不同的管理特点。

7.2.1 平行承发包模式下建设工程监理委托方式

1. 平行承发包模式

所谓平行承发包模式是指建设单位将建设工程设计、施工及材料设备采购任务经分解后分别发包给若干设计单位、施工单位和材料设备供应单位，并分别与各承包单位签订合同的

组织管理模式。平行承发包模式中，各承包单位之间是平行的关系。平行承发包模式如图7-1所示。

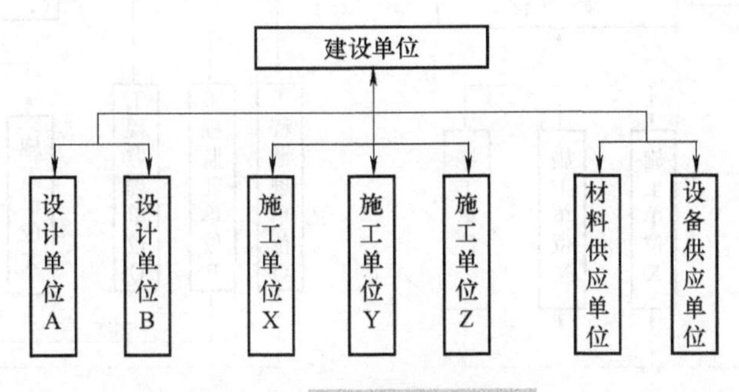

图7-1 平行承发包模式

采用平行承发包模式首先应合理分解建设项目的任务，然后进行分类综合，确定每个合同的发包内容，以便选择适当的承包单位。在进行任务分解与确定合同数量、内容时应考虑工程状况、市场状况和贷款协议要求等因素。

(1) **平行承发包模式的优点**

1) 有利于缩短工期。任务分解以后，工程的各个阶段形成搭接关系，从而缩短了整个项目工期。

2) 有利于质量控制。整个工程经过分解发包给各承包单位，合同约束与相互制约使每一部分能够较好地满足质量要求。

3) **有利于建设单位择优选择承包单位。**该模式下的合同内容比较单一、合同价值小、风险小，使许多提供专业化服务的中小企业有机会参与竞争，为建设单位在较广的范围内进行选择创造了条件。

(2) **平行承发包模式的缺点**

1) 合同数量多，会造成合同管理困难。该模式下的合同关系复杂，使建设工程系统内结合部位数量增加，组织协调工作量大。

2) 投资控制难度大。一是合同总价不易在短时间内确定，直接影响投资控制的实施；二是工程招标任务量大，需控制多项合同价格，增加了投资控制难度；三是在施工过程中设计变更和修改较多，导致投资增加。

2. **平行承发包模式下的监理方式**

与平行承发包模式相适应的监理委托方式有两种。

(1) **委托一家工程监理单位实施监理　这种监理模式要求被委托的工程监理单位应具有较强的合同管理与组织协调能力，**并能做好全面规划工作。工程监理单位的项目监理机构可以组建多个监理分支机构对各施工单位分别实施监理。在工程监理过程中，总监理工程师应重点做好总体协调工作，加强横向联系，保证建设工程监理工作的有效运行。该监理委托方式如图7-2所示。

(2) **委托多家工程监理单位实施监理　建设单位委托多家监理单位针对不同承包单位实施监理，需要分别与多家工程监理单位签订工程监理合同。各工程监理单位之间的相互协作与配合需要建设单位进行协调。**采用该监理委托方式，工程监理单位的监理对象相对单一，便于管理，但缺少一个对建设工程进行总体规划与协调控制的监理单位。该监理委托方

式如图 7-3 所示。

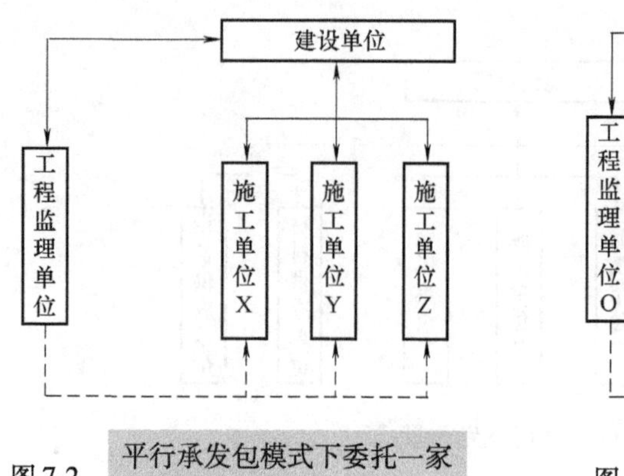

图 7-2 平行承发包模式下委托一家工程监理单位的组织方式

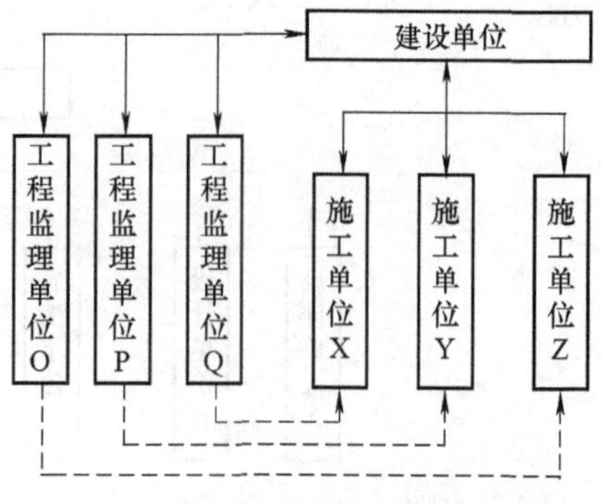

图 7-3 平行承发包模式下委托多家工程监理单位的组织方式

为了克服上述不足，在某些大中型建设工程监理实践中，建设单位首先委托一个“总监理工程师单位”负责总体协调、管理各工程监理单位，再由建设单位与“总监理工程师单位”共同选择几家工程监理单位分别承担不同施工合同的监理任务。该监理委托方式如图 7-4 所示。

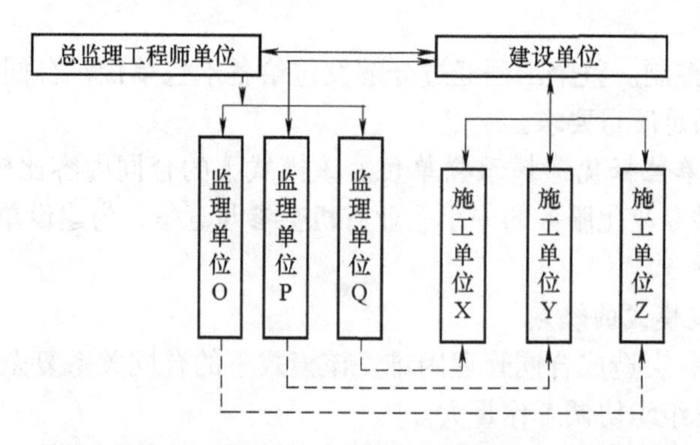

图 7-4 平行承发包模式下委托“总监理工程师单位”的组织方式

7.2.2 施工总承包模式下建设工程监理委托方式

1. 施工总承包模式

所谓施工总承包模式是指建设单位将全部施工任务发包给一家施工单位作为总承包单位，总承包单位可以将其部分任务分包给其他施工单位，形成一个施工总包合同及若干个分包合同的组织管理模式。施工总承包模式如图 7-5 所示。

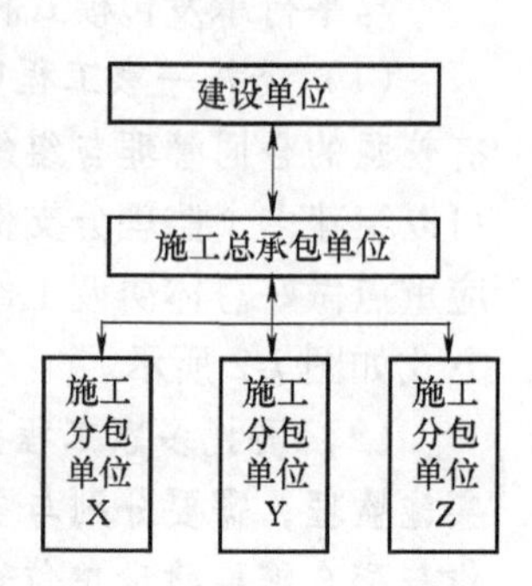

图 7-5 施工总承包模式

（1）施工总承包模式的优点

1）**有利于建设工程的组织管理。**由于建设单位只与一个施工总承包单位签订合同，施工合同数量比平行承发包模式更少，有利于建设单位的合同管理，减少协调工作量，可发挥工程监理单位与施工总承包单位多层次协调的积极性。

2）**有利于投资控制**。总包合同价格可以较早确定，有利于工程投资的控制。

3）**有利于质量控制**。既有施工分包单位的自控，又有施工总包单位的监督，还有工程监理单位的检查认可，对工程质量控制有利。

4）**有利于进度控制**。施工总包单位具有控制的积极性，施工分包单位之间也有相互制约的作用，有利于总体进度的协调控制。

（2）施工总承包模式的缺点

1）**建设周期较长**。由于设计图全部完成后才能进行施工总包的招标，不能将设计阶段与施工阶段进行最大限度的搭接。

2）**总包报价可能较高**。一方面，由于建设工程的发包规模较大，通常只有大型承建单位才具有总包的资格和能力，不利于组织有效的招标竞争；另一方面，对于分包出去的工程内容，总包单位都要在分包报价的基础上加收管理费向建设单位报价。

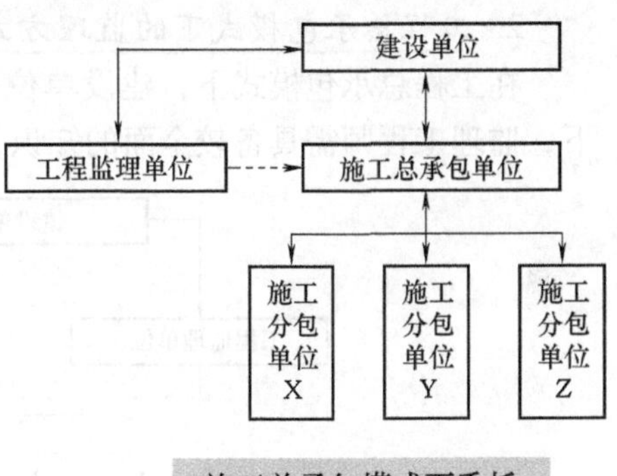

图7-6 施工总承包模式下委托工程监理单位的组织方式

2. 施工总承包模式下的监理方式

施工总承包模式下，建设单位委托监理方式如图7-6所示。在建设工程施工总承包模式下，建设单位通常应委托一家工程监理单位实施监理。这样有利于工程监理单位统筹考虑工程投资、进度、质量控制，合理进行总体规划协调，更可使监理工程师掌握设计思路与设计意图，有利于实施建设工程监理工作。

7.2.3 工程总承包模式下建设工程监理委托方式

1. 工程总承包模式

所谓工程总承包模式是指建设单位将工程设计、施工、材料设备采购等工作全部发包给一家承包单位，由其进行实质性设计、施工和采购工作，最后向建设单位交出一个已达到动用要求的工程。按这种模式发包的工程也称“交钥匙工程”。建设工程总承包模式如图7-7所示。

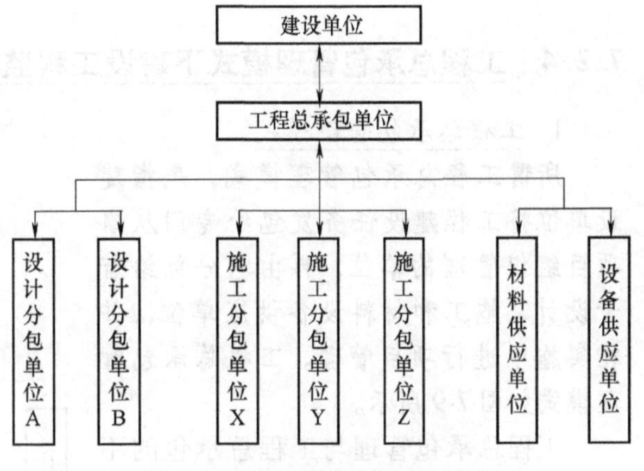

图7-7 建设工程总承包模式

（1）工程总承包模式的优点

1）**合同关系简单，协调工作量较小**。建设单位与承包单位之间只有一个主合同，使合同管理范围整齐、单一。

2）**有利于进度控制**。由于工程设计与施工由一个承包单位统筹安排，使设计与施工阶段可以相互搭接，**缩短建设周期**。

3）**有利于投资控制**。通过设计与施工的统筹考虑，可以从价值工程或全寿命费用的角

度取得明显的经济效果，有利于控制工程投资，但这并不意味着工程总承包的价格低。

(2) 工程总承包模式的缺点

1）招标发包工作难度大。合同条款不易准确确定，容易造成较多的合同争议。合同数量虽少，但合同管理难度一般较大，造成招标发包工作难度加大。

2）建设单位择优选择承包单位的范围小。由于承包范围大，介入工程项目时间早，未确定的工程信息多，因此总承包单位要承担较大的风险，有此能力的承包单位数量相对较少，因此建设单位择优选择承包单位的范围受限。

3）质量控制难度大。一是质量标准和功能要求不易做到全面、具体、准确，“他人控制”机制薄弱，使工程质量控制标准制约性受到影响。

2. 工程总承包模式下的监理方式

在工程总承包模式下，建设单位一般应委托一家工程监理单位实施监理。在这种模式下，监理工程师需具备较全面的知识，做好合同管理工作。该监理委托方式如图 7-8 所示。

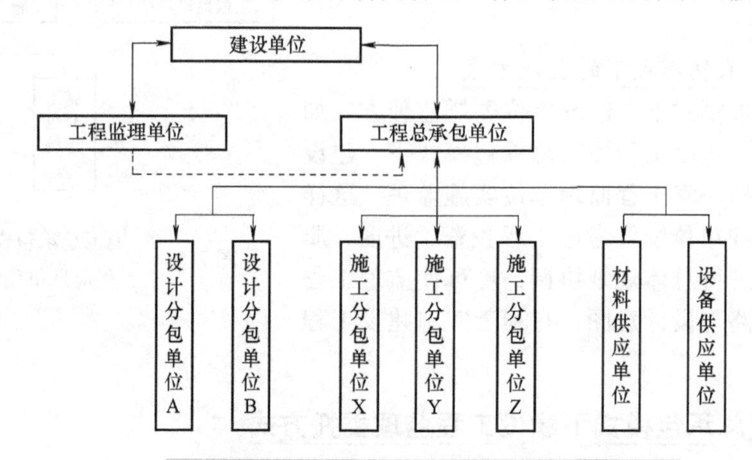

图 7-8 工程总承包模式下委托工程监理单位的组织方式

7.2.4 工程总承包管理模式下建设工程监理委托方式

1. 工程总承包管理模式

所谓工程总承包管理模式，是指建设单位将工程建设任务发包给专门从事项目组织管理的单位，再由它分包给若干设计、施工和材料设备供应单位，并在实施中进行项目管理。工程总承包管理模式如图 7-9 所示。

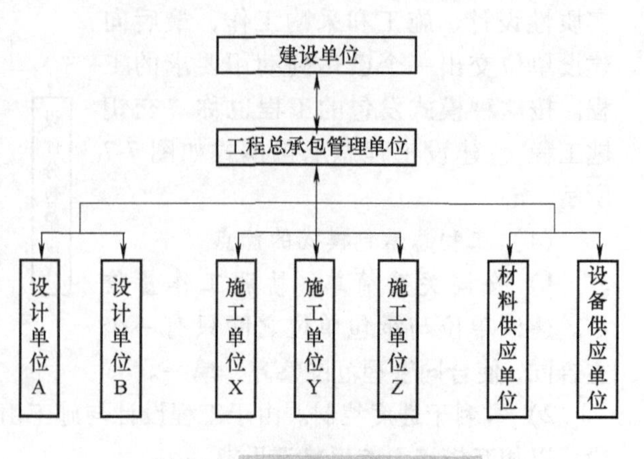

图 7-9 工程总承包管理模式

工程总承包管理与工程总承包的不同之处在于：前者不直接进行设计与施工，没有自己的设计和施工力量，而是将承接的设计与施工任务全部分包出去，他们专心致力于建设工程管理。后者有

自己的设计、施工实体，是设计、施工、材料和设备采购的主要力量。

（1）**工程总承包管理模式的优点** 与工程总承包模式相同，工程总承包管理模式对合同管理、组织协调比较有利，对进度控制和投资控制也较为有利。

（2）**工程总承包管理模式的缺点**

1）由于工程总承包管理单位与设计、施工单位是总包与分包关系，后者才是项目实施的基本力量，因此，监理工程师对分包的确认工作就成了十分关键的问题。

2）不利于工程目标的实现。工程总承包管理单位自身经济实力一般比较弱，而承担的风险相对较大，因此，工程项目采用该种承包方式应持慎重态度加以分析论证。

2. 工程总承包管理模式下的监理模式

在工程总承包管理模式下，一般宜委托一家工程监理单位进行监理，这样便于监理工程师对工程总承包管理合同和工程总承包管理单位进行分包等活动实施监理。这种模式下，虽然总承包管理单位和监理单位均进行工程项目管理，但两者性质、立场、内容等均有较大区别，不可相互替代。

7.2.5 联合体承包模式下建设工程监理委托方式

1. 联合体承包模式

所谓联合体承包模式是指建设单位与一个由若干设计、施工单位组成的联合体签约，将工程设计、施工任务发包给这个联合体。联合体承包模式如图7-10所示。

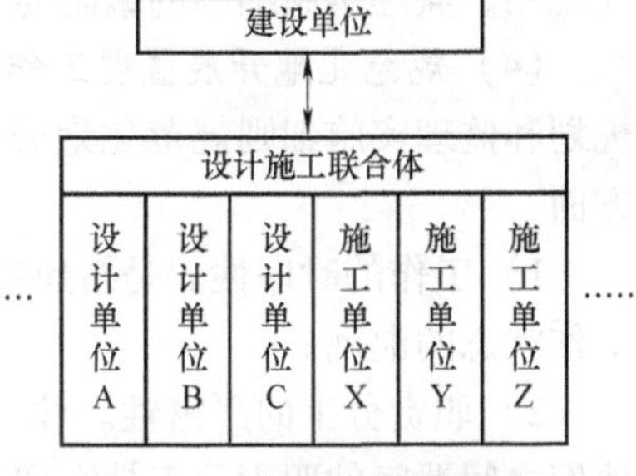

图7-10 联合体承包模式

联合体承包是总承包合同的一种特殊形式，它由两个以上的单位共同组成非法人的联合体，以该联合体的名义承包某项工程。在联合承包形式中，由参加联合的各承包单位共同组成的联合体作为单一的承包主体，与发包方签订承包合同，承担履行合同义务的全部责任。在联合体内部，则由参加联合体的各方以协议约定各自在联合承包中的权利、义务，包括联合体的管理方式及共同管理机构的产生办法、各方负责承担的工程任务的范围、利益分享与风险分担的办法等。联合体承包模式的优点主要体现在如下几个方面：

1）适用范围广。联合体内各成员可以发挥各自的优势，增强承包能力。

2）合同数量少，便于管理。建设单位只和联合体签订一份工程承包合同，联合体内部建立各自的责、权、利关系，相互制约。

3）有利于进度和质量控制，组织协调的工作量较少。由于联合体按优化组合原则形成，因此对进度和质量方面自行控制能力较强。

4）有利于工程目标的实现。联合体的资源比较丰富，集中了各成员单位的人力、物力和财力，实力较强，风险由各成员单位共同承担，有利于工程目标的实现。

2. 联合体承包模式下的监理方式

在联合体承包模式下，建设单位宜委托一家工程监理单位进行监理。监理单位的合同管理工作比较简单。但监理工程师在协助建设单位选择联合体时应综合考虑联合体内成员的技术、管理、经验、财务及信誉等，同时加强联合体内部的相互协调。

7.3 建设工程监理的实施程序和原则

7.3.1 建设工程监理实施程序

(1) **组建项目监理机构** 工程监理单位在承接建设工程监理任务时，应根据建设工程的规模、性质、建设单位对建设工程监理的要求，选派称职的人员担任项目总监理工程师。总监理工程师是一个建设工程监理工作的总负责人，他对内向工程监理单位负责，对外向建设单位负责。总监理工程师在组建项目监理机构时，应以监理大纲内容和签订的委托监理合同内容为依据，并在监理规划和具体实施计划执行中进行及时调整。

(2) **进一步收集建设工程监理有关资料** 项目监理机构应收集反映工程项目特征，当地工程建设政策、法规，工程所在地区经济状况等建设条件，以及类似工程项目建设情况的有关资料，作为开展监理工作的依据。

(3) **编制建设工程监理规划及监理实施细则** 监理规划是指导项目监理机构全面开展监理工作的指导性文件。监理实施细则是在监理规划的基础上，根据有关规定以及监理工作需要，针对某一专业或某一方面建设工程监理工作而编制的操作性文件。因此，为具体指导投资、质量、进度目标控制工作，还需结合建设工程实际情况制定相应的实施细则。关于监理规划、监理实施细则的编制与审核等内容详见第 8 章。

(4) **规范化地开展监理工作** 项目监理机构应按照建设工程监理合同约定，依据监理规划和监理实施细则规范化地开展监理工作。建设工程监理工作的规范化体现在以下几个方面：

1) 工作的时序性。是指建设工程监理各项工作都应按一定的逻辑顺序展开，不致造成工作状态的混乱。

2) 职责分工的严密性。建设工程监理工作是由不同专业、不同层次的专家共同完成，他们之间严密的职责分工是实现监理目标的重要保证。

3) 工作目标的确定性。是指每项监理工作的具体目标应确定，完成的具体时间也应明确限定，以便监理工作的检查与考核。

(5) **参与工程竣工验收** 建设工程施工完成以后，项目监理机构应在正式验收前组织竣工预验收。在预验收中发现的问题，应及时与施工单位沟通，提出整改要求。项目监理机构人员应参加由建设单位组织的工程竣工验收，签署工程监理意见。

(6) **向建设单位提交建设工程监理文件资料** 建设工程监理工作完成后，项目监理机构应向建设单位提交：工程变更资料、监理指令性文件、各类签证等文件资料。提交的监理文件资料应在委托监理合同文件中约定。没有约定的，应根据国家和地方有关工程监理档案管理的有关规定。

(7) **进行监理工作总结** 建设工程监理工作完成后，项目监理机构应及时从两方面进行监理工作总结。

1) 向建设单位提交的监理工作总结。主要内容包括监理合同履行情况概述，监理任务或监理项目完成情况的评价，建设单位提供的监理设施清单，表明建设工程监理工作终结的说明等。

2）向工程监理单位提交的监理工作总结。主要内容包括建设工程监理工作的成效和经验，监理工作中发现的问题、处理情况及改进建议等。

7.3.2　建设工程监理实施原则

建设工程监理单位受建设单位委托，实施建设工程监理时，应遵循以下基本原则。

（1）公平、独立、诚信、科学的原则　监理工程师在建设工程监理中必须尊重科学和依据事实，组织各方协同配合，既要维护建设单位的合法权益，也不能损害其他有关单位的合法权益。建设单位与施工单位都是独立运行的经济主体，由于各自追求的经济目标有差异，各自的行为也有差别，监理工程师应按合同约定的责、权、利关系来协调双方的一致性，确保工程监理目标的实现。

（2）权责一致的原则　监理工程师所从事的监理活动，是根据建设监理法规和建设单位的委托与授权而进行的。工程监理单位依据建设单位的委托，履行监理职责、承担监理责任。监理工程师承担的职责应与建设单位授权的权限一致。建设单位的授权除应体现在建设单位与工程监理单位之间签订的建设工程委托监理合同中外，还应作为建设单位与施工单位签订的建设工程施工合同条件。

（3）总监理工程师负责的原则　总监理工程师负责制是指由总监理工程师全面负责建设工程监理实施工作，其内涵包括：

1）总监理工程师是建设工程监理的责任主体。总监理工程师是实现建设工程监理目标的最高责任者，应是向建设单位和工程监理单位所负责任的承担者。责任是总监理工程师负责制的核心，是确定总监理工程师权力和利益的依据。

2）总监理工程师是建设工程监理的权利主体。根据总监理工程师承担责任的要求，总监理工程师负责制体现了总监理工程师全面领导工程项目监理工作。包括组建项目监理机构，组织编制监理规划，组织实施监理活动，对监理工作进行总结、监督、评价等。

3）总监理工程师是建设工程监理的利益主体。总监理工程师对社会公众利益负责，对建设单位投资效益负责，同时也对所监理项目的监理效益负责，并负责项目监理机构所有监理人员利益的分配。

（4）严格监理，热情服务的原则　严格监理就是要求监理人员严格按照法规、政策、标准和合同控制工程目标，严格把关，依据规定的程序和制度，认真履行监理职责，建立良好的工作作风。

监理工程师还应竭诚为建设单位提供服务，运用合理的技能，谨慎而勤奋地工作。监理工程师应按照监理合同的要求全方位、多层次为建设单位提供良好的服务，维护建设单位的正当权益，同时也应维护施工单位的合法权益。

（5）综合效益的原则　建设工程监理活动既要考虑建设单位的经济效益，也要考虑其社会效益和环境效益。建设工程监理活动既要对建设单位负责，也要对国家和社会负责，取得最佳的综合效益。只有在符合宏观经济效益、社会效益和环境效益的条件下，建设单位投资项目的微观经济效益才能得以实现。

（6）实事求是的原则　在监理工作中，监理工程师应尊重事实。监理工程师的任何指令、判断应以事实为依据，有证明、检验、试验资料等。

7.4 项目监理机构及监理人员职责

项目监理机构是指工程监理单位实施监理时，派驻工地负责履行委托监理合同的组织机构。项目监理机构的组织模式和规模，可以根据建设工程监理合同约定的服务内容、服务期限以及工程特点、规模、技术复杂程度、环境等因素确定。

7.4.1 项目监理机构的设立

工程监理单位在组建项目监理机构时，一般按以下步骤进行。

1. 确定项目监理机构目标

建设工程监理目标是项目监理机构建立的前提，项目监理机构的建立应根据委托监理合同确定的监理目标，制定总目标并明确划分项目监理机构的分解目标。

2. 确定监理工作内容

根据监理目标和建设工程监理合同中规定的监理任务，明确列出监理工作内容，并进行分类归并及组合。监理工作的归并及组合应便于监理目标控制，并综合考虑监理工程的组织管理模式、工程结构特点、合同工期要求、工程复杂程度、工程管理及技术特点；还应考虑监理单位自身组织管理水平、监理人员数量、技术业务特点等。

3. 项目监理机构组织结构设计

（1）**选择组织结构形式** 由于建设工程规模、性质等的不同，应选择适宜的组织结构形式设计项目监理机构组织结构，以适应监理工作需要。组织结构形式选择的基本原则是：有利于工程合同管理，有利于监理目标控制，有利于决策指挥，有利于信息沟通。

（2）**合理确定管理层次与管理跨度** 监理组织结构中管理层次一般应有三个层次。

1）决策层：由总监理工程师和总监理工程师代表组成，根据建设工程监理合同的要求和监理活动内容进行科学化、程序化决策与管理。

2）中间控制层（协调层和执行层）：由各专业监理工程师组成，具体负责监理规划的落实，监理目标控制及合同实施的管理。

3）操作层（作业层）：主要由监理员组成，具体负责监理活动的操作实施。

项目监理机构中管理跨度的确定应考虑监理人员的素质、管理活动的复杂性和相似性、监理业务的标准化程度、各规章制度的建立健全情况、建设工程的集中或分散情况等。

（3）**划分项目监理机构部门** 组织中各部门的合理划分对发挥组织效用十分重要。划分项目监理机构中各职能部门，应按监理工作内容形成相应的管理部门。

（4）制定岗位职责及考核标准 岗位职务及职责的确定，要有明确的目的性，不可因人设事。根据责权一致的原则，应进行适当授权，以承担相应的职责，并应确定考核标准，对监理人员的工作进行定期考核。

（5）选派监理人员 根据监理工作任务，选择适当的监理人员，**必要时可根据专业工程、施工合同段和工程地域配备总监理工程师代表。**监理人员的选择除应考虑个人素质外，还应考虑人员总体构成的合理性与协调性。

4. 制定工作流程和信息流程

为了使监理工作科学、有序地进行，应按监理工作的客观规律制定工作流程和信息流程，规范地开展监理工作。

7.4.2 项目监理机构的组织形式

常见的项目监理机构组织形式有直线制、职能制、直线职能制、矩阵制（见表7-1）。

表7-1 项目监理机构的组织形式

形式	特 点	优 点	缺 点	适用情况
直线制	① 任何一个下级只接受唯一的上级命令 ② 各级部门主管人员对各自所属部门的事务负责，项目监理机构不再另设职能部门	① 组织结构简单，权力集中，命令统一，职责分明 ② 隶属关系明确，决策迅速	① 实行无职能部门的“个人管理” ② 要求总监理工程师全能	① 能划分为若干个相对独立的子项目的大中型建设工程 ② 承担包括设计和施工全过程工程监理任务的大中型建设工程 ③ 小型工程
职能制	① 设立专业性职能部门 ② 各职能部门在职权范围内有权直接发布指令指挥下级	① 加强了项目监理目标控制的职能化分工 ② 能够发挥职能机构的专业管理作用，提高管理效率 ③ 可减轻总监理工程师的负担	① 下级人员受多头指挥 ② 多重指令易产生矛盾，将使下级在监理工作中无所适从	① 大中型建设工程 ② 在地理位置上相对集中的工程项目
直线职能制	① 直线指挥部门拥有对下级的指挥权，对部门工作全面负责 ② 职能部门只对下级部门进行业务指导	① 保持了直线制组织实行直线领导、统一指挥、职责分明的特点 ② 保持了职能制组织目标管理专业化的特点	职能部门与指挥部门易产生矛盾，信息传递路线长，不利于互通信息	
矩阵制	① 纵向为职能系统 ② 横向为子项目系统	① 强化了各职能部门的横向联系，具有较大的机动性和适应性 ② 将上下左右集权与分权实行最优结合，有利于解决复杂问题，有利于监理人员业务能力的培养	纵横向协调工作量大，处理不当会造成扯皮现象，产生矛盾	

1. 直线制组织形式

直线制是一种最为简单的组织形式，如图7-11所示，总监理工程师负责整个工程的规

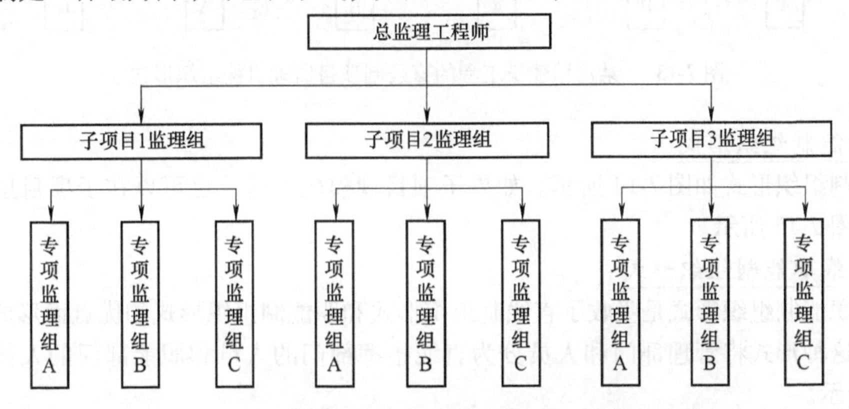

图7-11 按子项目分解的直线制项目监理机构组织形式

划、组织和指导，并负责整个工程范围内各方面的指挥协调工作；子项目监理机构分别负责各子项目的目标控制，具体领导现场专业或专项监理机构工作。

如果建设单位将相关服务一并委托，项目监理机构的部门还可按不同的建设阶段分解设立直线制项目监理机构组织形式，如图 7-12 所示。

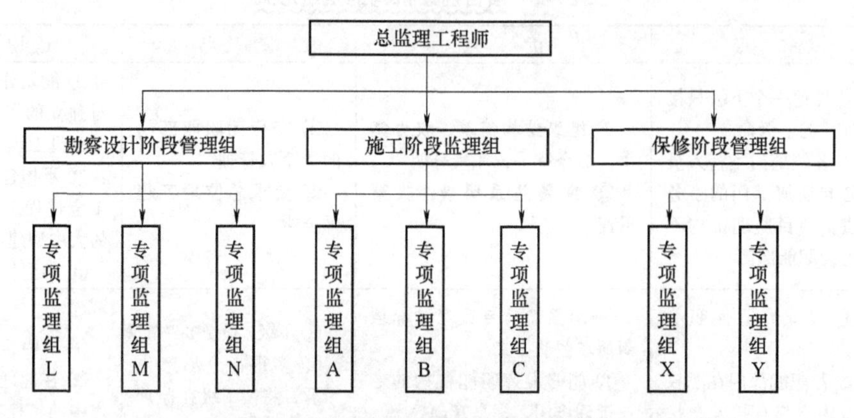

图 7-12 按工程阶段分解的直线制项目监理机构组织形式

小型工程，工程复杂程度不高，可采用按专业内容分解的直线制项目监理机构组织形式，如某房屋建筑工程的直线制项目监理机构组织形式（图 7-13）。

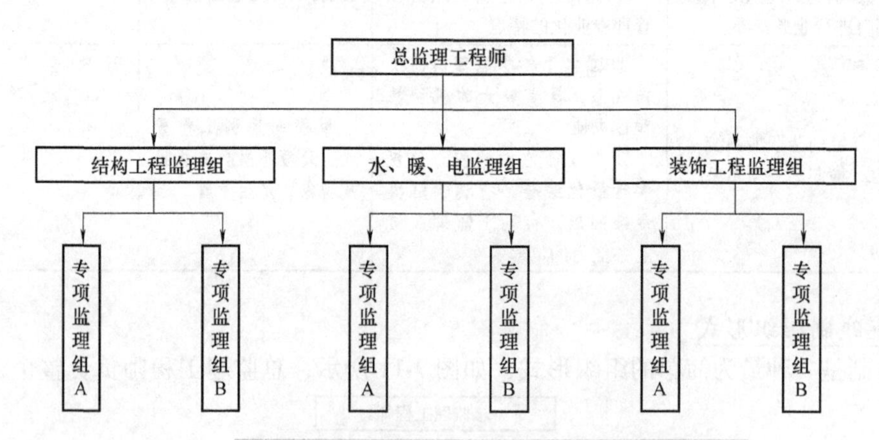

图 7-13 某房屋建筑工程的直线制项目监理机构组织形式

2. 职能制组织形式

职能制组织形式如图 7-14 所示。如果子项目规模较大时，也可以在子项目层设置职能部门，如图 7-15 所示。

3. 直线职能制组织形式

直线职能制组织形式是吸收了直线制组织形式和职能制组织形式的优点而形成的一种组织形式。这种形式将管理部门和人员分为直线指挥部门的人员和职能部门的人员两类，如图 7-16 所示。

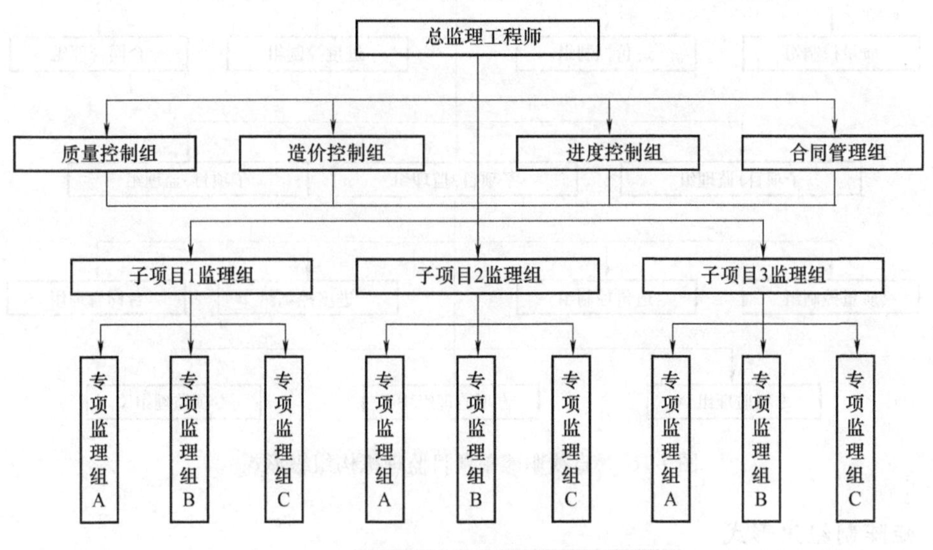

图7-14 职能制项目监理机构组织形式

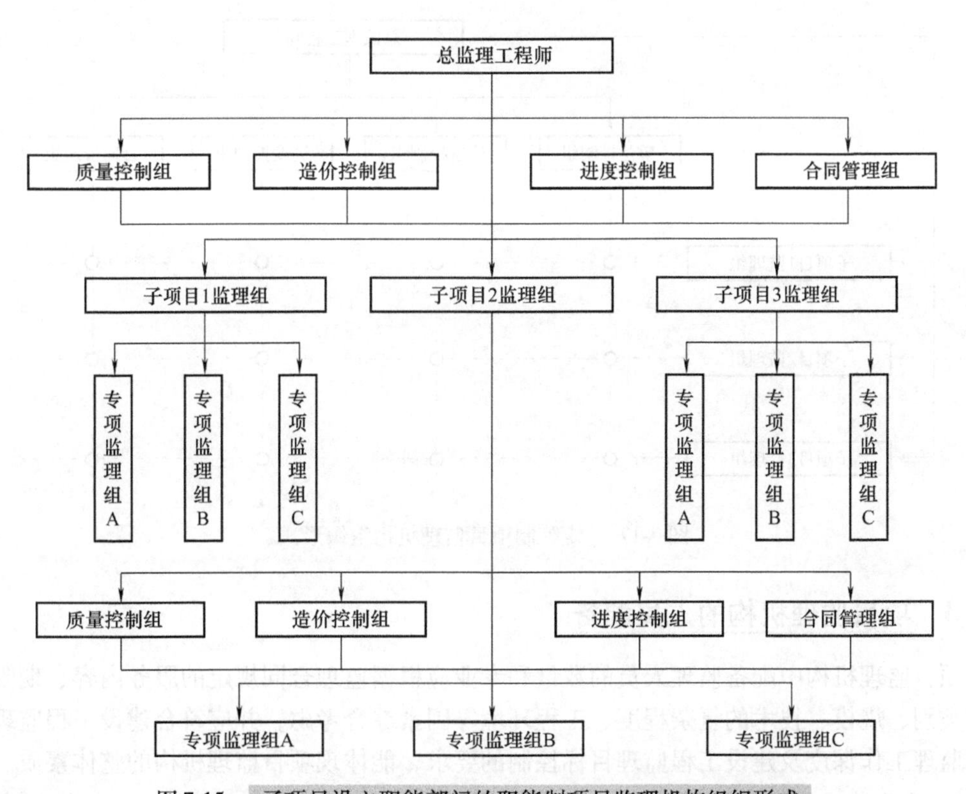

图7-15 子项目设立职能部门的职能制项目监理机构组织形式

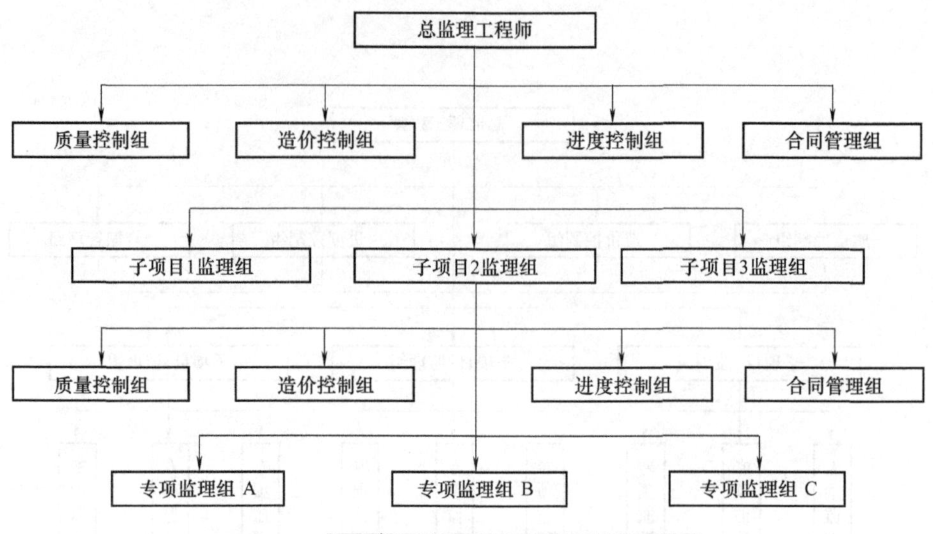

图 7-16 直线职能制项目监理机构组织形式

4. 矩阵制组织形式

矩阵制组织形式是由纵横两套管理系统组成的矩阵组织结构，这种组织形式的纵横两套管理系统在监理工作中是相互融合关系，如图 7-17 所示。图中虚线所绘的交叉点上，表示了两者协同以共同解决问题。

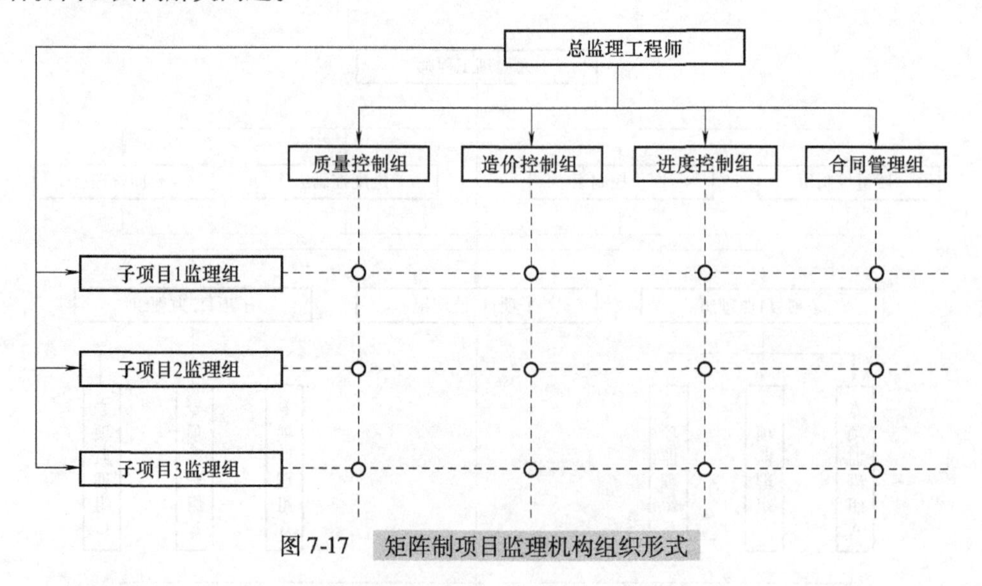

图 7-17 矩阵制项目监理机构组织形式

7.4.3 项目监理机构的人员配备

项目监理机构中配备监理人员的数量和专业应根据监理合同规定的服务内容、期限以及工程类别、规模、技术的复杂程度、工程环境等因素综合考虑，并应符合建设工程监理合同中对监理工作深度及建设工程监理目标控制的要求，能体现项目监理机构的整体素质。

1. 项目监理机构的人员结构

项目监理机构应具有合理的人员结构，包括以下两方面。

(1) 合理的专业结构　项目监理机构应由与所监理工程的性质及建设单位对建设工程的要求相适应的各专业人员组成，即各专业人员要配套。

(2) 合理的技术职称结构　合理的技术职称结构表现为监理人员的高级职称、中级职称和初级职称的比例与监理工作要求相适应。一般来说，工程勘察设计阶段的服务，具有高级职称及中级职称的人员应占绝大多数；施工阶段的监理，可有较多的初级职称人员从事实际操作。

2. 项目监理机构监理人员数量的确定

(1) **影响项目监理机构人员数量的主要因素**

1) **工程建设强度**。工程建设强度是指单位时间内投入的工程资金的数量，即：

工程建设强度 = 投资/工期

其中，投资可按工程概算投资额或合同价计算；工期可根据进度总目标及其分目标计算。

显然，工程建设强度越大，需投入的监理人数就越多。

2) **工程的复杂程度**。通常工程复杂程度涉及以下因素：设计活动、工程位置、气候条件、地形条件、工程地质、工程性质、施工方法、工期要求、材料供应、工程分散程度等。

根据上述因素，可将工程复杂程度按五级划分，如工程复杂程度按10分考虑，则相对应的平均分值：1~3、3~5、5~7、7~9、9分以上依次为简单工程、一般工程、较复杂工程、复杂工程、很复杂工程。

工程复杂程度定级可采用定量办法（平均分值的获取办法）：对工程复杂程度的每一因素通过专家评估给出分值，将各专家给出的影响因素的评分加权平均，与根据工程实际情况给出的每个影响因素的权重相乘，根据其值的大小确定该工程的复杂程度等级。不同等级的工程需要配备的监理人员数量有所不同。

3) **工程监理单位的业务水平**。每个工程监理单位的业务水平和对某类工程的熟悉程度，会影响到监理效率的高低。因此，各监理单位应根据自己的实际情况制定监理人员需要量定额。

4) **项目监理机构的组织结构和任务职能的分工**。项目监理机构的组织结构情况关系到具体的监理人员配备，务必使项目监理机构的任务职能分工的要求得到满足。必要时，还需要根据项目监理机构的职能分工对监理人员的配备做进一步的调整。

(2) **确定监理人员的方法**　项目监理机构人员数量的确定方法可按如下步骤进行：

1) **监理人员需要量定额**。根据监理工作内容和工程复杂程度等级，测定、编制项目监理机构监理人员需要量定额，见表7-2。

表7-2　监理人员需要量定额　（单位：人·年/百万美元）

工程复杂程度	监理工程师	监　理　员	行政、文秘人员
简单工程	0.20	0.75	0.10
一般工程	0.25	1.00	0.10
较复杂工程	0.35	1.10	0.25
复杂工程	0.50	1.50	0.35
很复杂工程	>0.50	>1.50	>0.35

2）**确定工程建设强度。**根据所承担的监理工程，确定工程建设强度。例如：每项工程分为2个子项目。合同总价为3900万美元，其中子项目1合同价为2100万美元，子项目2合同价为1800万美元，合同工期为30个月。则：

工程建设强度＝3900百万美元/30月×12月/年＝15.60百万美元/年

3）**确定工程复杂程度。**按构成工程复杂程度的10个因素考虑，根据工程实际情况分别按10分制打分，评分结果见表7-3。

表7-3　工程复杂程度等级评定表

项　　次	影响因素	子项目1	子项目2
1	设计活动	5	6
2	工程位置	9	5
3	气候条件	5	5
4	地形条件	7	5
5	工程地质	4	7
6	施工方法	4	6
7	工期要求	5	5
8	工程性质	6	6
9	材料供应	4	5
10	分散程度	5	5
平均分值		5.4	5.5

4）**根据工程复杂程度和工程建设强度套用监理人员需要量定额。**从定额中可以查到相应项目监理结构监理人员需要量（人·年/百万美元）为：监理工程师，0.35；监理员，1.10；行政文秘人员，0.25。

各类监理人员数量如下：

监理工程师：(0.35×15.60)人＝5.45人，按6人考虑。

监理员：(1.10×15.60)人＝17.16人，按17人考虑。

行政文秘人员：(0.25×15.60)人＝3.9人，按4人考虑。

5）**根据实际情况确定监理人员数量。**该工程项目监理机构直线制组织结构如图7-18所示。

监理总部：总监理工程师1人，总监理工程师代表1人，行政文秘人员2人。

子项目1监理组：专业监理工程师2人，监理员9人，行政文秘人员1人。

子项目2监理组：专业监理工程师2人，监理员8人，行政文秘人员1人。

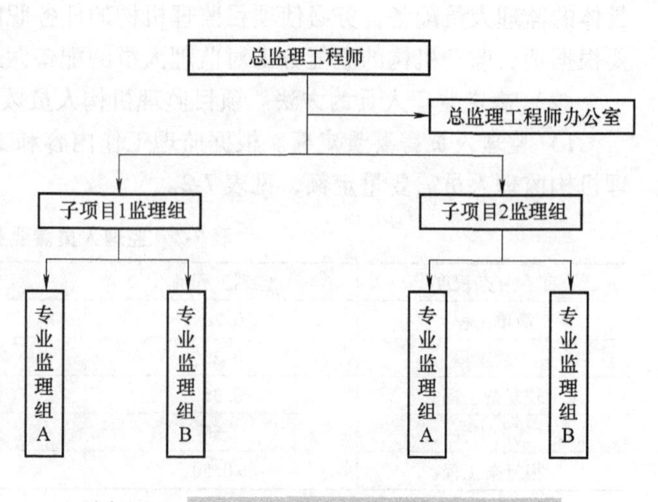

图7-18　工程项目监理机构直线制组织结构

项目监理机构的监理人员数量和

专业配备应随工程施工进展情况做相应的调整，从而满足不同阶段监理工作的需要。

7.4.4　项目监理机构各类人员的基本职责

根据《建设工程监理规范》（GB/T 50319—2013），总监理工程师、总监理工程师代表、专业监理工程师和监理员应分别履行下列职责。

1. 总监理工程师的职责

1）确定项目监理机构人员及其岗位职责。

2）组织编制监理规划，审批监理实施细则。

3）根据工程进展情况安排监理人员进场，检查监理人员工作，调换不称职监理人员。

4）组织召开监理例会。

5）组织审核分包单位资格。

6）组织审查施工组织设计、（专项）施工方案、应急救援预案。

7）审查工程开复工报审表，签发开工令、工程暂停令和复工令。

8）组织检查施工单位现场质量、安全生产管理体系的建立及运行情况。

9）组织审核施工单位的付款申请，签发工程款支付证书，组织审核竣工结算。

10）组织审查和处理工程变更。

11）调解建设单位与施工单位的合同争议，处理费用与工期索赔。

12）组织验收分部工程，组织审查单位工程质量检验资料。

13）审查施工单位的竣工申请，组织工程竣工预验收，组织编写工程质量评估报告，参与工程竣工验收。

14）参与或配合工程质量安全事故的调查和处理。

15）组织编写监理月报、监理工作总结，组织整理监理文件资料。

2. 总监理工程师代表的职责

总监理工程师代表的职责主要是按总监理工程师的授权，负责总监理工程师指定或交办的监理工作，行使总监理工程师的部分职责和权力。但其中涉及工程质量、安全生产管理及工程索赔等重要职责不得委托给总监理工程师代表。具体而言，总监理工程师不得将下列工作委托给总监理工程师代表：

1）组织编制监理规划，审批监理实施细则。

2）根据工程进展情况安排监理人员进场，检查监理人员工作，调换不称职监理人员。

3）组织审查施工组织设计、（专项）施工方案、应急救援方案。

4）签发工程开工令、暂停令和复工令。

5）签发工程款支付证书，组织审核竣工结算。

6）调解建设单位与施工单位的合同争议，处理费用与工期索赔。

7）审查施工单位的竣工申请，组织工程竣工预验收，组织编写工程质量评估报告，参与工程竣工验收。

8）参与或配合工程质量安全事故的调查和处理。

3. 专业监理工程师的职责

1）参与编制监理规划，负责编制监理实施细则。

2）审查施工单位提交的涉及本专业的报审文件，并向总监理工程师报告。

3）参与审核分包单位资格。

4）指导、检查监理员工作，定期向总监理工程师报告本专业监理工作实施情况。

5）检查进场的工程材料、设备、构配件的质量。

6）验收检验批、隐蔽工程、分项工程，参与验收分部工程。

7）处置发现的质量问题和安全事故隐患。

8）进行工程计量。

9）参与工程变更的审查和处理。

10）填写监理日志，参与编写监理月报。

11）收集、汇总、参与整理监理文件资料。

12）参与工程竣工预验收和竣工验收。

4. 监理员的职责

1）检查施工单位投入工程的人力、主要设备的使用及运行状况。

2）进行见证取样。

3）复核工程计量有关数据。

4）检查和记录工艺过程或施工工序。

5）处置发现的施工作业问题。

6）记录施工现场监理工作情况。

专业监理工程师和监理员的上述职责为基本职责，在建设工程监理实施过程中，项目监理机构还应针对建设工程实际情况，明确各岗位专业监理工程师和监理员的职责分工。

1. 何谓组织和组织结构？
2. 组织设计遵循的原则是什么？
3. 组织活动的基本原理是什么？
4. 建设工程承发包模式及相应的委托监理方式有哪些？
5. 建设工程监理活动实施的程序是什么？
6. 建设工程监理活动实施的原则有哪些？
7. 设立项目监理机构的步骤有哪些？
8. 项目监理机构的组织形式有哪些？
9. 建设工程项目监理机构人员如何配备？
10. 阐述项目监理机构各类人员的基本职责。

第 8 章　建设工程监理规划和监理实施细则

[学习目标]

掌握监理大纲的概念，监理规划的概念、作用、编写需求和主要内容，监理实施细则的概念、编写依据和主要内容。

熟悉监理规划和监理实施细则的编写依据、审核程序和内容，监理实施细则的编写要求、审核程序和内容。

了解监理大纲、监理规划和监理实施细则之间的关系，监理大纲的作用，监理实施细则的作用、编写要求和主要内容。

8.1　建设工程监理工作文件的构成

建设工程监理工作文件是监理单位在投标时编制的监理大纲、在监理合同签订以后编制的监理规划和在开展监理工作前编制的监理实施细则。

监理大纲、监理规划、监理实施细是相互关联的，都是建设工程监理工作文件的组成部分，它们之间存在明显的依据性关系。在编写监理规划时，要以监理大纲为依据编写监理规划要求的有关内容；编制监理实施细则应在监理规划的指导下进行。

8.1.1　监理大纲

1. 监理大纲的概念

监理大纲是监理单位在建设单位委托监理过程中，特别是在监理招标过程中，为承揽监理业务而编写的监理方案。

2. 监理大纲的作用

监理单位编制监理大纲的作用主要有：

1）使建设单位认可监理大纲中的监理方案，从而承揽到监理业务。

2）在监理合同签订后，作为制定监理规划的基础。

3. 监理大纲的编写

监理大纲由监理单位的经营和技术部门的管理人员负责编写，最好由拟派总监理工程师参与，以使监理大纲的内容和监理实施过程紧密结合，并有利于总监理工程师主持编写监理

规划的工作。

4. 监理大纲的主要内容

监理大纲属于监理投标文件的技术部分，是监理投标文件的核心。监理大纲应当根据建设单位所发布的监理招标文件的要求来制定，其主要内容包括：

（1）工程监理单位拟派往项目监理机构的监理人员情况说明　在监理大纲中应说明拟派往所承揽或投标工程的项目监理机构的监理人员，对他们的资格情况进行说明，并重点介绍总监理工程师的情况，这往往是决定工程监理单位能否承揽到监理业务的关键。

（2）**拟采用的监理方案**　工程监理单位应根据建设单位提供的工程资料及相关的工程信息，编制拟采用的监理方案，包括项目监理机构的方案，实现建设工程质量、进度、投资控制和安全管理目标的具体方案，信息管理方案，合同管理方案和组织协调方案等。

（3）拟提供给建设单位的阶段性监理文件　在监理大纲中还应明确工程监理单位在未来的工程监理工作中向建设单位提供的阶段性监理文件，以满足建设单位掌握工程建设过程情况的需要。

8.1.2　监理规划

1. 监理规划的概念

监理规划是工程监理单位接受建设单位委托并签订委托监理合同之后，在项目总监理工程师的主持下，根据委托监理合同，在监理大纲的基础上，结合工程的具体情况，广泛收集工程信息和资料的情况下制定，经监理单位技术负责人批准，用来指导项目监理机构全面开展监理工作的指导性文件。

监理规划与监理大纲都是围绕着整个项目监理机构所开展的监理工作来编写的，但监理规划的内容要比监理大纲更全面、更具指导性。

2. 监理规划的作用

监理规划的作用主要体现在以下几个方面。

（1）**指导项目监理机构全面开展监理工作**　监理规划需要对项目监理机构开展的各项监理工作做出全面、系统的组织和安排。因此，监理规划的编制应针对项目的实际情况，明确项目监理机构的工作目标，确定具体的监理工作制度、内容、程序、方法和措施，并应具有指导性和针对性。

（2）**监理规划是建设监理主管机构对工程监理单位监督管理的依据**　监理规划是建设监理主管机构监督、管理和指导监理单位开展工程建设监理活动的重要依据。工程建设监理主管机构对监理单位的管理水平、人员素质、专业配套和监理业绩进行核查和考评，以确认工程监理单位的资质。建设监理主管机构对工程监理单位进行考核时，应当充分重视对监理规划及其实施情况的检查。

（3）**监理规划是建设单位确认工程监理单位履行合同的主要依据**　作为监理的委托方，建设单位需要了解和确认工程监理单位履行监理合同的情况。而监理规划正是建设单位确认工程监理单位是否履行监理合同的主要说明性文件。监理规划应当能够全面而详细地为建设单位监督工程委托监理合同的履行提供依据。

（4）**监理规划是监理单位内部考核的依据和重要的存档资料**　从工程监理单位内部管理制度化、规范化、科学化的要求出发，对各项目监理机构的工作进行考核的主要依据就是经过审核的监理规划。通过考核，可以对监理人员的工作水平做出客观评价，以提高监理工作效率。

建设工程监理控制过程是动态的，监理规划的内容需要随工程的进展而不断调整、补充和完善。它在一定程度上真实地反映了一个工程项目监理工作过程的情况，也是工程监理单位的重要存档资料。

8.1.3 监理实施细则

1. 监理实施细则的概念

监理实施细则是在监理规划的基础上，由专业监理工程师针对建设工程中某一专业或某一方面的监理工作编写，并经总监理工程师批准实施的可操作性文件。

2. 监理实施细则的作用

监理实施细则的作用是指导本专业或子项目具体监理业务的开展。对中型及以上或专业性较强的工程项目、施工安全监理，项目监理机构均应编制监理实施细则。监理实施细则应符合监理规划的要求，应结合工程项目的专业特点，做到详细具体、具有可操作性。

8.2 建设工程监理规划

8.2.1 监理规划的编写依据和要求

1. 监理规划编写的依据

（1）工程建设法律法规和标准

1）国家颁布的有关法律、法规及政策。这是工程建设相关法律、法规的最高层次，在任何地区或任何部门进行工程建设都必须遵守。

2）工程所在地或所属部门颁布的工程建设相关法规、规章及政策。工程建设必然是在某一地区实施的，有时也由某一部门归口管理，这就要求工程建设必须遵守工程所在地或所属部门颁布的工程建设相关法规、规章及政策。

3）工程建设标准。工程建设必须遵守相关标准、规范及规程等工程建设技术与管理标准。

（2）建设工程外部环境调查研究资料

1）自然条件方面的资料。包括工程地质、水文、历年气象、区域地形及自然灾害等方面的资料。

2）社会和经济条件方面的资料。包括人文环境、社会治安、建筑市场状况、相关单位（材料设备供应单位、勘察设计单位、施工单位、工程咨询和监理单位）、基础设施（交通设施、通信设施、公用设施、能源设施）、金融市场情况等方面的资料。

（3）政府批准的工程建设文件

1）政府发展改革部门批准的可行性研究报告、立项批文。

2）政府土地规划、环保部门确定的规划条件、土地使用条件、环境保护要求、市政管理规定。

（4）建设工程监理合同文件 建设工程监理合同的相关条款和内容是编写监理规划的

重要依据，主要包括监理工作范围和内容，监理与相关服务依据，工程监理单位的义务和责任，建设单位的义务和责任。

建设工程监理投标书是建设工程监理合同文件的重要组成部分，工程监理单位在投标书中的监理大纲中明确的内容均是监理规划的编制依据。

（5）建设工程合同　在编写监理规划时，也要考虑建设工程合同（特别是施工合同）中关于建设单位和施工单位的义务和责任的内容，以及建设单位对于工程监理单位的授权。

（6）建设单位的合理要求　工程监理单位应竭诚为客户服务，在不超出合同职责范围的前提下，工程监理单位应最大限度地满足建设单位的合理要求。

（7）工程实施过程中输出的有关工程信息　**主要包括方案设计、初步设计、施工图设计**，工程实施状况，工程招标投标情况，重大工程变更以及外部环境变化等。

2. 监理规划的编写要求

（1）监理规划的基本构成内容应当力求统一　监理规划在总体内容组成上应力求做到统一，这是监理工作规范化、制度化、科学化的要求。

监理规划的基本构成内容主要取决于工程监理制度对于工程监理单位的基本要求。根据建设工程监理的基本内涵，工程监理单位受建设单位委托，需要控制建设工程质量、投资、进度三大目标，需要进行合同管理和信息管理，协调有关单位间的关系，还需要履行安全生产管理的法定职责。工程监理单位的上述基本内容决定监理规划的基本构成内容，而且由于监理规划对于项目监理机构全面开展监理工作的指导性作用，**对整个监理工作的组织、控制及相应的方法和措施的规划等也成为监理规划必不可少的内容。**

就某一特定建设工程而言，监理规划应根据建设工程监理合同所确定的监理范围和深度编制，但其主要内容应力求体现上述内容。

（2）**监理规划的内容应具有针对性、指导性和操作性**　监理规划作为指导项目监理机构全面开展监理工作的纲领性文件，其内容应具有很强的针对性、指导性和可操作性。每个项目的监理规划既要考虑项目自身特点，也要根据项目监理机构的实际状况，在监理规划中应明确规定项目监理机构在工程实施过程中各个阶段的工作内容、工作人员、工作时间和地点、工作的具体方式方法等。

（3）**监理规划应由总监理工程师组织编制**　《建设工程监理规范》规定，总监理工程师应组织编制监理规划。总监理工程师在组织编制监理规划中，应充分调动专业监理工程师的积极性，广泛征求各专业监理工程师和其他监理人员的意见，并吸收水平较高的专业监理工程师共同参与编写。

监理规划的编写还应听取建设单位的意见，以便能最大限度满足其合理要求，使监理工作得到有关各方的理解和支持，为进一步做好监理服务奠定基础。

（4）**监理规划应把握工程项目运行脉搏**　监理规划是针对具体工程项目编写的，而工程项目的动态性决定了监理规划的具体可变性。**监理规划应把握工程项目运行脉搏，是指其可能随着工程进展不断地补充、修改和完善。**在工程项目运行过程中，内外因素和条件不可避免要发生变化，造成工程实际情况偏离计划，往往需要调整计划乃至目标，这就可能造成监理规划在内容上也要进行相应调整。

（5）监理规划应有利于建设工程监理合同的履行　监理规划是针对特定的一个工程的监理范围和内容来编写的，而建设工程监理范围和内容是由工程监理合同来明确的。项目监理机构应充分了解工程监理合同中建设单位、工程监理单位的义务和责任，对完成工程监理合同目标控制任务的主要影响进行分析，制定具体的措施和方法，确保工程监理合同的履行。

(6) 监理规划的表达方式应当标准化、格式化　监理规划的内容需要选择最有效的方式和方法来表示，图、表和简单的文字说明应当是基本方法。规范化、标准化是科学管理的标志之一。因此，编写监理规划应当采用什么表格、图示以及哪些内容需要采用简单的文字说明应当做出统一规定。

(7) 监理规划的编制应充分考虑时效性　监理规划应在签订建设工程监理合同及收到工程设计文件后由总监理工程师组织编制，并应在召开第一次工地会议7天前报建设单位。为了保证时效性，应对监理规划的编写时间事先做出明确规定，并在编写过程中留出必要的审查和修改时间。

(8) 监理规划须审核批准后方可实施　监理规划在编写完成后需进行审核并经批准，监理单位的技术和管理部门是内部审核单位，技术负责人应当签认，同时还应按工程监理合同约定提交给建设单位，由建设单位确认。

8.2.2　监理规划的主要内容

《建设工程监理规范》（GB/T 50319—2013）明确规定，监理规划的主要内容包括：

1. 工程概况

工程概况包括以下内容：

1）工程项目名称。

2）工程项目建设地点。

3）工程项目组成及建设规模。

4）主要建筑结构类型。

5）工程概算投资额或建筑安装工程造价。

6）工程项目计划工期，包括开竣工日期。

7）工程质量目标。

8）设计单位及施工单位名称、项目负责人。

9）工程项目结构图、组织关系图和合同结构图。

10）工程项目特点。

11）其他说明。

2. 监理工作的范围、内容和目标

(1) 监理工作范围　监理工作范围是工程监理单位所承担的建设工程监理任务。如果监理单位承担全部工程项目的工程建设监理任务，其监理工作范围为全部工程项目；否则应按照监理单位所承担的项目的建设阶段或子项目划分，确定工程监理工作范围。

(2) 监理工作内容　建设工程监理基本工作内容包括工程质量、投资、进度三大目标控制，合同管理和信息管理，组织协调，以及履行建设工程安全生产管理的法定职责。监理规划中需要根据建设工程监理合同约定进一步细化监理工作内容。

(3) 监理工作目标　监理工作目标应重点围绕投资控制、质量控制、进度控制三大目标，进行目标分解，运用动态控制原理对分解的目标进行跟踪检查，对实际值与计划值进行

比较、分析和预测，发现问题，及时采取组织、技术、经济和合同等措施进行纠偏和调整，以确保工程质量、造价、进度目标的实现。

3. 监理工作依据

实施建设工程监理的依据主要包括法律法规及工程建设标准、建设工程勘察设计文件、建设工程监理合同及其他合同文件等。

4. 监理组织形式、人员配备及进场计划、监理人员岗位职责

（1）项目监理机构组织形式　工程监理单位派驻施工现场的项目监理机构的组织形式和规模，应根据建设工程监理合同约定的服务内容、服务期限，以及工程特点、规模、技术复杂程度、环境等因素确定。

项目监理机构组织形式可用组织机构图表示。在监理规划的组织结构图中可注明各相关部门所任职监理人员的姓名。

（2）项目监理机构人员配备及进场计划　项目监理机构监理人员应由总监理工程师、专业监理工程师和监理员组成，且专业配套、数量应满足工程监理工作需要，必要时可设总监理工程师代表。

项目监理机构配备的监理人员应与监理投标文件或监理项目建议书的内容一致，并详细注明职称及专业等。项目监理机构人员进场计划应根据建设工程监理进度合理安排。

（3）项目监理机构人员岗位职责　项目监理机构监理人员分工及岗位职责应根据监理合同约定的监理工作范围和内容，以及《建设工程监理规范》规定，由总监理工程师安排和明确。总监理工程师应督促和考核监理人员职责的履行。必要时，可设总监理工程师代表，行使部分总监理工程师岗位职责。

总监理工程师应根据项目监理机构监理人员的专业、技术水平、工作能力、实践经验等细化和落实岗位职责。

5. 工程质量控制

工程质量控制重点在于预防，即在既定目标下，遵循质量控制原则、制定总体质量控制措施、专项工程预控方案，以及质量事故处理方案，具体包括以下几方面。

1）工程质量控制目标描述。可以从以下几个方面描述质量控制的目标：

① 施工质量控制目标。

② 材料质量控制目标。

③ 设备质量控制目标。

④ 设备安装质量控制目标。

2）工程质量目标状况动态分析。比较分析质量目标的分解值与预测值和实际值，发现偏差，寻找产生偏差的原因，以便采取预防和纠正措施。

3）工程质量控制工作流程。工程质量控制工作流程包括质量控制总工作流程和经过分解的主要质量控制流程。质量控制工作流程图依据分解的目标编制。工程质量控制工作流程可以用工作流程图来表示。

4）工程质量控制主要方法。工程质量控制的主要方法是对工程质量目标状况进行动态分析，可运用常用的质量统计分析方法，如分层法、调查表法、排列图法、因果分析图法、相关图法、直方图法、控制图法等掌握质量特征。

5）工程质量控制措施。工程质量控制的具体措施包括组织措施、技术措施、经济措施

和合同措施。

6）工程质量控制表格。

6. 工程投资控制

项目监理机构应全面了解工程施工合同文件、工程设计文件、施工进度计划等内容，熟悉合同价款的计价方式、施工投标报价及组成、工程预算等情况，明确工程投资控制的目标和要求，制定工程投资控制工作流程、方法和措施，以及针对工程特点确定工程投资控制的重点和目标值，将工程实际投资控制在计划投资范围内。

1）工程投资目标分解。

① 按建设工程费用组成分解。

② 按年度、季度分解。

③ 按建设工程实施阶段分解。

④ 按建设工程组成分解。

2）工程投资目标实现的风险分析。

3）工程投资控制工作流程。工程投资控制工作流程包括投资控制总工作流程和经过分解的主要投资控制流程。投资控制工作流程图依据分解的目标编制。工程投资控制工作流程可以用工作流程图来表示。

4）工程投资控制主要方法。在工程投资目标分解的基础上，依据施工进度计划、施工合同等文件，编制资金使用计划，并运用动态控制原理，对工程投资进行动态分析、比较和控制。工程投资动态比较的内容包括：

① 工程投资目标分解值与投资实际值的比较。

② 工程投资目标值的预测分析。

5）工程投资控制措施。工程投资控制的具体措施包括组织措施、技术措施、经济措施和合同措施。

6）工程投资控制表格。

7. 工程进度控制

项目监理机构应全面了解工程施工合同文件、施工进度计划等内容，明确施工进度控制的目标和要求，制定施工进度控制工作流程、方法和措施，以及针对工程特点确定工程进度控制的重点和目标值，将工程实际进度控制在计划进度范围内。

1）工程总进度目标分解，具体包括：

① 年度、季度进度目标。

② 各阶段的进度目标。

③ 各子项目的进度目标。

2）工程进度目标实现的风险分析。

3）工程进度控制工作流程。工程进度控制工作流程包括进度控制总工作流程和经过分解的主要进度控制流程。进度控制工作流程图依据分解的目标编制。工程进度控制工作流程可以用工作流程图来表示。

4）工程进度控制方法。

① 加强施工进度计划的审查，督促施工单位制定和履行切实可行的施工计划。

② 运用动态控制原理进行进度控制。施工进度计划在实施过程中受各种因素的影响，

可能会出现偏差。项目监理机构应对施工进度计划的实施情况进行动态检查，对照施工实际进度和计划进度，判定实际进度是否出现偏差。发现实际进度严重滞后且影响合同工期时，应签发监理通知单，召开专题会议，要求施工单位采取调整措施加快施工进度，并督促施工单位按调整后批准的施工进度计划实施。

工程进度动态比较的内容包括工程进度目标分解值与进度实际值的比较，工程进度目标值的预测分析。

5）工程进度控制措施。工程进度控制的具体措施包括组织措施、技术措施、经济措施和合同措施。

6）工程进度控制表格。

8. 合同管理与信息管理

（1）合同管理　合同管理主要是对建设单位与施工单位、材料设备供应单位等签订的合同进行管理，从合同执行等各个环节进行管理，督促合同双方履行合同，并维护合同订立双方的正当权益。

1）合同管理的主要工作内容。包括处理工程暂停及复工、工程变更、索赔及施工合同争议、解除等事宜；处理施工合同终止的相关事宜。

2）合同结构。结合项目结构图和项目组织结构图，以合同结构图的形式表示，并列出项目合同目录一览表（表8-1）。

表8-1　项目合同目录一览表

序　号	合同编号	合同名称	施工单位	合　同　价	合同工期	质量要求

3）合同管理工作流程与措施。

4）合同执行状况的动态分析。

5）合同争议调解与索赔处理程序。

6）合同管理表格。

（2）信息管理　信息管理是建设工程监理的基础性工作。通过对建设工程形成的信息进行收集、整理、处理、存储、传递与运用，保证能够及时、准确地获取所需要的信息。具体工作包括监理文件资料的管理内容，监理文件资料的管理原则和要求，监理文件资料的管理制度和程序，监理文件资料的主要内容，监理文件资料的归档和移交等。

1）信息分类表（表8-2）。

表8-2　信息分类表

序　号	信息类别	信息名称	信息管理要求	责　任　人

2）项目监理机构内部信息流程图。

3）信息管理工作流程与措施。

4）信息管理表格。

9. 组织协调

组织协调工作是监理人员通过对项目监理机构内部人与人之间、机构与机构之间，以及监理组织与外部环境组织之间的工作进行协调与沟通，从而使工程参建各方相互理解、步调一致。具体包括编制工程项目组织管理框架、明确组织协调的范围和层次，制定项目机构内、外协调的范围、对象和内容，制定监理组织协调的原则、方法和措施，明确处理危机关系的基本要求。

1）组织协调的范围和层次。

① 组织协调的范围：项目组织协调的范围包括建设单位、工程建设参与各方（政府管理部门）之间的关系。

② 组织协调的层次：包括工程参与各方之间的关系协调，工程技术协调。

2）组织协调的主要工作。

① 项目监理机构的内部协调。总监理工程师牵头，做好项目监理机构内部人员之间的工作关系协调；明确监理人员分工及各自的岗位职责；建立信息沟通制度；及时交流信息、处理矛盾，建立良好的人际关系。

② 与工程建设有关单位的外部协调。建设工程系统内的单位协调重点分析，主要包括建设单位、设计单位、施工单位、材料和设备供应单位、资金提供单位等。建设工程系统外的单位协调重点分析，主要包括政府建设行政主管部门、政府其他有关部门、工程毗邻单位、社会团体等。

3）组织协调方法和措施。

① 组织协调方法：包括会议协调、交谈协调、书面协调、访问协调等。

② 不同阶段组织协调措施：包括开工前的协调；施工过程中的协调；竣工验收阶段的协调。

4）组织协调工作程序。具体包括以下几方面。

① 工程质量控制协调程序。

② 工程投资控制协调程序。

③ 工程进度控制协调程序。

④ 其他方面工作协调程序。

5）组织协调工作表格。

10. 安全生产管理的监理工作

项目监理机构应根据法律法规、工程建设强制性标准，履行建设工程安全生产管理的监理职责。项目监理机构应根据工程项目的实际情况，加强对施工组织设计中涉及安全技术措施的审核，加强对专项施工方案的审查和监督，加强对现场安全事故隐患的检查，发现问题及时处理，防止和避免安全事故的发生。

1）安全生产管理的监理工作目标。履行法律法规赋予工程监理单位的法定职责，尽可能防止和避免施工安全事故的发生。

2）安全生产管理的监理工作内容。

① 编制建设工程监理实施细则，落实相关监理人员。

② 审查施工现场安全生产规章制度的建立和实施情况。

③ 审查施工单位安全生产许可证及施工单位项目经理、专职安全生产管理人员和特种作业人员的资格。

④ 核查包括施工起重机械和整体提升脚手架、模板等自升式架设设施等在内的施工机械和设施的安全许可验收手续情况。

⑤ 审查施工单位提交的施工组织设计，重点审查其中的质量安全技术措施、专项施工方案与工程建设强制性标准的符合性。

⑥ 巡视检查危险性较大的分部分项工程专项施工方案实施情况。

⑦ 对施工单位拒不整改或不停止施工时，应及时向有关主管部门报送监理报告。

3）专项施工方案的编制、审查和实施的监理要求。具体如下。

① 专项施工方案的编制要求。实行施工总承包的，专项施工方案应由总承包施工单位组织编制，并由总承包施工单位技术负责人及相关专业分包单位技术负责人签字。对于超过一定规模的危险性较大的分部分项工程专项方案应当由施工单位组织召开专家论证会。

② 专项施工方案监理审查要求。包括对编制的程序进行符合性审查，对实质性内容进行符合性审查。

③ 专项施工方案的实施要求。施工单位应当严格按照专项方案组织施工，安排专职安全管理人员实施管理，不得擅自修改、调整专项施工方案。如因设计、结构、外部环境等因素发生变化确需修改的，应及时报告项目监理机构，修改后的专项施工方案应当按相关规定重新审核。

4）安全生产管理的监理方法和措施。

① 通过审查施工单位现场安全生产规章制度的建立和实施情况，督促施工单位落实安全技术措施和应急救援预案，加强风险防范意识，预防和避免安全事故发生。

② 通过项目监理机构安全管理责任风险分析，制定监理实施细则，落实监理人员，加强日常巡视和安全检查，发现安全事故隐患时，项目监理机构应当履行监理职责，采取会议、告知、通知、停工、报告等措施向施工单位管理人员指出，预防和避免安全事故发生。

5）安全生产管理监理工作表格。

11. 监理工作制度

为全面履行建设工程监理职责，确保建设工程监理服务质量，监理规划中应根据工程特点和工作重点明确相应的监理工作制度。监理规划中的监理工作制度主要包括以下几方面。

（1）项目监理机构现场监理工作制度

1）图纸会审及设计交底制度。

2）施工组织设计审核制度。

3）工程开工、复工审批制度。

4）整改制度，包括签发监理通知单和工程暂停令等。

5）平行检验、见证取样、巡视检查和旁站制度。

6）工程材料、半成品质量检验制度。

7）隐蔽工程验收、分项（分部）工程质量验收制度。

8）单位工程验收、单项工程验收制度。

9）监理工作报告制度。

10）安全生产监督检查制度。

11）质量安全事故报告和处理制度。

12）技术经济签证制度。

13）工程变更处理制度。

14）现场协调会及会议纪要签发制度。

15）施工备忘录签发制度。

16）工程款支付审核、签认制度。

17）工程索赔审核、签认制度等。

（2）项目监理机构内部工作制度

1）项目监理机构工作会议制度，包括监理交底会议，监理例会，监理专题会，监理工作会议等。

2）对外行文审批制度。

3）监理工作日志制度。

4）监理周报、月报制度。

5）技术、经济资料及档案管理制度。

6）监理人员教育培训制度。

7）监理人员考勤、业绩考核及奖惩制度。

（3）相关服务工作制度　如果提供相关服务时，还需要建立以下制度：

1）项目立项阶段。包括可行性研究报告评审制度和工程估算审核制度等。

2）设计阶段。包括设计大纲、设计要求编写及审核制度，设计合同管理制度，设计方案评审制度，工程概算审核制度，施工图审核制度，设计费用支付签认制度，设计协调会制度等。

3）施工招标阶段。包括招标管理制度，标底或招标控制价编制及审核制度，合同条件拟订及审核制度，组织招标的有关制度等。

12. 监理工作设施

1）制定监理设施管理制度。

2）根据建设工程类别、规模、技术复杂程度、建设工程所在地的环境条件，按建设工程监理合同约定，配备满足监理工作需要的常规检测设备和工具。

3）落实场地、办公、交通、通信、生活等设施，配备必要的影像设备。

4）项目监理机构应将拥有的监理设备和工具列表，注明数量、型号和使用时间，并指定专人负责管理。

8.2.3 监理规划的审核

1. 监理规划的审核程序

根据《建设工程监理规范》（GB/T 50319—2013），监理规划应在签订建设工程监理合同及收到工程设计文件后编制，在召开第一次工地会议前报送建设单位。监理规划审核程序的时间节点安排、各节点工作内容及负责人见表8-3。

表8-3 监理规划审核程序

序号	时间节点安排	工作内容	负责人
1	签订建设工程监理合同及收到工程设计文件后	编制监理规划	总监理工程师组织 专业监理工程师参与
2	编制完成，总监签字后	监理规划审核	监理单位技术负责人审批
3	第一次工地会议前	报送建设单位	总监理工程师报送
4	设计文件、施工组织设计和施工方案等发生重大变化时	调整监理规划	总监理工程师组织 专业监理工程师参与
		重新审批监理规划	监理单位技术负责人审批

2. 监理规划的审核内容

监理规划编制完成后，需要经过监理单位的技术主管部门的内部审核、技术负责人的审批，才能成为指导项目监理机构全面开展监理工作的有效指导文件。监理规划审核的内容主要包括以下几方面。

（1）监理目标、范围和工作内容的审核　依据监理招标文件和建设工程监理合同，审核是否理解建设单位的工程建设意图，监理范围、监理工作内容是否已包括全部委托的工作任务，监理目标是否与建设工程监理合同要求和建设意图相一致。

（2）项目监理机构的审核

1）组织机构方面。组织形式、管理模式等是否合理，是否已结合工程实施特点，是否能够与建设单位的组织关系和施工单位的组织关系相协调等。

2）人员配备方面。人员配备方案应从以下几个方面审查：

① 派驻监理人员的专业满足程度。应根据工程特点和建设工程监理任务的工作范围，不仅考虑专业监理工程师满足开展监理工作的需要，而且还要看监理人员是否覆盖工程实施过程中的各种专业要求，以及高、中级职称和年龄结构的组成。

②人员数量的满足程度。主要审核从事监理工作人员在数量上的合理性。

③ 专业人员不足时采取的措施是否恰当。当工程监理单位的技术人员不足以满足全部监理工作要求时，对拟临时聘用的监理人员的综合素质应认真审核。

④ 拟派驻现场人员计划表。对于大中型建设工程，不同阶段对所需要的监理人员在人数和专业等方面的要求不同，应对各阶段所派驻现场监理人员的专业、数量计划是否与建设工程进度计划相适应进行审核。还应平衡正在其他工程上执行监理业务的人员，是否能按照预定计划进入本工程参加监理工作。

（3）监理工作计划的审核　在工程进展中各个阶段的工作实施计划是否合理、可行，审查其在每个阶段中如何控制建设工程目标以及组织协调方法。

（4）工程质量、投资、进度控制方法和措施的审核　对三大目标控制方法和措施应重点审查，看其如何应用组织、技术、经济、合同措施保证目标的实现，方法是否科学、合理、有效。

（5）安全生产管理监理工作内容的审核　主要审核安全生产管理的监理工作内容是否明确，是否制定了相应的安全生产管理实施细则；是否建立了对施工组织设计、专项施工方案的审查制度；是否建立了对现场安全隐患的巡视检查制度；是否建立了安全生产管理状况的监理报告制度；是否制定了安全生产事故的应急预案等。

（6）监理工作制度的审核　主要审查项目监理机构内、外工作制度是否健全、有效。

8.3 建设工程监理实施细则

8.3.1 监理实施细则的编写依据和要求

1. 监理实施细则编写的依据

《建设工程监理规范》规定了监理实施细则编写的依据：

1）已批准的建设工程监理规划。

2）与专业工程相关的标准、设计文件和技术资料。

3）施工组织设计、（专项）施工方案。

除了《建设工程监理规范》中规定的相关依据，监理实施细则在编制过程中，还可以融入工程监理单位的规章制度和经认证发布的质量体系，以达到监理内容的全面、完整，有效提高建设工程监理自身的工作质量。

2. 监理实施细则编写的要求

《建设工程监理规范》规定，采用新材料、新工艺、新技术、新设备的工程，以及专业性较强、危险性较大的分部分项工程，应编制监理实施细则。对于工程规模较小、技术较为简单且有成熟监理经验和施工技术措施落实的情况下，可以不必编制监理实施细则。

监理实施细则应符合监理规划的要求，并应结合工程专业特点，做到详细具体、具有可操作性。**监理实施细则可随工程进展编制，但应在相应工程开始前由专业监理工程师编制完成，并经总监理工程师审批后实施。**可根据建设工程实际情况及项目监理机构工作需要增加其他内容。当工程发生变化导致监理实施细则所确定的工作流程、方法和措施需要调整时，专业监理工程师应对监理实施细则进行补充、修改。

从监理实施细则目的的角度，监理实施细则应满足以下三方面要求。

（1）内容全面　监理工作包括“三控两管一协调”与安全生产管理的监理工作，监理实施细则作为指导监理工作的操作性文件应涵盖这些内容。在编制监理实施细则前，专业监理工程师应依据建设工程监理合同和监理规划确定的监理范围和内容，结合需要编制监理实施细则的专业工程特点，对工程质量、造价、进度主要影响因素以及安全生产管理的监理工作的要求，制定内容细致、详实的监理实施细则，确保监理目标的实现。

（2）针对性强　独特性是工程项目的本质特征之一，没有两个完全一样的项目。因此，监理实施细则应在相关依据的基础上，结合工程项目实际建设条件、环境、技术、设计、功能等进行编制，确保监理实施细则的针对性。为此，在编制监理实施细则前，各专业监理工程师应组织本专业监理人员熟悉本专业的设计文件、施工图和施工方案，应结合工程特点，分析本专业监理工作的难点、重点及其主要影响因素，制定有针对性的组织、技术、经济和合同措施。同时，在监理工作实施过程中，监理实施细则要根据实际情况进行补充、修改和完善。

（3）可操作性强　监理实施细则应有可行的操作方法、措施，详细、明确的控制目标值和全面的监理工作计划。

8.3.2 监理实施细则的主要内容

《建设工程监理规范》明确规定了监理实施细则应包含的内容：专业工程特点、监理工作流程、监理工作要点，以及监理工作方法及措施。

1. 专业工程特点

专业工程特点是指需要编制监理实施细则的工程专业特点，而不是简单的工程概述。专业工程特点应从专业工程施工的重点和难点、施工范围和施工顺序、施工工艺、施工工序等内容进行有针对性的阐述，体现为工程施工的特殊性、技术的复杂性，与其他专业的交叉和衔接以及各种环境约束条件。

除了专业工程外，新材料、新工艺、新技术以及对工程质量、造价、进度应加以重点控制等特殊要求也需要在监理实施细则中体现。

2. 监理工作流程

监理工作流程是结合工程相应专业制定的具有可操作性和可实施性的流程图。不仅涉及最终产品的检查验收，更多地涉及施工中各个环节及中间产品的监督检查与验收。

监理工作涉及的流程包括开工审核工作流程、施工质量控制流程、进度控制流程、造价（工程量计量）控制流程、安全生产和文明施工监理流程、测量监理流程、施工组织设计审核工作流程、分包单位资格审核流程、建筑材料审核流程、技术审核流程、工程质量问题处理审核流程、旁站检查工作流程、隐蔽工程验收流程、工程变更处理流程、信息资料管理流程等。

3. 监理工作要点

监理工作控制要点及目标值是对监理工作流程中工作内容的增加和补充，应将流程图设置的相关监理控制点和判断点进行详细而全面的描述。将监理工作目标和检查点的控制指标、数据和频率等阐明清楚。

4. 监理工作方法及措施

监理规划中的方法是针对工程总体概括要求的方法和措施，监理实施细则中的监理工作方法和措施是针对专业工程而言，应更具体、更具有可操作性和可实施性。

（1）监理工作方法　监理工程师通过旁站、巡视、见证取样、平行检测等监理方法，对专业工程做全面监控，对每一个专业工程的监理实施细则而言，其工作方法必须加以详尽阐明。

除上述四种常规方法外，监理工程师还可采用指令文件、监理通知、支付控制手段等方法实施监理。

（2）监理工作措施　各专业工程的控制目标要有相应的监理措施以保证控制目标的实现。制定监理工作措施通常有两种方式。

1）根据措施实施内容不同，可将监理工作措施分为技术措施、经济措施、组织措施和合同措施。

2）根据措施实施时间不同，可将监理工作措施分为事前控制措施、事中控制措施及事后控制措施。

事前控制措施是指为预防发生差错或问题而提前采取的措施；事中控制措施是指监理工作过程中，及时获取工程实际状况信息，以供及时发现问题、解决问题而采取的措施；事后控制措施是指发现工程相关指标与控制目标或标准之间出现差异后而采取的纠偏措施。

8.3.3 监理实施细则的审核

1. 监理实施细则审核程序

《建设工程监理规范》规定，监理实施细则可随工程进展编制，但必须在相应工程施工前完成，并经总监理工程师审批后实施。监理实施细则报审程序见表8-4。

表8-4 监理实施细则报审程序

序号	节点	工作内容	负责人
1	相应工程施工前	编制监理实施细则	专业监理工程师编制
2	相应工程施工前	监理实施细则批准	专业监理工程师送审、总监理工程师批准
3	相应工程施工中	若发生变化，监理实施细则中工作流程与方法措施调整	专业监理工程师调整、总监理工程师批准

2. 监理实施细则的审核内容

监理实施细则审核的内容主要包括以下几个方面。

（1）编制依据、内容的审核　监理实施细则的编制是否符合监理规划的要求，是否符合专业工程相关的标准，是否符合设计文件的内容，与提供的技术资料是否相符合，是否与施工组织设计、（专项）施工方案使用的规范、标准、技术要求相一致。监理的目标、范围和内容是否与监理合同和监理规划相一致，编制的内容是否涵盖专业工程的特点、重点和难点，内容是否全面、详实、可行，是否能确保监理工作质量等。

（2）项目监理人员的审核

1）组织方面。组织方式、管理模式是否合理，是否结合了专业工程的具体特点，是否便于监理工作的实施，制度、流程上是否能保证监理工作，是否与建设单位和施工单位相协调等。

2）人员配备方面。人员配备的专业满足程度，数量等是否满足监理工作的需要，专业人员不足时采取的措施是否恰当，是否有操作性较强的现场人员计划安排表等。

（3）监理工作流程、监理工作要点的审核　监理工作流程是否完整、详实，节点检查验收的内容和要求是否明确，监理工作流程是否与施工流程相衔接，监理工作要点是否明确、清晰，目标值控制点设置是否合理、可控等。

（4）监理工作方法和措施的审核　监理工作方法是否科学、合理、有效，监理工作措施是否具有针对性、可操作性、安全可靠，是否能确保监理目标的实现等。

（5）监理工作制度的审核　针对专业建设工程监理，其内、外监理工作制度是否能有效保证监理工作的实施，监理记录、检查表格是否完备等。

1. 何谓监理大纲？何谓监理规划？何谓监理实施细则？

2. 监理规划、监理实施细则两者之间的关系是什么？
3. 建设工程监理规划的作用是什么？
4. 监理规划、监理实施细则的编制依据和要求分别是什么？
5. 编制监理规划、监理实施细则的主要内容有哪些？
6. 项目监理机构需要制定哪些工作制度？
7. 监理规划、监理实施细则的审核程序和审核内容分别是什么？

参考文献

[1] 中国建设监理协会．建设工程监理概论［M］．北京：中国建筑工业出版社，2016.
[2] 中国建设监理协会．建设工程监理案例分析［M］．北京：中国建筑工业出版社，2016.
[3] 中国建设监理协会．建设工程质量控制［M］．北京：中国建筑工业出版社，2016.
[4] 中国建设监理协会．建设工程进度控制［M］．北京：中国建筑工业出版社，2016.
[5] 中国建设监理协会．建设工程投资控制［M］．北京：中国建筑工业出版社，2016.
[6] 中国建设监理协会．建设工程监理相关法规文件汇编［M］．北京：中国建筑工业出版社，2016.
[7] 中国建设监理协会．建设工程监理规范 GB/T 50319—2013 应用指南［M］．北京：中国建筑工业出版社，2013.
[8] 黄林青，彭红涛，郑鑫，等．建设工程监理概论［M］．北京：中国水利水电出版社，2014.
[9] 刘桦．建设工程监理概论［M］．北京：化学工业出版社，2008.
[10] 张向东，齐锡晶．工程建设监理概论［M］．3 版．北京：机械工业出版社，2016.
[11] 杨晓林．建设工程监理［M］．3 版．北京：机械工业出版社，2016.

参考文献